1節 平面上のベクトル

1 ベクトルとその意味 2 ベ…

A

1 (1) 向きと大きさが等しいベクトルの組であるから

$\vec{d}$ と $\vec{i}$, $\vec{g}$ と $\vec{j}$

(2) 向きが等しいベクトルの組であるから

$\vec{b}$ と $\vec{f}$, $\vec{d}$ と $\vec{i}$, $\vec{g}$ と $\vec{j}$

(3) 大きさ（長さ）が等しいベクトルの組であるから

$\vec{a}$ と $\vec{g}$ と $\vec{h}$ と $\vec{j}$, $\vec{b}$ と $\vec{d}$ と $\vec{e}$ と $\vec{i}$

2 (1)

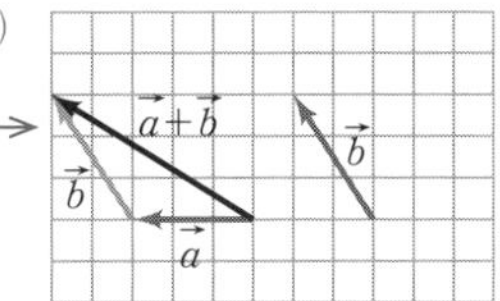

$\vec{a}$ の終点と，$\vec{b}$ の始点が一致するように平行移動する。

(2)

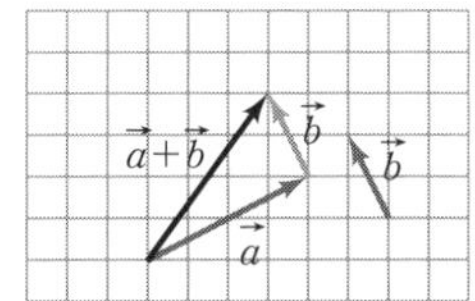

(3)

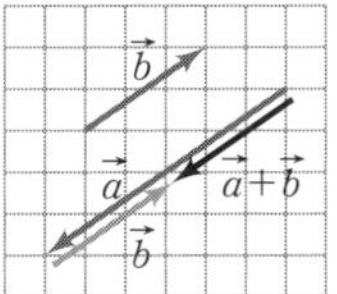

3 (1) $\overrightarrow{AB}+\overrightarrow{BC}+\overrightarrow{CD}+\overrightarrow{DA}$

$=(\overrightarrow{AB}+\overrightarrow{BC})+(\overrightarrow{CD}+\overrightarrow{DA})$

$=\overrightarrow{AC}+\overrightarrow{CA}=\overrightarrow{AA}=\vec{0}$

よって $\overrightarrow{AB}+\overrightarrow{BC}+\overrightarrow{CD}+\overrightarrow{DA}=\vec{0}$ 終

(2) $(\overrightarrow{AC}-\overrightarrow{AB})-(\overrightarrow{BD}-\overrightarrow{CD})$

$=\overrightarrow{AC}-\overrightarrow{AB}-\overrightarrow{BD}+\overrightarrow{CD}$

$=(\overrightarrow{AC}+\overrightarrow{CD})-(\overrightarrow{AB}+\overrightarrow{BD})$

$=\overrightarrow{AD}-\overrightarrow{AD}=\vec{0}$

よって $\overrightarrow{AC}-\overrightarrow{AB}=\overrightarrow{BD}-\overrightarrow{CD}$ 終

(別解) $-\overrightarrow{AB}=\overrightarrow{BA}$

(左辺) $=\overrightarrow{AC}+\overrightarrow{BA}=\overrightarrow{BA}+\overrightarrow{AC}=\overrightarrow{BC}$

(右辺) $=\overrightarrow{BD}+\overrightarrow{DC}=\overrightarrow{BC}$

よって $\overrightarrow{AC}-\overrightarrow{AB}=\overrightarrow{BD}-\overrightarrow{CD}$ 終

4 (1)

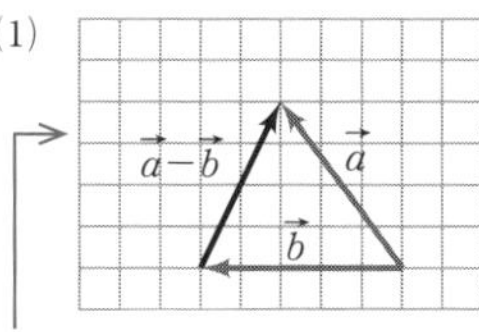

$\vec{a}-\vec{b}$ は，$\vec{a}$ と $\vec{b}$ の始点が一致しているとき，$\vec{b}$ の終点から $\vec{a}$ の終点へ向かうベクトル

(別解)

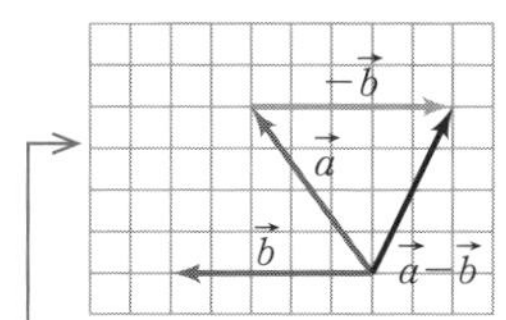

$\vec{a}-\vec{b}=\vec{a}+(-\vec{b})$ より，$\vec{b}$ の逆ベクトル $-\vec{b}$ を考える。

(2)

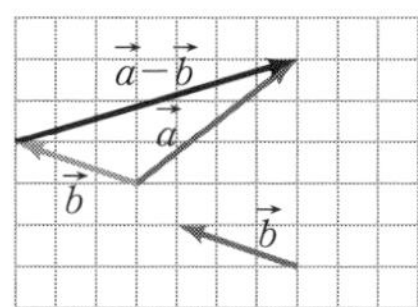

(別解)

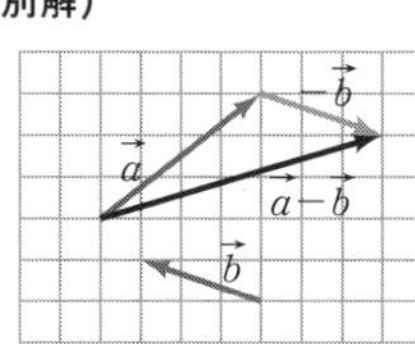

(3)

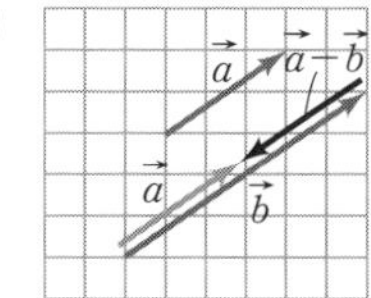

(別解)

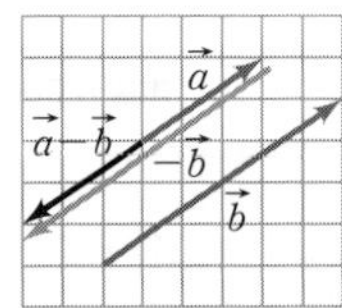

5 (1) $\overrightarrow{AC}=2\overrightarrow{AO}=-2\overrightarrow{OA}=\boldsymbol{-2\vec{a}}$

(2) $\overrightarrow{BA}=\overrightarrow{OA}-\overrightarrow{OB}=\boldsymbol{\vec{a}-\vec{b}}$

(3) $\overrightarrow{DC}=\overrightarrow{AB}$

$=\overrightarrow{OB}-\overrightarrow{OA}=\boldsymbol{\vec{b}-\vec{a}}$

(別解)

$\overrightarrow{DC}=\overrightarrow{AB}=-\overrightarrow{BA}=-(\vec{a}-\vec{b})$ ←(2)を利用

$=\boldsymbol{-\vec{a}+\vec{b}}$

(4) $\overrightarrow{AD}=\overrightarrow{OD}-\overrightarrow{OA}$

$=\overrightarrow{BO}-\overrightarrow{OA}$

$=-\overrightarrow{OB}-\overrightarrow{OA}=\boldsymbol{-\vec{a}-\vec{b}}$

6 (1)

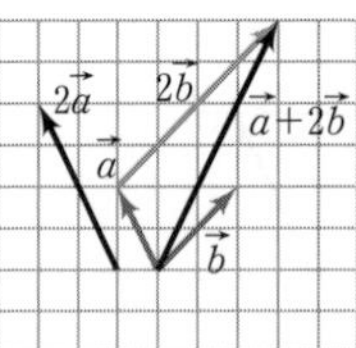

(2)

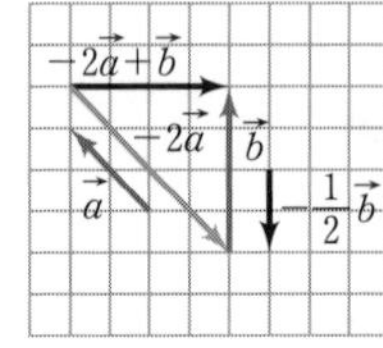

7 (1) $(3\vec{a}-2\vec{b})+(-\vec{a}+2\vec{b})$

$=3\vec{a}-2\vec{b}-\vec{a}+2\vec{b}$

$=(3-1)\vec{a}+(-2+2)\vec{b}$

$=\boldsymbol{2\vec{a}}$

(2) $2\vec{a}-\vec{b}-3(\vec{a}-2\vec{b})$

$=2\vec{a}-\vec{b}-3\vec{a}+6\vec{b}$

$=(2-3)\vec{a}+(-1+6)\vec{b}$

$=\boldsymbol{-\vec{a}+5\vec{b}}$

(3) $3(\vec{a}-4\vec{b})-5(2\vec{a}-3\vec{b})$

$=3\vec{a}-12\vec{b}-10\vec{a}+15\vec{b}$

$=(3-10)\vec{a}+(-12+15)\vec{b}$

$=\boldsymbol{-7\vec{a}+3\vec{b}}$

(4) $4\left(-\vec{p}+\frac{1}{2}\vec{q}\right)+3(\vec{p}-\vec{q})$

$=-4\vec{p}+2\vec{q}+3\vec{p}-3\vec{q}$

$=(-4+3)\vec{p}+(2-3)\vec{q}$

$=\boldsymbol{-\vec{p}-\vec{q}}$

8 (1) $2\vec{x}+6\vec{a}=5\vec{x}+9\vec{b}$

$2\vec{x}-5\vec{x}=-6\vec{a}+9\vec{b}$

$-3\vec{x}=-6\vec{a}+9\vec{b}$

よって　$\boldsymbol{\vec{x}=2\vec{a}-3\vec{b}}$

(2) $3(\vec{x}-2\vec{a})-5(\vec{x}-\vec{b})=\vec{0}$

$3\vec{x}-6\vec{a}-5\vec{x}+5\vec{b}=\vec{0}$ ← 0 でなく $\vec{0}$ であることに注意

$-2\vec{x}=6\vec{a}-5\vec{b}$

よって　$\boldsymbol{\vec{x}=-3\vec{a}+\frac{5}{2}\vec{b}}$

9 (1) $\overrightarrow{AB}=\overrightarrow{OB}-\overrightarrow{OA}=\boldsymbol{\vec{b}-\vec{a}}$

(2) $\overrightarrow{BE}=-2\overrightarrow{OB}=\boldsymbol{-2\vec{b}}$

(3) $\overrightarrow{CF}=2\overrightarrow{BA}$

$=2(\overrightarrow{OA}-\overrightarrow{OB})$

$=2\overrightarrow{OA}-2\overrightarrow{OB}=\boldsymbol{2\vec{a}-2\vec{b}}$

(4) $\overrightarrow{AE}=\overrightarrow{AF}+\overrightarrow{FE}$

$=\overrightarrow{BO}+\overrightarrow{AO}=\boldsymbol{-\vec{a}-\vec{b}}$

(5) $\overrightarrow{CE}=\overrightarrow{CO}+\overrightarrow{OE}$

$=\overrightarrow{BA}+\overrightarrow{BO}$

$=(\overrightarrow{OA}-\overrightarrow{OB})-\overrightarrow{OB}$

$=\overrightarrow{OA}-2\overrightarrow{OB}=\boldsymbol{\vec{a}-2\vec{b}}$

(6) $\overrightarrow{DF}=\overrightarrow{DA}+\overrightarrow{AF}$

$=2\overrightarrow{OA}+\overrightarrow{BO}=\boldsymbol{2\vec{a}-\vec{b}}$

10 (1) $|\overrightarrow{OA}|=\sqrt{5}$ であるから，求める単位ベクトルは

$\frac{1}{\sqrt{5}}\overrightarrow{OA}=\boldsymbol{\frac{\sqrt{5}}{5}\overrightarrow{OA}}$ ← 同じ向きなので $\frac{1}{|\overrightarrow{OA}|}\overrightarrow{OA}$ のみ

(2) $|\overrightarrow{\mathrm{OB}}|=2$ であるから，求める単位ベクトルは

$\pm\dfrac{1}{2}\overrightarrow{\mathrm{OB}}$ ← 平行な単位ベクトルなので，逆向きも考える。

(3) $|\overrightarrow{\mathrm{AB}}|=\sqrt{(\sqrt{5})^2+2^2}=3$ であるから，求める単位ベクトルは

$\pm\dfrac{1}{3}\overrightarrow{\mathrm{AB}}=\pm\dfrac{1}{3}(\overrightarrow{\mathrm{OB}}-\overrightarrow{\mathrm{OA}})$

11 図より　$\vec{c}=2\vec{a}+3\vec{b}$，$\vec{d}=-3\vec{a}+3\vec{b}$，
$\vec{e}=-\vec{a}-4\vec{b}$，$\vec{f}=\vec{a}-2\vec{b}$

12 (1) $3\vec{a}+2x\vec{b}=(1-y)\vec{a}+3\vec{b}$

$\vec{a}$ と $\vec{b}$ は1次独立であるから

$3=1-y$，$2x=3$

よって　$x=\dfrac{3}{2}$，$y=-2$

(2) $(3x+5)\vec{a}-(6x+5y)\vec{b}=\vec{0}$

$\vec{a}$ と $\vec{b}$ は1次独立であるから

$3x+5=0$，$6x+5y=0$

よって　$x=-\dfrac{5}{3}$，$y=2$

B

13 (1) $3\vec{x}-\vec{y}=\vec{a}$ ……①

$\vec{x}+\vec{y}=\vec{b}$ ……② とする。

①+②より　$4\vec{x}=\vec{a}+\vec{b}$ ← $\vec{y}$ を消去

よって　$\vec{x}=\dfrac{1}{4}\vec{a}+\dfrac{1}{4}\vec{b}$

さらに，②より

$\vec{y}=\vec{b}-\vec{x}=\vec{b}-\left(\dfrac{1}{4}\vec{a}+\dfrac{1}{4}\vec{b}\right)$

$=-\dfrac{1}{4}\vec{a}+\dfrac{3}{4}\vec{b}$

(2) $\vec{x}+2\vec{y}=\vec{b}$ ……①

$2\vec{x}-3\vec{y}=\vec{a}-2\vec{b}$ ……② とする。

①×2−②より　$7\vec{y}=-\vec{a}+4\vec{b}$ ← $\vec{x}$ を消去

よって　$\vec{y}=-\dfrac{1}{7}\vec{a}+\dfrac{4}{7}\vec{b}$

さらに，①より

$\vec{x}=\vec{b}-2\vec{y}=\vec{b}-2\left(-\dfrac{1}{7}\vec{a}+\dfrac{4}{7}\vec{b}\right)$

$=\dfrac{2}{7}\vec{a}-\dfrac{1}{7}\vec{b}$

3 ベクトルの成分

本編 p.007～008

A

14 $\vec{a}$ について

$\vec{a}=(-1,\ -2)$

$|\vec{a}|=\sqrt{(-1)^2+(-2)^2}=\sqrt{5}$

$\vec{b}$ について

$\vec{b}=(4,\ -3)$

$|\vec{b}|=\sqrt{4^2+(-3)^2}=5$

$\vec{c}$ について

$\vec{c}=(3,\ 3)$

$|\vec{c}|=\sqrt{3^2+3^2}=3\sqrt{2}$

$\vec{d}$ について

$\vec{d}=(-6,\ 4)$

$|\vec{d}|=\sqrt{(-6)^2+4^2}=2\sqrt{13}$

$\vec{e}$ について

$\vec{e}=(0,\ 4)$

$|\vec{e}|=\sqrt{0^2+4^2}=4$

15 (1) $2\vec{a}+\vec{b}=2(-1,\ 3)+(5,\ -2)$

$=(-2+5,\ 6-2)=(3,\ 4)$

$|2\vec{a}+\vec{b}|=\sqrt{3^2+4^2}=5$

(2) $3\vec{a}-2\vec{b}=3(-1,\ 3)-2(5,\ -2)$

$=(-3-10,\ 9+4)$

$=(-13,\ 13)$

$|3\vec{a}-2\vec{b}|=\sqrt{(-13)^2+13^2}=13\sqrt{2}$

(3) $(\vec{a}-3\vec{b})-2(\vec{a}-2\vec{b})$
$=\vec{a}-3\vec{b}-2\vec{a}+4\vec{b}=-\vec{a}+\vec{b}$
$=-(-1,\ 3)+(5,\ -2)$
$=(1+5,\ -3-2)=\mathbf{(6,\ -5)}$
$|(\vec{a}-3\vec{b})-2(\vec{a}-2\vec{b})|=|-\vec{a}+\vec{b}|$
$=\sqrt{6^2+(-5)^2}=\mathbf{\sqrt{61}}$

16 (1) $\overrightarrow{OA}=\mathbf{(1,\ -3)}$
$|\overrightarrow{OA}|=\sqrt{1^2+(-3)^2}=\mathbf{\sqrt{10}}$
(2) $\overrightarrow{AB}=(4-1,\ 1-(-3))=\mathbf{(3,\ 4)}$
$|\overrightarrow{AB}|=\sqrt{3^2+4^2}=\sqrt{25}=\mathbf{5}$
(3) $\overrightarrow{BC}=(-5-4,\ -2-1)=\mathbf{(-9,\ -3)}$
$|\overrightarrow{BC}|=\sqrt{(-9)^2+(-3)^2}=\sqrt{90}=\mathbf{3\sqrt{10}}$
(4) $\overrightarrow{CA}=(1-(-5),\ -3-(-2))$
$=\mathbf{(6,\ -1)}$
$|\overrightarrow{CA}|=\sqrt{6^2+(-1)^2}=\mathbf{\sqrt{37}}$

17 (1) $\overrightarrow{AD}=(x-(-1),\ y-0)=(x+1,\ y)$
$\overrightarrow{BC}=(2-5,\ 8-5)=(-3,\ 3)$
$\overrightarrow{AD}=\overrightarrow{BC}$ のとき
$(x+1,\ y)=(-3,\ 3)$
よって　$x+1=-3,\ y=3$
ゆえに　$\mathbf{x=-4,\ y=3}$
(2) **四角形 ABDC が平行四辺形であるための必要十分条件は　$\overrightarrow{CD}=\overrightarrow{AB}$**
平行四辺形であるための条件「四角形の 1 組の対辺が平行で，かつ長さが等しい」をベクトルで表現する。
$\overrightarrow{CD}=(x-2,\ y-8)$
$\overrightarrow{AB}=(5-(-1),\ 5-0)=(6,\ 5)$
であるから　$(x-2,\ y-8)=(6,\ 5)$
よって　$x-2=6,\ y-8=5$
ゆえに　$\mathbf{x=8,\ y=13}$

18 $\vec{a}+t\vec{b}=(-5,\ 2)+t(3,\ -2)$
$=(-5+3t,\ 2-2t)$
$\vec{a}+t\vec{b}\neq\vec{0}$，$\vec{c}\neq\vec{0}$ より，$(\vec{a}+t\vec{b})\parallel\vec{c}$ となるためには，$\vec{a}+t\vec{b}=k\vec{c}$ を満たす実数 k が存在すればよい。
$(-5+3t,\ 2-2t)=k(7,\ -4)$ より
$-5+3t=7k,\ 2-2t=-4k$
これを解いて　$k=-2$，$\mathbf{t=-3}$

19 (1) $m\vec{a}+n\vec{b}=m(4,\ -1)+n(-1,\ 3)$
$=(4m-n,\ -m+3n)$
$\vec{c}=(-7,\ 10)$ と成分を比較して
$4m-n=-7,\ -m+3n=10$
これを解いて　$m=-1,\ n=3$
よって　$\mathbf{\vec{c}=-\vec{a}+3\vec{b}}$
(2) $m\vec{a}+n\vec{b}=m(9,\ 3)+n(-2,\ 5)$
$=(9m-2n,\ 3m+5n)$
$\vec{c}=(8,\ -3)$ と成分を比較して
$9m-2n=8,\ 3m+5n=-3$
これを解いて　$m=\frac{2}{3},\ n=-1$
よって　$\mathbf{\vec{c}=\frac{2}{3}\vec{a}-\vec{b}}$

B

20 (1) $3\vec{x}+\vec{y}=(1,\ -2)$　……①
$\vec{x}-2\vec{y}=(12,\ -3)$　……②　とする。
①×2+②より
$7\vec{x}=2(1,\ -2)+(12,\ -3)=(14,\ -7)$
よって　$\mathbf{\vec{x}=(2,\ -1)}$
このとき，①より
$\vec{y}=(1,\ -2)-3\vec{x}$
$=(1,\ -2)-3(2,\ -1)=\mathbf{(-5,\ 1)}$
(2) $s\vec{x}+t\vec{y}=s(2,\ -1)+t(-5,\ 1)$
$=(2s-5t,\ -s+t)$
$(4,\ -1)$ と成分を比較して
$2s-5t=4,\ -s+t=-1$
これを解いて　$\mathbf{s=\frac{1}{3},\ t=-\frac{2}{3}}$

21 (1) $\vec{c}=\vec{a}+t\vec{b}=(-3,\ 4)+t(2,\ -1)$

$=(2t-3,\ -t+4)$ ……①

であるから

$|\vec{c}|^2=(2t-3)^2+(-t+4)^2=5t^2-20t+25$

$|c|^2=10$ であるから　$5t^2-20t+25=10$

整理して　$t^2-4t+3=0$

$(t-1)(t-3)=0$ より　$t=1,\ 3$

$\boldsymbol{t=1}$ のとき，①より　$\boldsymbol{\vec{c}=(-1,\ 3)}$

$\boldsymbol{t=3}$ のとき，①より　$\boldsymbol{\vec{c}=(3,\ 1)}$

(2) $|\vec{c}|^2=5t^2-20t+25$

$=5(t-2)^2+5$

よって，$|\vec{c}|^2$ は $t=2$ のとき，最小値 5 をとる。

$|\vec{c}|\geqq 0$ であるから，このとき，$|\vec{c}|$ も最小となる。

ゆえに，$\boldsymbol{t=2}$ のとき　最小値 $\boldsymbol{\sqrt{5}}$

㊙ p.28 節末 1

ベクトルの大きさ

$\vec{a}=(a_1,\ a_2)$ のとき

$|\vec{a}|=\sqrt{a_1{}^2+a_2{}^2}$

㊙ p.69 章末A 1

⇦ t について平方完成

4 ベクトルの内積

本編 p.009〜012

22 (1) $\vec{a}\cdot\vec{b}=|\vec{a}||\vec{b}|\cos 45^\circ$

$=5\times 2\times\frac{\sqrt{2}}{2}=\boldsymbol{5\sqrt{2}}$

(2) $\vec{a}\cdot\vec{b}=|\vec{a}||\vec{b}|\cos 120^\circ$

$=3\times 1\times\left(-\frac{1}{2}\right)=\boldsymbol{-\frac{3}{2}}$

23 (1) $\overrightarrow{AB}\cdot\overrightarrow{AC}$

$=|\overrightarrow{AB}||\overrightarrow{AC}|\cos 45^\circ$

$=1\times\sqrt{2}\times\frac{1}{\sqrt{2}}=\boldsymbol{1}$

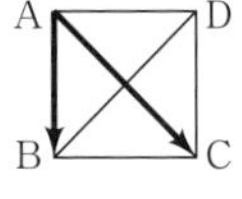

(2) $\overrightarrow{AB}\cdot\overrightarrow{BC}$

$=|\overrightarrow{AB}||\overrightarrow{BC}|\cos 90^\circ$

$=1\times 1\times 0=\boldsymbol{0}$　$\overrightarrow{AB}\perp\overrightarrow{BC}$ ⇒ $\overrightarrow{AB}\cdot\overrightarrow{BC}=0$

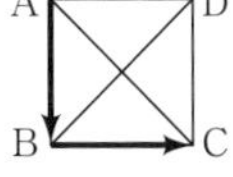

(3) $\overrightarrow{AB}\cdot\overrightarrow{DC}$

$=|\overrightarrow{AB}||\overrightarrow{DC}|\cos 0^\circ$

$=1\times 1\times 1=\boldsymbol{1}$

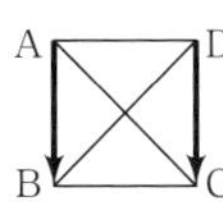

(4) $\overrightarrow{AD}\cdot\overrightarrow{CB}$

$=|\overrightarrow{AD}||\overrightarrow{CB}|\cos 180^\circ$

$=1\times 1\times(-1)$

$=\boldsymbol{-1}$

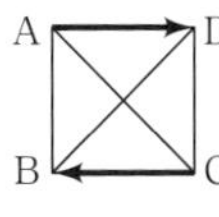

(5) $\overrightarrow{CA}\cdot\overrightarrow{DC}$

$=|\overrightarrow{CA}||\overrightarrow{DC}|\cos 135^\circ$ ← 45° でないことに注意

$=\sqrt{2}\times 1\times\left(-\frac{1}{\sqrt{2}}\right)$

$=\boldsymbol{-1}$

A D B C

24 (1) $\vec{a}\cdot\vec{b}=4\times 3+1\times(-5)=\boldsymbol{7}$

(2) $\vec{a}\cdot\vec{b}=5\times 3+(-3)\times 7=\boldsymbol{-6}$

(3) $\vec{a}\cdot\vec{b}=3\times\sqrt{2}+\sqrt{6}\times(-\sqrt{3})=\boldsymbol{0}$

25 (1) $\cos\theta=\frac{\vec{a}\cdot\vec{b}}{|\vec{a}||\vec{b}|}=\frac{6\sqrt{3}}{4\times 3}=\frac{\sqrt{3}}{2}$

$0^\circ\leqq\theta\leqq 180^\circ$ より　$\boldsymbol{\theta=30^\circ}$

(2) $\cos\theta=\frac{\vec{a}\cdot\vec{b}}{|\vec{a}||\vec{b}|}=\frac{-\sqrt{10}}{\sqrt{5}\times 2}=-\frac{\sqrt{2}}{2}$

$0^\circ\leqq\theta\leqq 180^\circ$ より　$\boldsymbol{\theta=135^\circ}$

(3) $\cos\theta=\frac{\vec{a}\cdot\vec{b}}{|\vec{a}||\vec{b}|}=\frac{-3\sqrt{2}}{\sqrt{6}\times 2\sqrt{3}}=-\frac{1}{2}$

$0^\circ\leqq\theta\leqq 180^\circ$ より　$\boldsymbol{\theta=120^\circ}$

26 (1) $\vec{a}\cdot\vec{b}=(-1)\times2+2\times6=10$

$|\vec{a}|=\sqrt{(-1)^2+2^2}=\sqrt{5}$

$|\vec{b}|=\sqrt{2^2+6^2}=\sqrt{40}=2\sqrt{10}$

であるから

$$\cos\theta=\frac{\vec{a}\cdot\vec{b}}{|\vec{a}||\vec{b}|}=\frac{10}{\sqrt{5}\times2\sqrt{10}}=\frac{1}{\sqrt{2}}$$

$0^\circ\leqq\theta\leqq180^\circ$ より　$\boldsymbol{\theta=45^\circ}$

(2) $\vec{a}\cdot\vec{b}=6\times4+8\times(-3)=0$

$\vec{a}\neq\vec{0}$, $\vec{b}\neq\vec{0}$ であるから

$\vec{a}\neq\vec{0}$, $\vec{b}\neq\vec{0}$, $\vec{a}\cdot\vec{b}=0$ $\Rightarrow$ $\vec{a}\perp\vec{b}$

$$\cos\theta=\frac{\vec{a}\cdot\vec{b}}{|\vec{a}||\vec{b}|}=0$$

$0^\circ\leqq\theta\leqq180^\circ$ より　$\boldsymbol{\theta=90^\circ}$

(3) $\vec{a}\cdot\vec{b}=(\sqrt{6}+\sqrt{2})\times(-1)+(\sqrt{6}-\sqrt{2})\times(-1)$

$=-2\sqrt{6}$

$|\vec{a}|=\sqrt{(\sqrt{6}+\sqrt{2})^2+(\sqrt{6}-\sqrt{2})^2}=4$

$|\vec{b}|=\sqrt{(-1)^2+(-1)^2}=\sqrt{2}$

であるから

$$\cos\theta=\frac{\vec{a}\cdot\vec{b}}{|\vec{a}||\vec{b}|}=\frac{-2\sqrt{6}}{4\times\sqrt{2}}=-\frac{\sqrt{3}}{2}$$

$0^\circ\leqq\theta\leqq180^\circ$ より　$\boldsymbol{\theta=150^\circ}$

27 (1) $\vec{a}\neq\vec{0}$, $\vec{b}\neq\vec{0}$ であるから,

$\vec{a}\perp\vec{b}$ より　$\vec{a}\cdot\vec{b}=0$

よって　$5\times(-1)+2x=0$

ゆえに　$\boldsymbol{x=\frac{5}{2}}$

(2) $\vec{a}+\vec{b}=((x+2)-1,\ -3+(-3))$

$=(x+1,\ -6)$

$\vec{a}-2\vec{b}$

$=((x+2)-2\times(-1),\ -3-2\times(-3))$

$=(x+4,\ 3)$

$\vec{a}+\vec{b}\neq\vec{0}$, $\vec{a}-2\vec{b}\neq\vec{0}$ であるから,

$(\vec{a}+\vec{b})\perp(\vec{a}-2\vec{b})$ より

$(\vec{a}+\vec{b})\cdot(\vec{a}-2\vec{b})=0$

よって　$(x+1)(x+4)+(-6)\times3=0$

整理して　$x^2+5x-14=0$

$(x+7)(x-2)=0$ より　$\boldsymbol{x=-7,\ 2}$

28 求めるベクトルを $\vec{e}=(x,\ y)$ とおくと

$\vec{e}\perp\vec{a}$ より　$\vec{e}\cdot\vec{a}=0$ であるから

$\vec{e}\cdot\vec{a}=x+3y=0$　……①

$|\vec{e}|=1$ より, $|\vec{e}|^2=1$ であるから

$|\vec{e}|^2=x^2+y^2=1$　……②

①, ②から x を消去して　←①より $x=-3y$

$(-3y)^2+y^2=1$

よって　$y=\pm\frac{\sqrt{10}}{10}$

$y=-\frac{\sqrt{10}}{10}$ のとき　$x=\frac{3\sqrt{10}}{10}$

$y=\frac{\sqrt{10}}{10}$ のとき　$x=-\frac{3\sqrt{10}}{10}$

ゆえに

$$\boldsymbol{e=\left(\frac{3\sqrt{10}}{10},\ -\frac{\sqrt{10}}{10}\right),\ \left(-\frac{3\sqrt{10}}{10},\ \frac{\sqrt{10}}{10}\right)}$$

29 $\vec{c}=(-2,\ 1)$ と

$\vec{c'}=(1,\ 2)$ は

垂直なベクトルである。←$\vec{c}\cdot\vec{c'}=(-2)\times1+1\times2=0$

$\vec{c'}$ と同じ向きの単位ベクトルは

$$\frac{\vec{c'}}{|\vec{c'}|}=\frac{1}{\sqrt{1^2+2^2}}\vec{c'}=\frac{1}{\sqrt{5}}\vec{c'}$$

ゆえに, 求めるベクトル $\vec{d}$ は

$$\vec{d}=\pm2\sqrt{5}\cdot\frac{1}{\sqrt{5}}\vec{c'}=\pm2\vec{c'}$$

← $-2\vec{c'}$ を忘れないよう注意

すなわち　$\boldsymbol{\vec{d}=(2,\ 4),\ (-2,\ -4)}$

(別解)

$\vec{d}\,/\!/\,\vec{c'}$ より, $\vec{d}=k\vec{c'}$ となる実数 k が存在する。

$\vec{d}=k(1,\ 2)=(k,\ 2k)$

$|\vec{d}|=2\sqrt{5}$ より　$|\vec{d}|^2=20$

$k^2+(2k)^2=20$

$k=\pm2$

よって　$\boldsymbol{\vec{d}=(2,\ 4),\ (-2,\ -4)}$

30 (1) $(3\vec{a}+2\vec{b})\cdot(3\vec{a}-2\vec{b})$

$=(3\vec{a}+2\vec{b})\cdot3\vec{a}-(3\vec{a}+2\vec{b})\cdot2\vec{b}$

$=9\vec{a}\cdot\vec{a}+6\vec{b}\cdot\vec{a}-6\vec{a}\cdot\vec{b}-4\vec{b}\cdot\vec{b}$

$=9|\vec{a}|^2+6\vec{a}\cdot\vec{b}-6\vec{a}\cdot\vec{b}-4|\vec{b}|^2$　← $\vec{a}\cdot\vec{a}=|\vec{a}|^2$

$=9|\vec{a}|^2-4|\vec{b}|^2$　終

(2) $|2\vec{a}-3\vec{b}|^2+|3\vec{a}+2\vec{b}|^2$

$=(2\vec{a}-3\vec{b})\cdot(2\vec{a}-3\vec{b})+(3\vec{a}+2\vec{b})\cdot(3\vec{a}+2\vec{b})$

$=(2\vec{a}-3\vec{b})\cdot 2\vec{a}-(2\vec{a}-3\vec{b})\cdot 3\vec{b}$

$\quad+(3\vec{a}+2\vec{b})\cdot 3\vec{a}+(3\vec{a}+2\vec{b})\cdot 2\vec{b}$

$=4\vec{a}\cdot\vec{a}-6\vec{b}\cdot\vec{a}-6\vec{a}\cdot\vec{b}+9\vec{b}\cdot\vec{b}$

$\quad+9\vec{a}\cdot\vec{a}+6\vec{b}\cdot\vec{a}+6\vec{a}\cdot\vec{b}+4\vec{b}\cdot\vec{b}$

$=4|\vec{a}|^2+9|\vec{b}|^2+9|\vec{a}|^2+4|\vec{b}|^2$

$=13|\vec{a}|^2+13|\vec{b}|^2$

$=13(|\vec{a}|^2+|\vec{b}|^2)$ 終

31 (1) $|3\vec{a}+2\vec{b}|^2$ ← 大きさを2乗すると内積 $\vec{a}\cdot\vec{b}$ の条件を利用できる。

$=9|\vec{a}|^2+12\vec{a}\cdot\vec{b}+4|\vec{b}|^2$

$=9\times 3^2+12\times(-5)+4\times(\sqrt{7})^2=49$

$|3\vec{a}+2\vec{b}|\geqq 0$ であるから　$|3\vec{a}+2\vec{b}|=\mathbf{7}$

(2) $(3\vec{a}-4\vec{b})\cdot(\vec{a}+2\vec{b})$

$=3|\vec{a}|^2+2\vec{a}\cdot\vec{b}-8|\vec{b}|^2$

$=3\times 3^2+2\times\frac{5}{2}-8\times 1^2=\mathbf{24}$

(3) $\vec{a}\cdot\vec{b}=|\vec{a}||\vec{b}|\cos 150^\circ$

$=\sqrt{6}\times 2\sqrt{2}\times\left(-\frac{\sqrt{3}}{2}\right)=-6$

であるから

$|2\vec{a}-\vec{b}|^2$

$=4|\vec{a}|^2-4\vec{a}\cdot\vec{b}+|\vec{b}|^2$

$=4\times(\sqrt{6})^2-4\times(-6)+(2\sqrt{2})^2=56$

$|2\vec{a}-\vec{b}|\geqq 0$ であるから　$|2\vec{a}-\vec{b}|=\mathbf{2\sqrt{14}}$

B

32 $6\vec{a}-\vec{b}\neq\vec{0}$, $\vec{a}-\vec{b}\neq\vec{0}$ であるから,

$(6\vec{a}-\vec{b})\perp(\vec{a}-\vec{b})$ より

$(6\vec{a}-\vec{b})\cdot(\vec{a}-\vec{b})=0$

よって　$6|\vec{a}|^2-7\vec{a}\cdot\vec{b}+|\vec{b}|^2=0$

$|\vec{a}|=2$, $|\vec{b}|=3\sqrt{2}$ であるから

$6\times 2^2-7\vec{a}\cdot\vec{b}+(3\sqrt{2})^2=0$

$7\vec{a}\cdot\vec{b}=42$

ゆえに　$\vec{a}\cdot\vec{b}=6$

したがって

$$\cos\theta=\frac{\vec{a}\cdot\vec{b}}{|\vec{a}||\vec{b}|}=\frac{6}{2\times 3\sqrt{2}}=\frac{1}{\sqrt{2}}$$

$0^\circ\leqq\theta\leqq 180^\circ$ であるから　$\boldsymbol{\theta=45^\circ}$

33 (1) $|2\vec{a}+5\vec{b}|=2\sqrt{19}$ より

$|2\vec{a}+5\vec{b}|^2=(2\sqrt{19})^2$

よって　$4|\vec{a}|^2+20\vec{a}\cdot\vec{b}+25|\vec{b}|^2=76$

$|\vec{a}|=3$, $|\vec{b}|=2$ であるから

$4\times 3^2+20\vec{a}\cdot\vec{b}+25\times 2^2=76$

$20\vec{a}\cdot\vec{b}=-60$

ゆえに　$\vec{a}\cdot\vec{b}=-3$

したがって

$$\cos\theta=\frac{\vec{a}\cdot\vec{b}}{|\vec{a}||\vec{b}|}=\frac{-3}{3\times 2}=-\frac{1}{2}$$

$0^\circ\leqq\theta\leqq 180^\circ$ であるから　$\boldsymbol{\theta=120^\circ}$

(2) $|\vec{a}-3\vec{b}|=\sqrt{6}$ より

$|\vec{a}-3\vec{b}|^2=(\sqrt{6})^2$

よって　$|\vec{a}|^2-6\vec{a}\cdot\vec{b}+9|\vec{b}|^2=6$

$|\vec{a}|=\sqrt{6}$ であるから

$(\sqrt{6})^2-6\vec{a}\cdot\vec{b}+9|\vec{b}|^2=6$

すなわち　$2\vec{a}\cdot\vec{b}-3|\vec{b}|^2=0$　……①

また, $(\vec{a}-2\vec{b})\cdot(\vec{a}-4\vec{b})=4$ より

$|\vec{a}|^2-6\vec{a}\cdot\vec{b}+8|\vec{b}|^2=4$

$|\vec{a}|=\sqrt{6}$ であるから

$(\sqrt{6})^2-6\vec{a}\cdot\vec{b}+8|\vec{b}|^2=4$

すなわち　$-3\vec{a}\cdot\vec{b}+4|\vec{b}|^2=-1$　……②

①, ②から $\vec{a}\cdot\vec{b}$ を消去して整理すると

$|\vec{b}|^2=2$

$|\vec{b}|\geqq 0$ より　$|\vec{b}|=\mathbf{\sqrt{2}}$

これと①より　$\vec{a}\cdot\vec{b}=3$

ゆえに

$$\cos\theta=\frac{\vec{a}\cdot\vec{b}}{|\vec{a}||\vec{b}|}=\frac{3}{\sqrt{6}\times\sqrt{2}}=\frac{\sqrt{3}}{2}$$

$0^\circ\leqq\theta\leqq 180^\circ$ であるから　$\boldsymbol{\theta=30^\circ}$

34 (1) $\vec{a}+\vec{b}=((-t+1)+(-t+2),\ 3t+t)$

$=(-2t+3,\ 4t)$

$\vec{a}-\vec{b}=((-t+1)-(-t+2),\ 3t-t)$

$=(-1,\ 2t)$

$\vec{a}+\vec{b}\neq\vec{0}$, $\vec{a}-\vec{b}\neq\vec{0}$ であるから，

$(\vec{a}+\vec{b})\perp(\vec{a}-\vec{b})$ より

$(\vec{a}+\vec{b})\cdot(\vec{a}-\vec{b})=0$

よって　$(-2t+3)\times(-1)+4t\times 2t=0$

$8t^2+2t-3=0$

$(4t+3)(2t-1)=0$ より　$\boldsymbol{t=-\frac{3}{4},\ \frac{1}{2}}$

(2) $(t\vec{a}-3\vec{b})\perp(t\vec{a}+3\vec{b})$ より

$(t\vec{a}-3\vec{b})\cdot(t\vec{a}+3\vec{b})=0$

よって　$t^2|\vec{a}|^2-9|\vec{b}|^2=0$

$|\vec{a}|=2$, $|\vec{b}|=3$ であるから

$t^2\times 2^2-9\times 3^2=0$

$t^2=\frac{81}{4}$

ゆえに　$\boldsymbol{t=\pm\frac{9}{2}}$

35 $\vec{a}-\vec{b}=(x-(-2),\ 1-4)=(x+2,\ -3)$

$\vec{b}-\vec{c}=(-2-3,\ 4-y)=(-5,\ 4-y)$

$\vec{a}-\vec{b}\neq\vec{0}$, $\vec{c}\neq\vec{0}$ であるから，

$(\vec{a}-\vec{b})\perp\vec{c}$ より　$(\vec{a}-\vec{b})\cdot\vec{c}=0$

よって　$(x+2)\times 3+(-3)\times y=0$

すなわち　$x-y=-2$　……①

また，$\vec{b}-\vec{c}\neq\vec{0}$, $\vec{a}\neq\vec{0}$ より，

$(\vec{b}-\vec{c})\parallel\vec{a}$ となるためには，$\vec{b}-\vec{c}=k\vec{a}$

を満たす実数 k が存在すればよい。

成分で表すと　$(-5,\ 4-y)=k(x,\ 1)$

ゆえに　$-5=kx$　……②

$4-y=k$　……③

②，③から k を消去すると

$-5=(4-y)x$

①より $x=y-2$ を代入して

$-5=(4-y)(y-2)$

整理して　$y^2-6y+3=0$

これを解いて

$y=3\pm\sqrt{6}$

$y=3+\sqrt{6}$ のとき

$x=(3+\sqrt{6})-2=1+\sqrt{6}$

$y=3-\sqrt{6}$ のとき

$x=(3-\sqrt{6})-2=1-\sqrt{6}$

したがって　$\boldsymbol{(x,\ y)=(1+\sqrt{6},\ 3+\sqrt{6}),\ (1-\sqrt{6},\ 3-\sqrt{6})}$

36 $m\vec{a}+n\vec{b}=m(2,\ 1)+n(1,\ -2)$

$=(2m+n,\ m-2n)$

$m\vec{a}+n\vec{b}\neq\vec{0}$, $\vec{c}\neq\vec{0}$ であるから，

$(m\vec{a}+n\vec{b})\perp\vec{c}$ より　$(m\vec{a}+n\vec{b})\cdot\vec{c}=0$

よって　$(2m+n)\times 1+(m-2n)\times 2=0$

整理して　$4m-3n=0$　……①

$|m\vec{a}+n\vec{b}|=10$ より

$|m\vec{a}+n\vec{b}|^2=100$

$(2m+n)^2+(m-2n)^2=100$

$5m^2+5n^2=100$

すなわち　$m^2+n^2=20$　……②

①，②から n を消去すると

$m^2+\left(\frac{4}{3}m\right)^2=20$

$m^2=\frac{36}{5}$ より　$m=\pm\frac{6\sqrt{5}}{5}$

$m=\frac{6\sqrt{5}}{5}$ のとき　$n=\frac{8\sqrt{5}}{5}$

$m=-\frac{6\sqrt{5}}{5}$ のとき　$n=-\frac{8\sqrt{5}}{5}$

①より $n=\frac{4}{3}m$

ゆえに

$\boldsymbol{(m,\ n)=\left(\frac{6\sqrt{5}}{5},\ \frac{8\sqrt{5}}{5}\right),\ \left(-\frac{6\sqrt{5}}{5},\ -\frac{8\sqrt{5}}{5}\right)}$

37 $\vec{p}=(x,\ y)$ とおく。

$|\vec{p}|=\sqrt{10}$ より，

$|\vec{p}|^2=10$ であるから

$x^2+y^2=10$　……①

$\vec{a}$ と $\vec{p}$ のなす角が 135°

であるから

$\vec{a}\cdot\vec{p}=|\vec{a}||\vec{p}|\cos 135^\circ$

$=\sqrt{1^2+2^2}\times\sqrt{10}\times\left(-\frac{1}{\sqrt{2}}\right)=-5$

$\vec{a}$ 135° $\vec{p}$ 135° $\vec{p}$

また　$\vec{a}\cdot\vec{p}=1\times x+2\times y=x+2y$

であるから　$x+2y=-5$　……②

①，②から x を消去して

$(-2y-5)^2+y^2=10$

$5y^2+20y+25=10$

$y^2+4y+3=0$

$(y+1)(y+3)=0$ より　$y=-1,\ -3$

$y=-1$ のとき　$x=-3$

$y=-3$ のとき　$x=1$

よって　$\boldsymbol{\vec{p}=(-3,\ -1),\ (1,\ -3)}$

38 (1)　$|2\vec{a}+\vec{b}|=|2\vec{a}-\vec{b}|$ より

$|2\vec{a}+\vec{b}|^2=|2\vec{a}-\vec{b}|^2$

よって

$4|\vec{a}|^2+4\vec{a}\cdot\vec{b}+|\vec{b}|^2=4|\vec{a}|^2-4\vec{a}\cdot\vec{b}+|\vec{b}|^2$

すなわち　$\vec{a}\cdot\vec{b}=0$

$\vec{a}\neq\vec{0}$，$\vec{b}\neq\vec{0}$ であるから　$\vec{a}\perp\vec{b}$　終

(2)　$|5\vec{a}+2\vec{b}|=|2\vec{a}-5\vec{b}|$ より

$|5\vec{a}+2\vec{b}|^2=|2\vec{a}-5\vec{b}|^2$

よって　$25|\vec{a}|^2+20\vec{a}\cdot\vec{b}+4|\vec{b}|^2$

$=4|\vec{a}|^2-20\vec{a}\cdot\vec{b}+25|\vec{b}|^2$

$|\vec{a}|=|\vec{b}|$ より　$\vec{a}\cdot\vec{b}=0$

$\vec{a}\neq\vec{0}$，$\vec{b}\neq\vec{0}$ であるから　$\vec{a}\perp\vec{b}$　終

C

39 (1)　$\vec{a}\cdot\vec{b}=(x-1)\times 2x+4\times(-3)=2x^2-2x-12$

$=2\left(x-\dfrac{1}{2}\right)^2-\dfrac{25}{2}$　←平方完成する。

よって，内積 $\vec{a}\cdot\vec{b}$ は，$\boldsymbol{x=\dfrac{1}{2}}$ **のとき**最小値 $\boldsymbol{-\dfrac{25}{2}}$ をとる。

ベクトルの内積

$\vec{a}=(a_1,\ a_2)$，$\vec{b}=(b_1,\ b_2)$

のとき

$\vec{a}\cdot\vec{b}=a_1b_1+a_2b_2$

(2)　$\vec{a}$ と $\vec{b}$ のなす角を θ とすると　$\cos\theta=\dfrac{\vec{a}\cdot\vec{b}}{|\vec{a}||\vec{b}|}$

θ が鈍角のとき，$\cos\theta<0$ であるから　$\vec{a}\cdot\vec{b}<0$

⇦ θ が鈍角 $(90°<\theta<180°)$

⇔　$\cos\theta<0$

$\vec{a}\cdot\vec{b}=2x^2-2x-12$ であるから

$2x^2-2x-12<0$

$2(x+2)(x-3)<0$ より　$\boldsymbol{-2<x<3}$

40 (1)　$|\vec{a}+t\vec{b}|^2=|\vec{a}|^2+2t\vec{a}\cdot\vec{b}+t^2|\vec{b}|^2$

(教 p.69 章末A 1)

$=|\vec{b}|^2\left(t^2+\dfrac{2\vec{a}\cdot\vec{b}}{|\vec{b}|^2}t\right)+|\vec{a}|^2$

$=|\vec{b}|^2\left\{\left(t+\dfrac{\vec{a}\cdot\vec{b}}{|\vec{b}|^2}\right)^2-\dfrac{(\vec{a}\cdot\vec{b})^2}{|\vec{b}|^4}\right\}+|\vec{a}|^2$

$=|\vec{b}|^2\left(t+\dfrac{\vec{a}\cdot\vec{b}}{|\vec{b}|^2}\right)^2+\dfrac{|\vec{a}|^2|\vec{b}|^2-(\vec{a}\cdot\vec{b})^2}{|\vec{b}|^2}$

⇦ t についての2次式を平方完成する。
$|\vec{a}|$，$|\vec{b}|$，$\vec{a}\cdot\vec{b}$ は
定数であることに注意する。

よって，$t=-\dfrac{\vec{a}\cdot\vec{b}}{|\vec{b}|^2}$ のとき，$|\vec{a}+t\vec{b}|^2$ は最小となる。

⇦ $|\vec{a}+t\vec{b}|^2$ の最小値は
$\dfrac{|\vec{a}|^2|\vec{b}|^2-(\vec{a}\cdot\vec{b})^2}{|\vec{b}|^2}$

$|\vec{a}+t\vec{b}|\geqq 0$ であるから，このとき $|\vec{a}+t\vec{b}|$ も最小となる。

ゆえに　$\boldsymbol{t_0=-\dfrac{\vec{a}\cdot\vec{b}}{|\vec{b}|^2}}$

$\boldsymbol{m}=\sqrt{\dfrac{|\vec{a}|^2|\vec{b}|^2-(\vec{a}\cdot\vec{b})^2}{|\vec{b}|^2}}=\boldsymbol{\dfrac{\sqrt{|\vec{a}|^2|\vec{b}|^2-(\vec{a}\cdot\vec{b})^2}}{|\vec{b}|}}$

(2) (1)より

$$(\vec{a}+t_0\vec{b})\cdot\vec{b}=\vec{a}\cdot\vec{b}+t_0|\vec{b}|^2$$
$$=\vec{a}\cdot\vec{b}+\left(-\frac{\vec{a}\cdot\vec{b}}{|\vec{b}|^2}\right)|\vec{b}|^2$$
$$=\vec{a}\cdot\vec{b}-\vec{a}\cdot\vec{b}=0$$

$\vec{a}$ と $\vec{b}$ は1次独立であるから　$\vec{a}+t_0\vec{b}\neq\vec{0}$

よって　$(\vec{a}+t_0\vec{b})\perp\vec{b}$　終

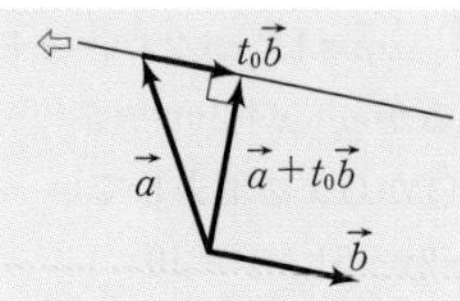

⇦ $\vec{a}\neq\vec{0}$, $\vec{b}\neq\vec{0}$,
$\vec{a}$ と $\vec{b}$ は平行でない。

41 (1) $\vec{a}$ と $\vec{b}$ のなす角を θ $(0°\leqq\theta\leqq180°)$ とすると

$$(2|\vec{a}|+3|\vec{b}|)^2-|2\vec{a}+3\vec{b}|^2$$
$$=4|\vec{a}|^2+12|\vec{a}||\vec{b}|+9|\vec{b}|^2-(4|\vec{a}|^2+12\vec{a}\cdot\vec{b}+9|\vec{b}|^2)$$
$$=12(|\vec{a}||\vec{b}|-\vec{a}\cdot\vec{b})$$
$$=12(|\vec{a}||\vec{b}|-|\vec{a}||\vec{b}|\cos\theta)$$
$$=12|\vec{a}||\vec{b}|(1-\cos\theta)$$

ここで，$0°\leqq\theta\leqq180°$ より　$-1\leqq\cos\theta\leqq1$

であるから　$1-\cos\theta\geqq0$

また，$|\vec{a}|>0$，$|\vec{b}|>0$ であるから

$$|2\vec{a}+3\vec{b}|^2\leqq(2|\vec{a}|+3|\vec{b}|)^2$$

$|2\vec{a}+3\vec{b}|\geqq0$，$2|\vec{a}|+3|\vec{b}|>0$ であるから

$$|2\vec{a}+3\vec{b}|\leqq2|\vec{a}|+3|\vec{b}|$$

が成り立つ。　終

⇦ $\vec{a}\cdot\vec{b}=|\vec{a}||\vec{b}|\cos\theta$ より，
$-|\vec{a}||\vec{b}|\leqq\vec{a}\cdot\vec{b}\leqq|\vec{a}||\vec{b}|$
であるから
$|\vec{a}||\vec{b}|-\vec{a}\cdot\vec{b}\geqq0$
としてもよい。

(参考)

等号が成り立つのは　$\cos\theta=1$

すなわち，$\vec{a}$ と $\vec{b}$ が同じ向き（$\theta=0°$）のときである。

(2) $\vec{a}$ と $\vec{b}$ のなす角を θ $(0°\leqq\theta\leqq180°)$ とすると

$$|\vec{a}+\vec{b}|^2-(|\vec{a}|-|\vec{b}|)^2$$
$$=|\vec{a}|^2+2\vec{a}\cdot\vec{b}+|\vec{b}|^2-(|\vec{a}|^2-2|\vec{a}||\vec{b}|+|\vec{b}|^2)$$
$$=2(\vec{a}\cdot\vec{b}+|\vec{a}||\vec{b}|)$$
$$=2(|\vec{a}||\vec{b}|\cos\theta+|\vec{a}||\vec{b}|)$$
$$=2|\vec{a}||\vec{b}|(1+\cos\theta)$$

ここで，$0°\leqq\theta\leqq180°$ より　$-1\leqq\cos\theta\leqq1$

であるから　$1+\cos\theta\geqq0$

また，$|\vec{a}|>0$，$|\vec{b}|>0$ であるから

$$|\vec{a}+\vec{b}|^2\geqq(|\vec{a}|-|\vec{b}|)^2$$

$|\vec{a}+\vec{b}|\geqq0$，$|\vec{a}|\geqq|\vec{b}|$ より $|\vec{a}|-|\vec{b}|\geqq0$ であるから

$$|\vec{a}+\vec{b}|\geqq|\vec{a}|-|\vec{b}|$$

が成り立つ。　終

⇦ $\vec{a}\cdot\vec{b}=|\vec{a}||\vec{b}|\cos\theta$ より
$-|\vec{a}||\vec{b}|\leqq\vec{a}\cdot\vec{b}\leqq|\vec{a}||\vec{b}|$
であるから
$\vec{a}\cdot\vec{b}+|\vec{a}||\vec{b}|\geqq0$
としてもよい。

(参考)

等号が成り立つのは　$\cos\theta=-1$

すなわち，$\vec{a}$ と $\vec{b}$ が逆の向き（$\theta=180°$）のときである。

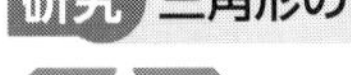

研究 三角形の面積

本編 p.012

A

42 求める三角形の面積を S とする。

(1) $S=\dfrac{1}{2}\sqrt{|\overrightarrow{OA}|^2|\overrightarrow{OB}|^2-(\overrightarrow{OA}\cdot\overrightarrow{OB})^2}$

$=\dfrac{1}{2}\sqrt{(\sqrt{7})^2\times(2\sqrt{6})^2-(-8)^2}$

$=\dfrac{1}{2}\times2\sqrt{26}=\boldsymbol{\sqrt{26}}$

(2) $\overrightarrow{OA}=(-4,\ 3)$，$\overrightarrow{OB}=(1,\ 2)$ より

$S=\dfrac{1}{2}|(-4)\times2-3\times1|=\boldsymbol{\dfrac{11}{2}}$

(別解)

$|\overrightarrow{OA}|^2=(-4)^2+3^2=25$

$|\overrightarrow{OB}|^2=1^2+2^2=5$

$\overrightarrow{OA}\cdot\overrightarrow{OB}=(-4)\times1+3\times2=2$

であるから

$S=\dfrac{1}{2}\sqrt{|\overrightarrow{OA}|^2|\overrightarrow{OB}|^2-(\overrightarrow{OA}\cdot\overrightarrow{OB})^2}$

$=\dfrac{1}{2}\sqrt{25\times5-2^2}=\boldsymbol{\dfrac{11}{2}}$

(3) $\overrightarrow{AB}=(4-2,\ 6-(-1))=(2,\ 7)$

$\overrightarrow{AC}=(6-2,\ -5-(-1))=(4,\ -4)$

であるから

$S=\dfrac{1}{2}|2\times(-4)-7\times4|=\boldsymbol{18}$

(別解)

$|\overrightarrow{AB}|^2=2^2+7^2=53$

$|\overrightarrow{AC}|^2=4^2+(-4)^2=32$

$\overrightarrow{AB}\cdot\overrightarrow{AC}=2\times4+7\times(-4)=-20$

であるから

$S=\dfrac{1}{2}\sqrt{|\overrightarrow{AB}|^2|\overrightarrow{AC}|^2-(\overrightarrow{AB}\cdot\overrightarrow{AC})^2}$

$=\dfrac{1}{2}\sqrt{53\times32-(-20)^2}=\boldsymbol{18}$

B

43 $|\overrightarrow{OA}+\overrightarrow{OB}|=2\sqrt{11}$ より

$|\overrightarrow{OA}|^2+2\overrightarrow{OA}\cdot\overrightarrow{OB}+|\overrightarrow{OB}|^2=44$

$|\overrightarrow{OA}|=3$，$|\overrightarrow{OB}|=5$ であるから

$\overrightarrow{OA}\cdot\overrightarrow{OB}=5$

よって

$S=\dfrac{1}{2}\sqrt{|\overrightarrow{OA}|^2|\overrightarrow{OB}|^2-(\overrightarrow{OA}\cdot\overrightarrow{OB})^2}$

$=\dfrac{1}{2}\sqrt{3^2\times5^2-5^2}=\boldsymbol{5\sqrt{2}}$

(別解)

$|\overrightarrow{OA}+\overrightarrow{OB}|=2\sqrt{11}$ より

$|\overrightarrow{OA}+\overrightarrow{OB}|^2=(2\sqrt{11})^2$

$|\overrightarrow{OA}|^2+2\overrightarrow{OA}\cdot\overrightarrow{OB}+|\overrightarrow{OB}|^2=44$

$|\overrightarrow{OA}|=3$，$|\overrightarrow{OB}|=5$，

$\angle AOB=\theta$ とおくと

$\overrightarrow{OA}\cdot\overrightarrow{OB}=|\overrightarrow{OA}||\overrightarrow{OB}|\cos\theta$ であるから

$3^2+2\times3\times5\cos\theta+5^2=44$

よって　$\cos\theta=\dfrac{1}{3}$

ここで，$\sin\theta>0$ であるから

$\sin\theta=\sqrt{1-\cos^2\theta}=\sqrt{1-\left(\dfrac{1}{3}\right)^2}=\dfrac{2\sqrt{2}}{3}$

求める△OAB の面積を S とすると

$S=\dfrac{1}{2}\times3\times5\times\dfrac{2\sqrt{2}}{3}$ ← $S=\dfrac{1}{2}ab\sin\theta$

$=\boldsymbol{5\sqrt{2}}$

44 $\overrightarrow{OA}+\overrightarrow{OB}+\overrightarrow{OC}=\vec{0}$ より　$\overrightarrow{OA}+\overrightarrow{OB}=-\overrightarrow{OC}$

よって　$|\overrightarrow{OA}+\overrightarrow{OB}|^2=|-\overrightarrow{OC}|^2$

$$|\overrightarrow{OA}|^2+2\overrightarrow{OA}\cdot\overrightarrow{OB}+|\overrightarrow{OB}|^2=|\overrightarrow{OC}|^2$$

$|\overrightarrow{OA}|=\sqrt{7}$，$|\overrightarrow{OB}|=2$，$|\overrightarrow{OC}|=\sqrt{5}$ であるから

$$(\sqrt{7})^2+2\overrightarrow{OA}\cdot\overrightarrow{OB}+2^2=(\sqrt{5})^2$$

ゆえに　$\overrightarrow{OA}\cdot\overrightarrow{OB}=-3$

同様に，$\overrightarrow{OB}+\overrightarrow{OC}=-\overrightarrow{OA}$ であるから

$$|\overrightarrow{OB}+\overrightarrow{OC}|^2=|-\overrightarrow{OA}|^2$$

$$|\overrightarrow{OB}|^2+2\overrightarrow{OB}\cdot\overrightarrow{OC}+|\overrightarrow{OC}|^2=|\overrightarrow{OA}|^2$$

$$2^2+2\overrightarrow{OB}\cdot\overrightarrow{OC}+(\sqrt{5})^2=(\sqrt{7})^2$$

ゆえに　$\overrightarrow{OB}\cdot\overrightarrow{OC}=-1$

同様に，$\overrightarrow{OA}+\overrightarrow{OC}=-\overrightarrow{OB}$ であるから

$$|\overrightarrow{OA}+\overrightarrow{OC}|^2=|-\overrightarrow{OB}|^2$$

$$|\overrightarrow{OA}|^2+2\overrightarrow{OA}\cdot\overrightarrow{OC}+|\overrightarrow{OC}|^2=|\overrightarrow{OB}|^2$$

$$(\sqrt{7})^2+2\overrightarrow{OA}\cdot\overrightarrow{OC}+(\sqrt{5})^2=2^2$$

ゆえに　$\overrightarrow{OA}\cdot\overrightarrow{OC}=-4$

ここで

$$\triangle OAB=\frac{1}{2}\sqrt{|\overrightarrow{OA}|^2|\overrightarrow{OB}|^2-(\overrightarrow{OA}\cdot\overrightarrow{OB})^2}$$

$$=\frac{1}{2}\sqrt{7\times4-(-3)^2}=\frac{\sqrt{19}}{2}$$

$$\triangle OBC=\frac{1}{2}\sqrt{|\overrightarrow{OB}|^2|\overrightarrow{OC}|^2-(\overrightarrow{OB}\cdot\overrightarrow{OC})}$$

$$=\frac{1}{2}\sqrt{4\times5-(-1)^2}=\frac{\sqrt{19}}{2}$$

$$\triangle OCA=\frac{1}{2}\sqrt{|\overrightarrow{OA}|^2|\overrightarrow{OC}|^2-(\overrightarrow{OA}\cdot\overrightarrow{OC})^2}$$

$$=\frac{1}{2}\sqrt{7\times5-(-4)^2}=\frac{\sqrt{19}}{2}$$

であるから，求める面積 S は

$$S=\triangle OAB+\triangle OBC+\triangle OCA$$

$$=\frac{\sqrt{19}}{2}+\frac{\sqrt{19}}{2}+\frac{\sqrt{19}}{2}$$

$$=\boldsymbol{\frac{3\sqrt{19}}{2}}$$

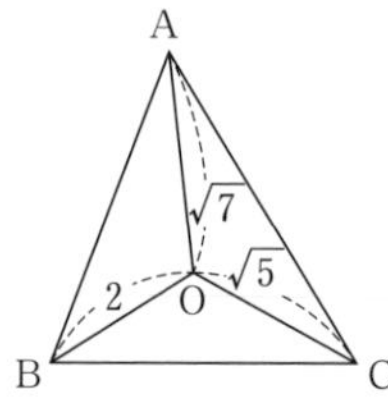

⇦△ABC の面積を求めるために $\overrightarrow{OA}\cdot\overrightarrow{OB}$，$\overrightarrow{OB}\cdot\overrightarrow{OC}$，$\overrightarrow{OC}\cdot\overrightarrow{OA}$ の値をそれぞれ求める。
その際，条件がすべて点 O を始点とするベクトルで表されていることに着目する。

⇦以下，$|\overrightarrow{AB}|^2$，$|\overrightarrow{AC}|^2$，$\overrightarrow{AB}\cdot\overrightarrow{AC}$ を求め，
$S=\frac{1}{2}\sqrt{|\overrightarrow{AB}|^2|\overrightarrow{AC}|^2-(\overrightarrow{AB}\cdot\overrightarrow{AC})^2}$
から求めてもよい。

2節 ベクトルの応用

1 位置ベクトル

本編 p.013～014

45 (1) $\vec{p}=\dfrac{4\vec{a}+3\vec{b}}{3+4}=\dfrac{4\vec{a}+3\vec{b}}{7}$

$\vec{q}=\dfrac{-4\vec{a}+3\vec{b}}{3-4}=4\vec{a}-3\vec{b}$

(2) $\vec{p}=\dfrac{\vec{a}+4\vec{b}}{4+1}=\dfrac{\vec{a}+4\vec{b}}{5}$

$\vec{q}=\dfrac{-\vec{a}+4\vec{b}}{4-1}=\dfrac{-\vec{a}+4\vec{b}}{3}$

46 辺 AB を 2：1 に内分する点が P$(\vec{p})$ であるから $\vec{p}=\dfrac{\vec{a}+2\vec{b}}{3}$

また，G$(\vec{g})$ は△PBC の重心であるから

$$\vec{g}=\frac{\vec{p}+\vec{b}+\vec{c}}{3}=\frac{\frac{\vec{a}+2\vec{b}}{3}+\vec{b}+\vec{c}}{3}=\frac{\vec{a}+5\vec{b}+3\vec{c}}{9}$$

47 点 D，E，F の位置ベクトルをそれぞれ $\vec{d}$，$\vec{e}$，$\vec{f}$ とする。

辺 BC，CA，AB を 2：3 にそれぞれ内分する点がそれぞれ D，E，F であるから

$\vec{d}=\dfrac{3\vec{b}+2\vec{c}}{2+3}=\dfrac{3\vec{b}+2\vec{c}}{5}$

$\vec{e}=\dfrac{3\vec{c}+2\vec{a}}{5}$，　$\vec{f}=\dfrac{3\vec{a}+2\vec{b}}{5}$

よって

$$\begin{aligned}&\overrightarrow{AD}+\overrightarrow{BE}+\overrightarrow{CF}\\&=(\vec{d}-\vec{a})+(\vec{e}-\vec{b})+(\vec{f}-\vec{c})\\&=(\vec{d}+\vec{e}+\vec{f})-(\vec{a}+\vec{b}+\vec{c})\\&=\left(\frac{3\vec{b}+2\vec{c}}{5}+\frac{3\vec{c}+2\vec{a}}{5}+\frac{3\vec{a}+2\vec{b}}{5}\right)-(\vec{a}+\vec{b}+\vec{c})\\&=(\vec{a}+\vec{b}+\vec{c})-(\vec{a}+\vec{b}+\vec{c})\\&=\vec{0}\end{aligned}$$

ゆえに，$\overrightarrow{AD}+\overrightarrow{BE}+\overrightarrow{CF}=\vec{0}$ が成り立つ。 終

B

48 点 A，B，C，G，P の位置ベクトルをそれぞれ $\vec{a}$，$\vec{b}$，$\vec{c}$，$\vec{g}$，$\vec{p}$ とする。

点 G は△ABC の重心であるから

$$\vec{g}=\frac{\vec{a}+\vec{b}+\vec{c}}{3}$$

よって

$$\begin{aligned}&\overrightarrow{AP}+\overrightarrow{BP}-2\overrightarrow{CP}\\&=(\vec{p}-\vec{a})+(\vec{p}-\vec{b})-2(\vec{p}-\vec{c})\\&=-\vec{a}-\vec{b}+2\vec{c}\end{aligned}$$

$$\begin{aligned}3\overrightarrow{GC}&=3(\vec{c}-\vec{g})\\&=3\left(\vec{c}-\frac{\vec{a}+\vec{b}+\vec{c}}{3}\right)\\&=3\vec{c}-\vec{a}-\vec{b}-\vec{c}=-\vec{a}-\vec{b}+2\vec{c}\end{aligned}$$

ゆえに，$\overrightarrow{AP}+\overrightarrow{BP}-2\overrightarrow{CP}=3\overrightarrow{GC}$ が成り立つ。

終

(別解)

$\overrightarrow{AB}=\vec{b}$，$\overrightarrow{AC}=\vec{c}$ とする。← 点 A を基準とする位置ベクトルを考える。

点 G は△ABC の重心であるから

$$\overrightarrow{AG}=\frac{\overrightarrow{AA}+\overrightarrow{AB}+\overrightarrow{AC}}{3}=\frac{\vec{b}+\vec{c}}{3}$$

よって

$$\begin{aligned}&\overrightarrow{AP}+\overrightarrow{BP}-2\overrightarrow{CP}\\&=\overrightarrow{AP}+(\overrightarrow{AP}-\overrightarrow{AB})-2(\overrightarrow{AP}-\overrightarrow{AC})\\&=-\overrightarrow{AB}+2\overrightarrow{AC}=-\vec{b}+2\vec{c}\end{aligned}$$

$$\begin{aligned}3\overrightarrow{GC}&=3(\overrightarrow{AC}-\overrightarrow{AG})=3\left(\vec{c}-\frac{\vec{b}+\vec{c}}{3}\right)\\&=-\vec{b}+2\vec{c}\end{aligned}$$

ゆえに，$\overrightarrow{AP}+\overrightarrow{BP}-2\overrightarrow{CP}=3\overrightarrow{GC}$ が成り立つ。

終

49 (1) $|\overrightarrow{BC}|^2=|\overrightarrow{AC}-\overrightarrow{AB}|^2=|\overrightarrow{AC}|^2-2\overrightarrow{AC}\cdot\overrightarrow{AB}+|\overrightarrow{AB}|^2$

$=|\overrightarrow{AC}|^2-2|\overrightarrow{AC}||\overrightarrow{AB}|\cos\angle BAC+|\overrightarrow{AB}|^2$

$=5^2-2\times5\times6\times\dfrac{1}{5}+6^2=49$

$|\overrightarrow{BC}|>0$ より　$|\overrightarrow{BC}|=7$

よって　$\mathbf{BC=7}$

次に，線分 AD は角 A の二等分線であるから

BD：DC＝AB：AC＝6：5

よって　$\mathbf{BD}=\text{BC}\times\dfrac{6}{11}=7\times\dfrac{6}{11}=\mathbf{\dfrac{42}{11}}$

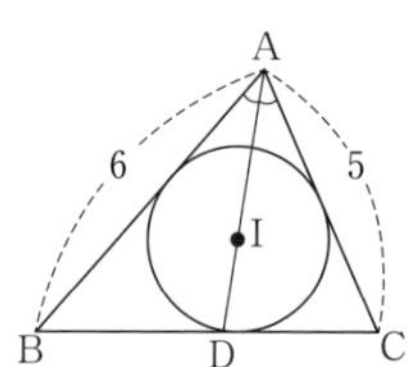

角の二等分線の性質

△ABC において，線分 AD が∠A の二等分線であるとき

AB：AC＝BD：DC

(別解)

△ABC に余弦定理を用いると

$BC^2=6^2+5^2-2\times6\times5\times\cos\angle BAC$

$=36+25-2\times6\times5\times\dfrac{1}{5}=49$

$BC>0$ より　$\mathbf{BC=7}$

(2) 線分 BI は角 B の二等分線であるから

AI：ID＝BA：BD＝6：$\dfrac{42}{11}$＝11：7

⇦内心は，3 つの内角の二等分線の交点

よって

$\overrightarrow{\mathbf{AI}}=\dfrac{11}{18}\overrightarrow{AD}=\dfrac{11}{18}\times\dfrac{5\overrightarrow{AB}+6\overrightarrow{AC}}{11}=\mathbf{\dfrac{5}{18}}\vec{b}+\mathbf{\dfrac{1}{3}}\vec{c}$

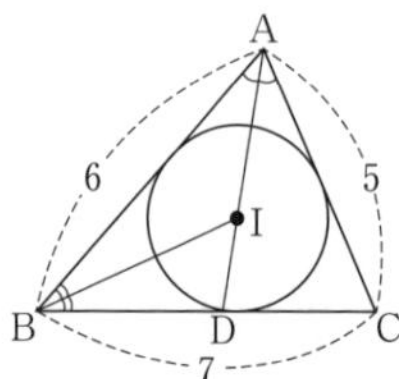

50 (1) $3\overrightarrow{PA}+4\overrightarrow{PB}+5\overrightarrow{PC}=\vec{0}$ より

(教 p.69 章末A 3)

$3(-\overrightarrow{AP})+4(\overrightarrow{AB}-\overrightarrow{AP})+5(\overrightarrow{AC}-\overrightarrow{AP})=\vec{0}$

⇦条件式のベクトルをすべて，A を始点とするベクトルで表す。

よって　$\overrightarrow{\mathbf{AP}}=\dfrac{4\overrightarrow{AB}+5\overrightarrow{AC}}{12}=\mathbf{\dfrac{1}{3}}\overrightarrow{\mathbf{AB}}+\mathbf{\dfrac{5}{12}}\overrightarrow{\mathbf{AC}}$

(2) (1)より

$\overrightarrow{AP}=\dfrac{4\overrightarrow{AB}+5\overrightarrow{AC}}{12}=\dfrac{9}{12}\times\dfrac{4\overrightarrow{AB}+5\overrightarrow{AC}}{9}$

⇦分子の係数 4 と 5 に着目して，分母が 9（＝4＋5）の分数を作り，内分点を表す式にする。

ここで，辺 BC を 5：4 に内分する点を D とおくと，

$\overrightarrow{AD}=\dfrac{4\overrightarrow{AB}+5\overrightarrow{AC}}{9}$ であるから

$$\overrightarrow{AP}=\frac{9}{12}\times\overrightarrow{AD}=\frac{3}{4}\overrightarrow{AD}$$

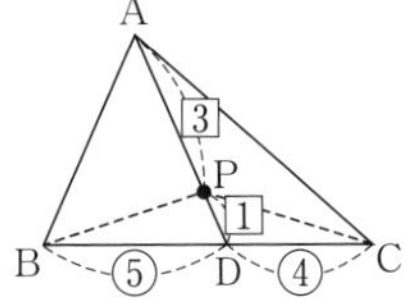

よって，点Pは線分ADを3：1に内分する。

ゆえに，点Pは**辺BCを5：4に内分する点をDとして，線分ADを3：1に内分する位置**にある。

(3) △ABCの面積をSとする。

⇦△ABCの面積Sを用いて，△PBC，△PCA，△PABの面積を表す。

AP：PD＝3：1より

$$\triangle PBC=\frac{1}{4}\triangle ABC=\frac{1}{4}S$$

また　$\triangle PCA=\frac{3}{4}\triangle DCA$

BD：DC＝5：4より

$$\triangle DCA=\frac{4}{9}\triangle ABC=\frac{4}{9}S$$

よって

$$\triangle PCA=\frac{3}{4}\triangle DCA=\frac{3}{4}\times\frac{4}{9}S=\frac{1}{3}S$$

同様に

$$\triangle PAB=\frac{3}{4}\triangle DAB=\frac{3}{4}\times\frac{5}{9}S=\frac{5}{12}S$$

よって，面積比は

$$\triangle PBC:\triangle PCA:\triangle PAB=\frac{1}{4}S:\frac{1}{3}S:\frac{5}{12}S$$
$$=\mathbf{3:4:5}$$

⇦(参考)　一般に
$l\overrightarrow{PA}+m\overrightarrow{PB}+n\overrightarrow{PC}=\vec{0}$
$(l>0,\ m>0,\ n>0)$
であるとき
△PBC：△PCA：△PAB
$=l:m:n$
である。

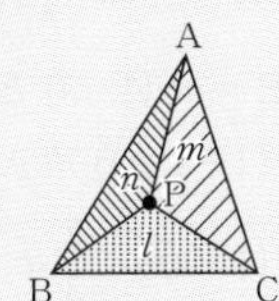

(別解)

△BPDの面積を$5S$とおくと

△BPD：△CPD＝BD：DC＝5：4より

$\triangle CPD=4S$

△PCA：△CPD＝AP：PD＝3：1より

$\triangle PCA=12S$

△PAB：△BPD＝AP：PD＝3：1より

$\triangle PAB=15S$

よって，面積比は

$$\triangle PBC:\triangle PCA:\triangle PAB=(5S+4S):12S:15S$$
$$=\mathbf{3:4:5}$$

2 ベクトルの図形への応用

本編 p.015～016

B

51 $\overrightarrow{\mathrm{AB}}=\vec{b}$，$\overrightarrow{\mathrm{AD}}=\vec{d}$ とする。

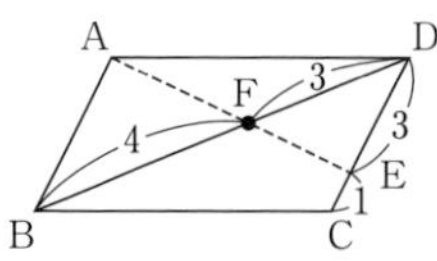

CE：ED＝1：3 であるから

$$\overrightarrow{\mathrm{AE}}=\frac{3\overrightarrow{\mathrm{AC}}+\overrightarrow{\mathrm{AD}}}{1+3}=\frac{3(\vec{b}+\vec{d})+\vec{d}}{4}=\frac{3\vec{b}+4\vec{d}}{4}$$

また，BF：FD＝4：3 であるから

$$\overrightarrow{\mathrm{AF}}=\frac{3\overrightarrow{\mathrm{AB}}+4\overrightarrow{\mathrm{AD}}}{4+3}=\frac{3\vec{b}+4\vec{d}}{7}$$

よって　$\overrightarrow{\mathrm{AE}}=\dfrac{7}{4}\overrightarrow{\mathrm{AF}}$

ゆえに，3 点 A，F，E は一直線上にある。

また　**AF：AE＝4：7**

（参考）

3 点 A，F，E が一直線上にあることから
△FAB∽△FED が成り立つ。
FB：FD＝4：3 より，FA：FE＝4：3
であるから　AF：AE＝4：7 となる。

52

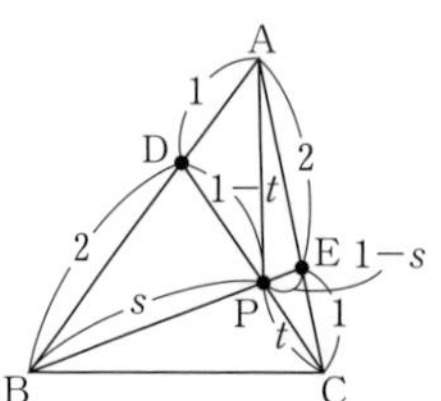

BP：PE＝s：$(1-s)$ とおくと

$$\overrightarrow{\mathrm{AP}}=(1-s)\overrightarrow{\mathrm{AB}}+s\overrightarrow{\mathrm{AE}}$$
$$=(1-s)\vec{b}+\frac{2}{3}s\vec{c}\quad\cdots\cdots①$$

CP：PD＝t：$(1-t)$ とおくと

$$\overrightarrow{\mathrm{AP}}=t\overrightarrow{\mathrm{AD}}+(1-t)\overrightarrow{\mathrm{AC}}$$
$$=\frac{1}{3}t\vec{b}+(1-t)\vec{c}\quad\cdots\cdots②$$

①，②から

$$(1-s)\vec{b}+\frac{2}{3}s\vec{c}=\frac{1}{3}t\vec{b}+(1-t)\vec{c}$$

$\vec{b}$ と $\vec{c}$ は 1 次独立であるから

$$1-s=\frac{1}{3}t\quad かつ\quad \frac{2}{3}s=1-t$$

係数を比較するとき，必ず 1 次独立であることを確認すること。

これを解いて　$s=\dfrac{6}{7}$，$t=\dfrac{3}{7}$

よって　$\overrightarrow{\mathbf{AP}}=\dfrac{1}{7}\vec{b}+\dfrac{4}{7}\vec{c}$

また　**CP：PD**＝t：$(1-t)$

$$=\frac{3}{7}:\left(1-\frac{3}{7}\right)=\mathbf{3:4}$$

（別解 1）

△ADC と直線 BE について
メネラウスの定理より

$$\frac{\mathrm{AB}}{\mathrm{BD}}\times\frac{\mathrm{DP}}{\mathrm{PC}}\times\frac{\mathrm{CE}}{\mathrm{EA}}=1$$

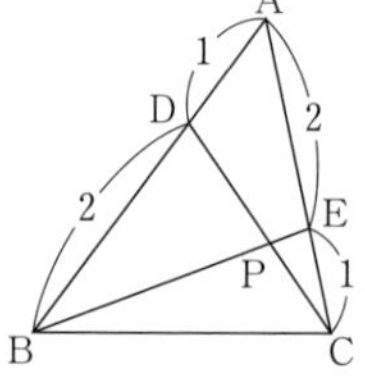

すなわち

$$\frac{3}{2}\times\frac{\mathrm{DP}}{\mathrm{PC}}\times\frac{1}{2}=1$$

よって　$\dfrac{\mathrm{DP}}{\mathrm{PC}}=\dfrac{4}{3}$

であるから　**CP：PD＝3：4**

ゆえに

$$\overrightarrow{\mathbf{AP}}=\frac{4\overrightarrow{\mathrm{AC}}+3\overrightarrow{\mathrm{AD}}}{3+4}$$
$$=\frac{1}{7}\left(4\vec{c}+3\cdot\frac{1}{3}\vec{b}\right)=\frac{1}{7}\vec{b}+\frac{4}{7}\vec{c}$$

（別解 2）　㊙ p.38「直線上の点の存在範囲」の利用

①式から

$$\overrightarrow{\mathrm{AP}}=3(1-s)\times\frac{1}{3}\vec{b}+\frac{2}{3}s\vec{c}$$
$$=3(1-s)\overrightarrow{\mathrm{AD}}+\frac{2}{3}s\overrightarrow{\mathrm{AC}}$$

点 P は線分 CD 上の点であるから

$$3(1-s)+\frac{2}{3}s=1$$

これを解いて　$s=\dfrac{6}{7}$

よって　$\overrightarrow{\mathbf{AP}}=\dfrac{1}{7}\vec{b}+\dfrac{4}{7}\vec{c}$

53

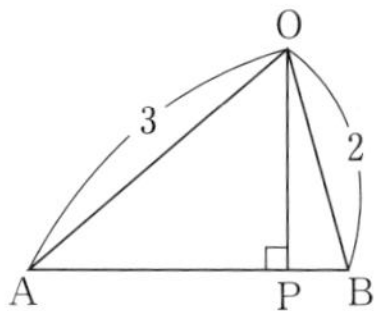

点 P は直線 AB 上の点であるから

$AP:PB=t:(1-t)$

とおくと

$\overrightarrow{OP}=(1-t)\overrightarrow{OA}+t\overrightarrow{OB}$

$\quad=(1-t)\vec{a}+t\vec{b}$ ……①

$\overrightarrow{AB}=\overrightarrow{OB}-\overrightarrow{OA}=\vec{b}-\vec{a}$

ここで，$\overrightarrow{OP}\perp\overrightarrow{AB}$ より　$\overrightarrow{OP}\cdot\overrightarrow{AB}=0$

であるから

$\overrightarrow{OP}\cdot\overrightarrow{AB}$

$=\{(1-t)\vec{a}+t\vec{b}\}\cdot(\vec{b}-\vec{a})$

$=(1-2t)\vec{a}\cdot\vec{b}-(1-t)|\vec{a}|^2+t|\vec{b}|^2=0$ ……②

また　$|\vec{a}|=3$，$|\vec{b}|=2$，

$\vec{a}\cdot\vec{b}=|\vec{a}||\vec{b}|\cos\angle AOB$

$\quad=3\times2\times\dfrac{1}{3}=2$

であるから，これらを②に代入して

$2(1-2t)-9(1-t)+4t=0$

これを解いて　$t=\dfrac{7}{9}$

これを①に代入して　$\boldsymbol{\overrightarrow{OP}=\dfrac{2}{9}\vec{a}+\dfrac{7}{9}\vec{b}}$

54 $\overrightarrow{AB}=\vec{b}$，$\overrightarrow{AC}=\vec{c}$ とする。

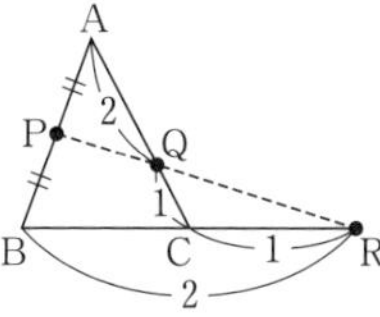

点 P は辺 AB の中点であるから

$\overrightarrow{AP}=\dfrac{1}{2}\vec{b}$

$AQ:QC=2:1$ であるから

$\overrightarrow{AQ}=\dfrac{2}{3}\vec{c}$

よって

$\overrightarrow{PQ}=\overrightarrow{AQ}-\overrightarrow{AP}=\dfrac{2}{3}\vec{c}-\dfrac{1}{2}\vec{b}$

$\quad=\dfrac{-3\vec{b}+4\vec{c}}{6}$

さらに，R は辺 BC の外分点で，

$BR:RC=2:1$ であるから

$\overrightarrow{AR}=\dfrac{-\overrightarrow{AB}+2\overrightarrow{AC}}{2-1}=-\vec{b}+2\vec{c}$

よって

$\overrightarrow{PR}=\overrightarrow{AR}-\overrightarrow{AP}=(-\vec{b}+2\vec{c})-\dfrac{1}{2}\vec{b}$

$\quad=\dfrac{-3\vec{b}+4\vec{c}}{2}$

ゆえに　$\overrightarrow{PR}=3\overrightarrow{PQ}$

したがって，3 点 P，Q，R は一直線上にある。

また　**PQ : PR=1 : 3**

(別解)

△ABC と直線 PR について

$\dfrac{BR}{RC}\times\dfrac{CQ}{QA}\times\dfrac{AP}{PB}=\dfrac{2}{1}\times\dfrac{1}{2}\times\dfrac{1}{1}=1$

であるから，メネラウスの定理の逆より，

3 点 P，Q，R は一直線上にある。

また，△PBR と直線 AC について，

メネラウスの定理から

$\dfrac{BC}{CR}\times\dfrac{RQ}{QP}\times\dfrac{PA}{AB}=1$

すなわち　$\dfrac{1}{1}\times\dfrac{RQ}{QP}\times\dfrac{1}{2}=1$

よって　$\dfrac{RQ}{QP}=2$ ← $\dfrac{QR}{PQ}=\dfrac{2}{1}$

であるから　$PQ:QR=1:2$

ゆえに　**PQ : PR=1 : 3**

55 (1)

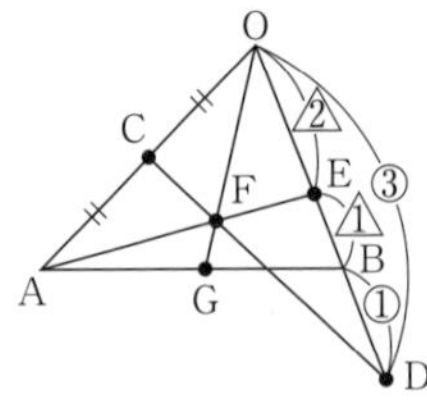

点 C は辺 OA の中点であるから

$$\overrightarrow{OC}=\frac{1}{2}\overrightarrow{OA}=\frac{1}{2}\vec{a}$$

点 D は辺 OB の外分点で,

OD：DB＝3：1 であるから

$$\overrightarrow{OD}=\frac{3}{2}\overrightarrow{OB}=\frac{3}{2}\vec{b}$$

OB：OD ＝2：3

点 E は辺 OB の内分点で,

OE：EB＝2：1 であるから

$$\overrightarrow{OE}=\frac{2}{3}\overrightarrow{OB}=\frac{2}{3}\vec{b}$$

AF：FE＝s：$(1-s)$ とおくと

$$\overrightarrow{OF}=(1-s)\overrightarrow{OA}+s\overrightarrow{OE}$$

$$=(1-s)\vec{a}+\frac{2}{3}s\vec{b} \quad \cdots\cdots①$$

DF：FC＝t：$(1-t)$ とおくと

$$\overrightarrow{OF}=t\overrightarrow{OC}+(1-t)\overrightarrow{OD}$$

$$=\frac{1}{2}t\vec{a}+\frac{3}{2}(1-t)\vec{b} \quad \cdots\cdots②$$

①, ②から

$$(1-s)\vec{a}+\frac{2}{3}s\vec{b}=\frac{1}{2}t\vec{a}+\frac{3}{2}(1-t)\vec{b}$$

$\vec{a}$ と $\vec{b}$ は 1 次独立であるから

$$1-s=\frac{1}{2}t$$

かつ $\frac{2}{3}s=\frac{3}{2}(1-t)$

係数を比較するとき, 必ず 1 次独立であることを確認すること。

これを解いて $s=\frac{9}{14}$, $t=\frac{5}{7}$

これを②に代入して

$$\boldsymbol{\overrightarrow{OF}=\frac{5}{14}\vec{a}+\frac{3}{7}\vec{b}}$$

(2) 3 点 O, F, G は一直線上にあるから

$$\overrightarrow{OG}=k\overrightarrow{OF}$$

を満たす実数 k が存在する。

$$\overrightarrow{OG}=k\left(\frac{5}{14}\vec{a}+\frac{3}{7}\vec{b}\right)$$

$$=\frac{5}{14}k\vec{a}+\frac{3}{7}k\vec{b} \quad \cdots\cdots③$$

また, AG：GB＝l：$(1-l)$ とおくと

$$\overrightarrow{OG}=(1-l)\vec{a}+l\vec{b} \quad \cdots\cdots④$$

③, ④より

$$\frac{5}{14}k\vec{a}+\frac{3}{7}k\vec{b}=(1-l)\vec{a}+l\vec{b}$$

$\vec{a}$ と $\vec{b}$ は 1 次独立であるから

$$\frac{5}{14}k=1-l$$

かつ $\frac{3}{7}k=l$

係数を比較するとき, 必ず 1 次独立であることを確認すること。

これを解いて $k=\frac{14}{11}$, $l=\frac{6}{11}$

よって, AG：GB＝l：$(1-l)$ より

AG：GB＝**6：5**

56 (1) AQ：QB＝1：3 より

$$\overrightarrow{AQ}=\frac{1}{4}\overrightarrow{AB}=\frac{1}{4}\vec{b}$$

よって

$$\overrightarrow{CQ}=\overrightarrow{AQ}-\overrightarrow{AC}$$

$$\boldsymbol{=\frac{1}{4}\vec{b}-\vec{c}}$$

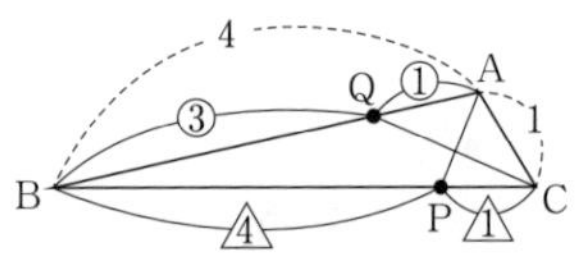

(2) BP：PC＝4：1 であるから

$$\overrightarrow{AP}=\frac{\overrightarrow{AB}+4\overrightarrow{AC}}{4+1}=\frac{1}{5}\vec{b}+\frac{4}{5}\vec{c}$$

ここで

$$\overrightarrow{AP}\cdot\overrightarrow{CQ}=\left(\frac{1}{5}\vec{b}+\frac{4}{5}\vec{c}\right)\cdot\left(\frac{1}{4}\vec{b}-\vec{c}\right)$$
$$=\frac{1}{20}(\vec{b}+4\vec{c})\cdot(\vec{b}-4\vec{c})$$
$$=\frac{1}{20}(|\vec{b}|^2-16|\vec{c}|^2)$$

$|\vec{b}|=4$, $|\vec{c}|=1$ であるから

$$\overrightarrow{AP}\cdot\overrightarrow{CQ}=\frac{1}{20}(4^2-16\times1^2)=0$$

$\overrightarrow{AP}\neq\vec{0}$, $\overrightarrow{CQ}\neq\vec{0}$ であるから

$\overrightarrow{AP}\perp\overrightarrow{CQ}$

よって　AP⊥CQ　終

C

57 (1)　E, F は辺 AB, AD を 2：1 に内分する点であるから,

教 p.69 章末A 2

$$\overrightarrow{AE}=\frac{2}{3}\overrightarrow{AB},\ \overrightarrow{AF}=\frac{2}{3}\overrightarrow{AD}$$

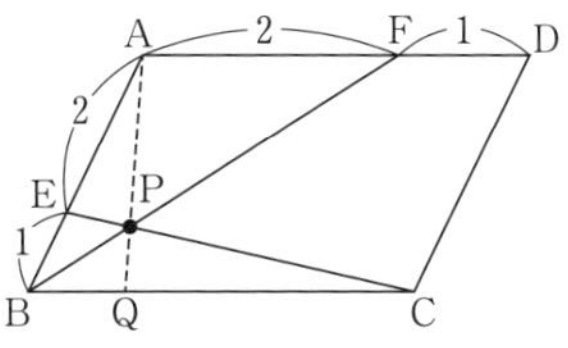

1次独立

$\vec{a}$ と $\vec{b}$ が1次独立

⇔ $\vec{a}\neq\vec{0}$, $\vec{b}\neq\vec{0}$, かつ $\vec{a}$ と $\vec{b}$ が平行でない

$\vec{a}$ と $\vec{b}$ が1次独立のとき

$m\vec{a}+n\vec{b}=m'\vec{a}+n'\vec{b}$ ⇔ $m=m'$, $n=n'$

BP：PF$=s:(1-s)$ とおくと

$$\overrightarrow{AP}=(1-s)\overrightarrow{AB}+s\overrightarrow{AF}$$
$$=(1-s)\overrightarrow{AB}+\frac{2}{3}s\overrightarrow{AD}\quad\cdots\cdots①$$

CP：PE$=t:(1-t)$ とおくと

$$\overrightarrow{AP}=t\overrightarrow{AE}+(1-t)\overrightarrow{AC}$$
$$=\frac{2}{3}t\overrightarrow{AB}+(1-t)(\overrightarrow{AB}+\overrightarrow{AD})$$
$$=\left(1-\frac{1}{3}t\right)\overrightarrow{AB}+(1-t)\overrightarrow{AD}\quad\cdots\cdots②$$

①, ②より

$$(1-s)\overrightarrow{AB}+\frac{2}{3}s\overrightarrow{AD}=\left(1-\frac{1}{3}t\right)\overrightarrow{AB}+(1-t)\overrightarrow{AD}$$

$\overrightarrow{AB}$ と $\overrightarrow{AD}$ は1次独立であるから

⇦係数を比較するとき，必ず1次独立であることを確認すること。

$$1-s=1-\frac{1}{3}t\quad かつ\quad \frac{2}{3}s=1-t$$

これを解いて　$s=\frac{3}{11}$, $t=\frac{9}{11}$

$s=\frac{3}{11}$ を①に代入して

⇦ $t=\frac{9}{11}$ を②に代入してもよい。

$$\overrightarrow{AP}=\left(1-\frac{3}{11}\right)\overrightarrow{AB}+\left(\frac{2}{3}\times\frac{3}{11}\right)\overrightarrow{AD}$$
$$=\boldsymbol{\frac{8}{11}\overrightarrow{AB}+\frac{2}{11}\overrightarrow{AD}}$$

(2) 3点A，P，Qは一直線上にあるから，$\overrightarrow{AQ}=k\overrightarrow{AP}$を満たす実数$k$が存在する。

$$\overrightarrow{AQ}=k\left(\frac{8}{11}\overrightarrow{AB}+\frac{2}{11}\overrightarrow{AD}\right)=\frac{8}{11}k\overrightarrow{AB}+\frac{2}{11}k\overrightarrow{AD} \quad \cdots\cdots③$$

また，BQ：QC$=l:(1-l)$とおくと

$$\overrightarrow{AQ}=(1-l)\overrightarrow{AB}+l\overrightarrow{AC}=(1-l)\overrightarrow{AB}+l(\overrightarrow{AB}+\overrightarrow{AD})$$
$$=\overrightarrow{AB}+l\overrightarrow{AD} \quad \cdots\cdots④$$

⇦ $\overrightarrow{AQ}=\overrightarrow{AB}+\overrightarrow{BQ}=\overrightarrow{AB}+l\overrightarrow{BC}$
$=\overrightarrow{AB}+l\overrightarrow{AD}$
としてもよい。

③，④より

$$\frac{8}{11}k\overrightarrow{AB}+\frac{2}{11}k\overrightarrow{AD}=\overrightarrow{AB}+l\overrightarrow{AD}$$

$\overrightarrow{AB}$と$\overrightarrow{AD}$は1次独立であるから

$$\frac{8}{11}k=1,\ \frac{2}{11}k=l$$

⇦係数を比較するとき，必ず1次独立であることを確認すること。

これを解いて　$k=\frac{11}{8}$，$l=\frac{1}{4}$

よって　BQ：QC$=l:(1-l)$

$$=\frac{1}{4}:\left(1-\frac{1}{4}\right)=\mathbf{1:3}$$

(別解)

(1)より　BP：PF$=s:(1-s)$

$$=\frac{3}{11}:\left(1-\frac{3}{11}\right)=3:8$$

△QBP∽△AFPであるから

BQ：FA＝BP：FP＝3：8

また，AD＝BCであるから

$$BQ=\frac{3}{8}AF=\frac{3}{8}\times\frac{2}{3}AD=\frac{1}{4}BC$$

よって　BQ：QC＝**1：3**

58 m，nを実数として

$$\overrightarrow{OH}=m\overrightarrow{OA}+n\overrightarrow{OB}$$

とおく。

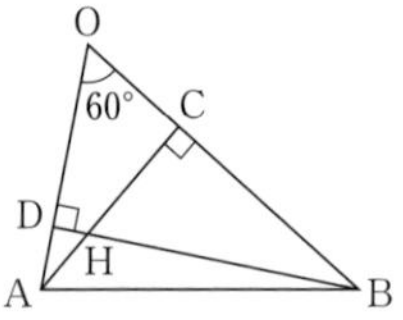

(教p.42 節末2)

⇦平面OAB上の任意の点Hについて，実数m，nを用いて
$\overrightarrow{OH}=m\overrightarrow{OA}+n\overrightarrow{OB}$
と表せる。

AH⊥OBより

$$\overrightarrow{AH}\cdot\overrightarrow{OB}=0$$

$\overrightarrow{AH}=\overrightarrow{OH}-\overrightarrow{OA}=(m-1)\overrightarrow{OA}+n\overrightarrow{OB}$　であるから

$$\{(m-1)\overrightarrow{OA}+n\overrightarrow{OB}\}\cdot\overrightarrow{OB}=0$$
$$(m-1)\overrightarrow{OA}\cdot\overrightarrow{OB}+n|\overrightarrow{OB}|^2=0$$

ここで　$|\overrightarrow{OA}|=2$，$|\overrightarrow{OB}|=3$，

$$\overrightarrow{OA}\cdot\overrightarrow{OB}=|\overrightarrow{OA}||\overrightarrow{OB}|\cos 60^\circ=2\times3\times\frac{1}{2}=3$$

であるから　$3(m-1)+3^2n=0$

よって　$m+3n=1$　$\cdots\cdots①$

また，BH⊥OA より

$\overrightarrow{BH}\cdot\overrightarrow{OA}=0$

$\overrightarrow{BH}=\overrightarrow{OH}-\overrightarrow{OB}=m\overrightarrow{OA}+(n-1)\overrightarrow{OB}$　であるから

$\{m\overrightarrow{OA}+(n-1)\overrightarrow{OB}\}\cdot\overrightarrow{OA}=0$

$m|\overrightarrow{OA}|^2+(n-1)\overrightarrow{OA}\cdot\overrightarrow{OB}=0$

$2^2m+3(n-1)=0$

よって　$4m+3n=3$　……②

①，②を解いて　$m=\dfrac{2}{3}$，$n=\dfrac{1}{9}$

ゆえに　$\boldsymbol{\overrightarrow{OH}=\dfrac{2}{3}\overrightarrow{OA}+\dfrac{1}{9}\overrightarrow{OB}}$

59 (1)　OM⊥BC，AH⊥BC より　OM // AH

(教 p.70 章末B 8)

AH＝2OM より　$\overrightarrow{AH}=2\overrightarrow{OM}$

また，点 M は辺 BC の中点であるから

$\overrightarrow{OM}=\dfrac{\overrightarrow{OB}+\overrightarrow{OC}}{2}=\dfrac{\vec{b}+\vec{c}}{2}$

よって　$\boldsymbol{\overrightarrow{OH}}=\overrightarrow{OA}+\overrightarrow{AH}=\overrightarrow{OA}+2\overrightarrow{OM}$

$=\vec{a}+2\times\dfrac{\vec{b}+\vec{c}}{2}=\boldsymbol{\vec{a}+\vec{b}+\vec{c}}$

(2)　O は△ABC の外心であるから　OA＝OB＝OC

すなわち　$|\vec{a}|=|\vec{b}|=|\vec{c}|$

このとき

$\overrightarrow{BH}\cdot\overrightarrow{AC}=(\overrightarrow{OH}-\overrightarrow{OB})\cdot(\overrightarrow{OC}-\overrightarrow{OA})$

$=\{(\vec{a}+\vec{b}+\vec{c})-\vec{b}\}\cdot(\vec{c}-\vec{a})$

$=(\vec{c}+\vec{a})\cdot(\vec{c}-\vec{a})=|\vec{c}|^2-|\vec{a}|^2=0$

$\overrightarrow{BH}\neq\vec{0}$，$\overrightarrow{AC}\neq\vec{0}$ であるから　$\overrightarrow{BH}\perp\overrightarrow{AC}$

すなわち　BH⊥AC

$\overrightarrow{CH}\cdot\overrightarrow{AB}=(\overrightarrow{OH}-\overrightarrow{OC})\cdot(\overrightarrow{OB}-\overrightarrow{OA})$

$=\{(\vec{a}+\vec{b}+\vec{c})-\vec{c}\}\cdot(\vec{b}-\vec{a})$

$=(\vec{b}+\vec{a})\cdot(\vec{b}-\vec{a})=|\vec{b}|^2-|\vec{a}|^2=0$

$\overrightarrow{CH}\neq\vec{0}$，$\overrightarrow{AB}\neq\vec{0}$ であるから　$\overrightarrow{CH}\perp\overrightarrow{AB}$

すなわち　CH⊥AB

よって，点 H は△ABC の垂心である。　終

⇦ AH⊥BC は仮定

(3)　点 G は△ABC の重心であるから

$\overrightarrow{OG}=\dfrac{\overrightarrow{OA}+\overrightarrow{OB}+\overrightarrow{OC}}{3}=\dfrac{\vec{a}+\vec{b}+\vec{c}}{3}$

これと(1)から　$\overrightarrow{OH}=3\overrightarrow{OG}$

よって，3 点 O，G，H は一直線上にある。

また　OG : GH＝**1 : 2**

⇦外心・重心・垂心を通る直線を オイラー線 という。
ただし，正三角形の場合，この 3 点が一致するので，オイラー線は定義されない。

60 P, Q はそれぞれ辺 AB, AC を 3：2 に内分する点であるから

$\overrightarrow{AP}=\dfrac{3}{5}\overrightarrow{AB}$

$\overrightarrow{AQ}=\dfrac{3}{5}\overrightarrow{AC}$

また，点 R は辺 BC の中点であるから

$\overrightarrow{AR}=\dfrac{\overrightarrow{AB}+\overrightarrow{AC}}{2}$ ……①

ここで，2 直線 BQ，CP の交点を S とする。

BS：SQ$=s:(1-s)$ とおくと

$\overrightarrow{AS}=(1-s)\overrightarrow{AB}+s\overrightarrow{AQ}$

$\quad=(1-s)\overrightarrow{AB}+\dfrac{3}{5}s\overrightarrow{AC}$ ……②

CS：SP$=t:(1-t)$ とおくと

$\overrightarrow{AS}=t\overrightarrow{AP}+(1-t)\overrightarrow{AC}$

$\quad=\dfrac{3}{5}t\overrightarrow{AB}+(1-t)\overrightarrow{AC}$ ……③

②，③より，

$(1-s)\overrightarrow{AB}+\dfrac{3}{5}s\overrightarrow{AC}=\dfrac{3}{5}t\overrightarrow{AB}+(1-t)\overrightarrow{AC}$

$\overrightarrow{AB}$，$\overrightarrow{AC}$ は 1 次独立であるから

$1-s=\dfrac{3}{5}t$ かつ $\dfrac{3}{5}s=1-t$

これを解いて　$s=t=\dfrac{5}{8}$

よって　$\overrightarrow{AS}=\dfrac{3}{8}\overrightarrow{AB}+\dfrac{3}{8}\overrightarrow{AC}=\dfrac{3}{4}\times\dfrac{\overrightarrow{AB}+\overrightarrow{AC}}{2}$ ……④

①，④より　$\overrightarrow{AS}=\dfrac{3}{4}\overrightarrow{AR}$

ゆえに，点 S は直線 AR 上にあるから，3 直線 AR，BQ，CP は 1 点で交わる。 終

⇦(教 p.38) ②から

$\overrightarrow{AS}=\dfrac{5}{3}(1-s)\dfrac{3}{5}\overrightarrow{AB}+\dfrac{3}{5}s\overrightarrow{AC}$

$\quad=\dfrac{5}{3}(1-s)\overrightarrow{AP}+\dfrac{3}{5}s\overrightarrow{AC}$

点 S は直線 PC 上の点でもあるから

$\dfrac{5}{3}(1-s)+\dfrac{3}{5}s=1$

これを解いて　$s=\dfrac{5}{8}$

としてもよい。

⇦係数を比較するとき，必ず 1 次独立であることを確認すること。

61 点 H は直線 OA 上の点であるから，

$\overrightarrow{OH}=k\overrightarrow{OA}$

を満たす実数 k が存在する。

また，PH⊥OA より　$\overrightarrow{PH}\cdot\overrightarrow{OA}=0$

$(\overrightarrow{OH}-\overrightarrow{OP})\cdot\overrightarrow{OA}=0$

$\overrightarrow{OH}\cdot\overrightarrow{OA}-\overrightarrow{OA}\cdot\overrightarrow{OP}=0$

$k\overrightarrow{OA}\cdot\overrightarrow{OA}-\overrightarrow{OA}\cdot\overrightarrow{OP}=0$

⇦k を $\vec{a}\cdot\vec{p}$ や $|\vec{a}|^2$ を用いて表すことを考える。

よって　$k=\dfrac{\overrightarrow{OA}\cdot\overrightarrow{OP}}{\overrightarrow{OA}\cdot\overrightarrow{OA}}=\dfrac{\vec{a}\cdot\vec{p}}{|\vec{a}|^2}$

ゆえに　$\overrightarrow{OH}=\dfrac{\vec{a}\cdot\vec{p}}{|\vec{a}|^2}\overrightarrow{OA}=\dfrac{\vec{a}\cdot\vec{p}}{|\vec{a}|^2}\vec{a}$　終

⇦この $\overrightarrow{OH}$ を，$\vec{p}$ の $\vec{a}$ 上への正射影ベクトル という。

3 ベクトル方程式

本編 p.017～019

62 (1)　$(x,\ y)=(2,\ 7)+t(4,\ 3)$

よって，この直線の媒介変数表示は

$$\begin{cases}\boldsymbol{x=2+4t}\\ \boldsymbol{y=7+3t}\end{cases}$$

(2)　$(x,\ y)=(3,\ -2)+t(-1,\ 5)$

よって，この直線の媒介変数表示は

$$\begin{cases}\boldsymbol{x=3-t}\\ \boldsymbol{y=-2+5t}\end{cases}$$

(3)　$(x,\ y)=(-1,\ 0)+t(3,\ -2)$

よって，この直線の媒介変数表示は

$$\begin{cases}\boldsymbol{x=-1+3t}\\ \boldsymbol{y=-2t}\end{cases}$$

63 (1)　$\begin{cases}x=-1+2t & \cdots\cdots①\\ y=-3t & \cdots\cdots②\end{cases}$

①より　$t=\dfrac{x+1}{2}$

これを②に代入して ← 媒介変数 t を消去する。

$y=-3\times\dfrac{x+1}{2}$

よって　$\boldsymbol{y=-\dfrac{3}{2}x-\dfrac{3}{2}}$

(2)　$\begin{cases}x=4+3t & \cdots\cdots①\\ y=-2+5t & \cdots\cdots②\end{cases}$

①より　$t=\dfrac{x-4}{3}$

これを②に代入して ← 媒介変数 t を消去する。

$y=-2+5\times\dfrac{x-4}{3}$

よって　$\boldsymbol{y=\dfrac{5}{3}x-\dfrac{26}{3}}$

64 (1)　点 A(3, 1) を通り，方向ベクトル $\vec{d}$ が

$\vec{d}=\overrightarrow{AB}=(5-3,\ 4-1)=(2,\ 3)$

であるから

$(x,\ y)=(3,\ 1)+t(2,\ 3)$

よって，求める直線の媒介変数表示は

$$\begin{cases}\boldsymbol{x=3+2t}\\ \boldsymbol{y=1+3t}\end{cases}$$

(2)　点 A(−1, 4) を通り，方向ベクトル $\vec{d}$ が

$\vec{d}=\overrightarrow{AB}=(2-(-1),\ 3-4)=(3,\ -1)$

であるから

$(x,\ y)=(-1,\ 4)+t(3,\ -1)$

よって，求める直線の媒介変数表示は

$$\begin{cases}\boldsymbol{x=-1+3t}\\ \boldsymbol{y=4-t}\end{cases}$$

65 (1)　$3(x-2)+4(y-1)=0$

より　$\boldsymbol{3x+4y-10=0}$

(2)　$1\times(x+3)-2(y-2)=0$

より　$\boldsymbol{x-2y+7=0}$

(3)　$-1\times(x-4)+0(y+3)=0$

より　$\boldsymbol{x=4}$

66 (1)　$l_1:2x-ay-3=0$ の法線ベクトル

の1つは　$\boldsymbol{\overrightarrow{n_1}=(2,\ -a)}$

$l_2:x+(a-1)y+2=0$ の法線ベクトル

の1つは　$\boldsymbol{\overrightarrow{n_2}=(1,\ a-1)}$

(2)　$l_1\perp l_2$ が成り立つのは $\overrightarrow{n_1}\perp\overrightarrow{n_2}$，

すなわち $\overrightarrow{n_1}\cdot\overrightarrow{n_2}=0$ のときである。

このとき　$2\times1+(-a)(a-1)=0$

$a^2-a-2=0$

$(a-2)(a+1)=0$

よって　$\boldsymbol{a=2,\ -1}$

67 (1) 2 点 O($\vec{0}$), A($\vec{a}$) を直径の両端とする円周上の任意の点を P($\vec{p}$) とすると，

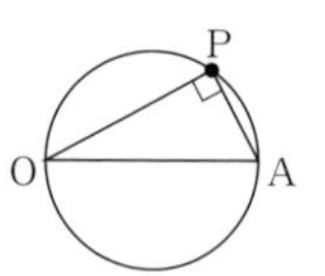

線分 OA は直径であるから

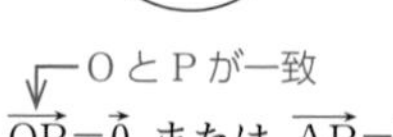

$\overrightarrow{OP}\perp\overrightarrow{AP}$ または $\overrightarrow{OP}=\vec{0}$ または $\overrightarrow{AP}=\vec{0}$

これより　$\overrightarrow{OP}\cdot\overrightarrow{AP}=0$　AとPが一致

よって，求めるベクトル方程式は

$\vec{p}\cdot(\vec{p}-\vec{a})=0$　終

(2) 接線 l 上の任意の点を P($\vec{p}$) とすると，

点 A は接点であるから

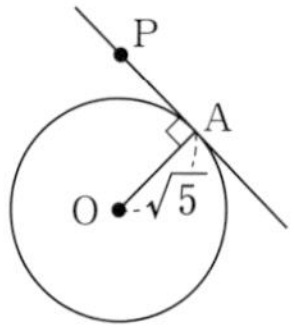

$\overrightarrow{OA}\perp\overrightarrow{AP}$

または $\overrightarrow{AP}=\vec{0}$

これより　$\overrightarrow{OA}\cdot\overrightarrow{AP}=0$

$\vec{a}\cdot(\vec{p}-\vec{a})=0$

$\vec{p}\cdot\vec{a}-|\vec{a}|^2=0$

ここで，円の半径は $\sqrt{5}$ であるから

$OA=|\vec{a}|=\sqrt{5}$

よって　$\vec{p}\cdot\vec{a}-(\sqrt{5})^2=0$

ゆえに，接線 l のベクトル方程式は

$\boldsymbol{\vec{p}\cdot\vec{a}=5}$

B

68 (1) $s+t=\dfrac{1}{2}$ の両辺を 2 倍して

$2s+2t=1$ ←― ○＋△＝1 の形をつくる。

ここで　$\overrightarrow{OP}=2s\left(\dfrac{1}{2}\overrightarrow{OA}\right)+2t\left(\dfrac{1}{2}\overrightarrow{OB}\right)$

と変形できるから

$2s=s'$, $2t=t'$

とおき

$\dfrac{1}{2}\overrightarrow{OA}=\overrightarrow{OA'}$, $\dfrac{1}{2}\overrightarrow{OB}=\overrightarrow{OB'}$

となるような点 A′，B′ をとれば

$\overrightarrow{OP}=s'\overrightarrow{OA'}+t'\overrightarrow{OB'}$,

$s'+t'=1$

となる。

よって，点 P は次の図の直線 A′B′ 上にある。

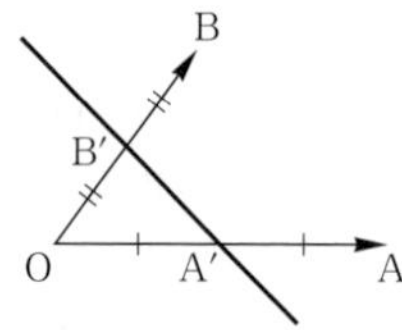

(2) (1)と同様にして

$\overrightarrow{OP}=s'\overrightarrow{OA'}+t'\overrightarrow{OB'}$,

$s'+t'=1$, $s'\geqq 0$, $t'\geqq 0$

となる。

よって，点 P は次の図の線分 A′B′ 上にある。

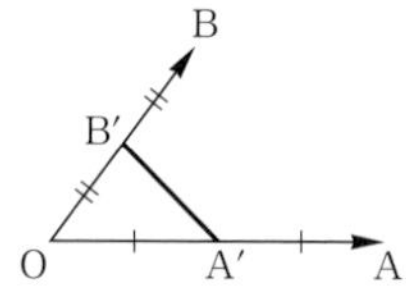

(3) $2s+3t=2$ の両辺を 2 で割って

$s+\dfrac{3}{2}t=1$ ←― ○＋△＝1 の形をつくる。

ここで　$\overrightarrow{OP}=s\overrightarrow{OA}+\dfrac{3}{2}t\left(\dfrac{2}{3}\overrightarrow{OB}\right)$

と変形できるから

$\dfrac{3}{2}t=t'$

とおき

$\dfrac{2}{3}\overrightarrow{OB}=\overrightarrow{OB'}$

となるような点 B′ をとれば

$\overrightarrow{OP}=s\overrightarrow{OA}+t'\overrightarrow{OB'}$,

$s+t'=1$

となる。

よって，点 P は次の図の直線 AB′ 上にある。

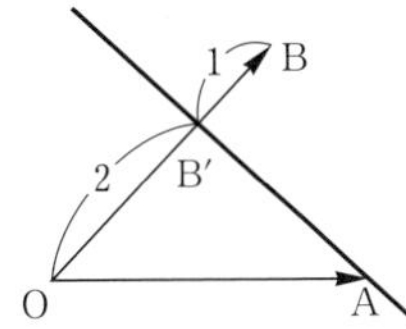

(4)　(3)と同様にして

$\overrightarrow{OP}=s\overrightarrow{OA}+t'\overrightarrow{OB'}$,

$s+t'=1$, $s\geqq 0$, $t'\geqq 0$

となる。

よって，点 P は次の図の線分 AB′ 上にある。

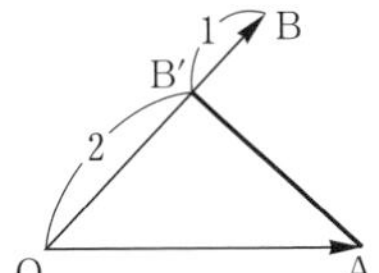

69 (1)　直線 l：$2x-3y-8=0$ の法線ベクトルの 1 つは

$\vec{d}=(2,\ -3)$

$l\perp m$ より，直線 l の法線ベクトルは，直線 m の方向ベクトルである。

よって，m は点 A$(-3,\ 4)$ を通り，方向ベクトルが $\vec{d}=(2,\ -3)$ である直線であるから，直線 m のベクトル方程式を媒介変数 t を用いて表すと

$(x,\ y)=(-3,\ 4)+t(2,\ -3)$

よって，直線 m の媒介変数表示は

$$\begin{cases} \boldsymbol{x=-3+2t} \\ \boldsymbol{y=4-3t} \end{cases}$$

(2)　交点 H は直線 m 上の点であるから H$(-3+2t,\ 4-3t)$ とおける。

点 H は直線 l 上の点でもあるから

$2(-3+2t)-3(4-3t)-8=0$

これを解いて　$t=2$

よって，交点 H の座標は　**H(1, −2)**

また，線分 AH の長さは

$$\mathbf{AH}=\sqrt{\{1-(-3)\}^2+(-2-4)^2}$$
$$=\sqrt{4^2+(-6)^2}=\mathbf{2\sqrt{13}}$$

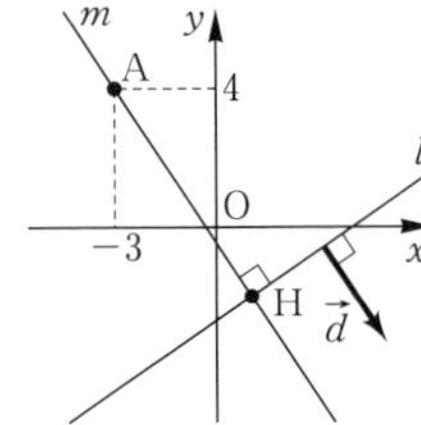

70 (1)　$\overrightarrow{n_1}=(1,\ \sqrt{3})$，$\overrightarrow{n_2}=(-\sqrt{2},\ \sqrt{6})$

はそれぞれ，直線 $x+\sqrt{3}y-1=0$，$-\sqrt{2}x+\sqrt{6}y+1=0$ の法線ベクトルの 1 つである。

$\overrightarrow{n_1}\cdot\overrightarrow{n_2}=1\times(-\sqrt{2})+\sqrt{3}\times\sqrt{6}=2\sqrt{2}$

$|\overrightarrow{n_1}|=\sqrt{1^2+(\sqrt{3})^2}=2$

$|\overrightarrow{n_2}|=\sqrt{(-\sqrt{2})^2+(\sqrt{6})^2}=2\sqrt{2}$

より，$\overrightarrow{n_1}$，$\overrightarrow{n_2}$ のなす角を θ とすると

$$\cos\theta=\frac{\overrightarrow{n_1}\cdot\overrightarrow{n_2}}{|\overrightarrow{n_1}||\overrightarrow{n_2}|}=\frac{2\sqrt{2}}{2\times2\sqrt{2}}=\frac{1}{2}$$

$0^\circ\leqq\theta\leqq180^\circ$ のとき　$\theta=60^\circ$

2 直線のなす角 α は $0^\circ\leqq\alpha\leqq90^\circ$ であるから

$\boldsymbol{\alpha=60^\circ}$

(2)　$\overrightarrow{n_1}=(3,\ -4)$，$\overrightarrow{n_2}=(1,\ 7)$

はそれぞれ，直線 $3x-4y+5=0$，$x+7y-1=0$ の法線ベクトルの 1 つである。

$\overrightarrow{n_1}\cdot\overrightarrow{n_2}=3\times1+(-4)\times7=-25$

$|\overrightarrow{n_1}|=\sqrt{3^2+(-4)^2}=5$

$|\overrightarrow{n_2}|=\sqrt{1^2+7^2}=5\sqrt{2}$

より，$\overrightarrow{n_1}$，$\overrightarrow{n_2}$ のなす角を θ とすると

$$\cos\theta=\frac{\overrightarrow{n_1}\cdot\overrightarrow{n_2}}{|\overrightarrow{n_1}||\overrightarrow{n_2}|}=\frac{-25}{5\times5\sqrt{2}}=-\frac{1}{\sqrt{2}}$$

$0^\circ\leqq\theta\leqq180^\circ$ のとき　$\theta=135^\circ$

2 直線のなす角 α は $0^\circ\leqq\alpha\leqq90^\circ$ であるから，

$\boldsymbol{\alpha}=180^\circ-135^\circ=\mathbf{45^\circ}$

71 (1) $s+t=k$ とすると，$s+t \leqq 1$，$s \geqq 0$，$t \geqq 0$

より　$0 \leqq k \leqq 1$

$s+t=k$ の両辺を k で割ると　$\dfrac{s}{k}+\dfrac{t}{k}=1$

ここで，$\overrightarrow{OP}=\dfrac{s}{k}(2k\overrightarrow{OA})+\dfrac{t}{k}(3k\overrightarrow{OB})$ と変形できるから

$s'=\dfrac{s}{k}$，$t'=\dfrac{t}{k}$ とおき，$2k\overrightarrow{OA}=\overrightarrow{OA'}$，$3k\overrightarrow{OB}=\overrightarrow{OB'}$ となる

ような点 A′，B′ をとれば

$\overrightarrow{OP}=s'\overrightarrow{OA'}+t'\overrightarrow{OB'}$，$s'+t'=1$，$s' \geqq 0$，$t' \geqq 0$

となる。

よって，点 P は線分 A′B′ 上にある。

さらに，k を $0 \leqq k \leqq 1$ の範囲で動かすと，

$2\overrightarrow{OA}=\overrightarrow{OC}$，$3\overrightarrow{OB}=\overrightarrow{OD}$ となるような点 C，D をとって

点 A′ は線分 OC 上を動き，

点 B′ は線分 OD 上を動く。

ゆえに，点 P は次の図の△OCD の周および内部にある。

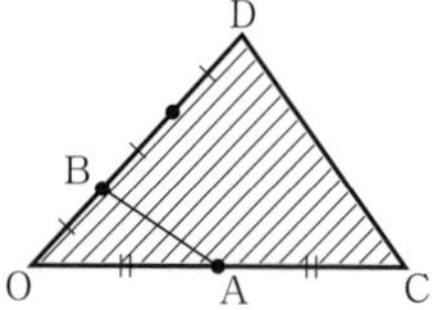

(2) $s+t=k$ とすると，$s+t \leqq 1$，$s \geqq 0$，$t \geqq 0$

より　$0 \leqq k \leqq 1$

$s+t=k$ の両辺を k で割ると　$\dfrac{s}{k}+\dfrac{t}{k}=1$

ここで，$\overrightarrow{OP}=\dfrac{s}{k}(k\overrightarrow{OA})+\dfrac{t}{k}\left(-\dfrac{1}{2}k\overrightarrow{OB}\right)$ と変形できるから

$s'=\dfrac{s}{k}$，$t'=\dfrac{t}{k}$ とおき，$k\overrightarrow{OA}=\overrightarrow{OA'}$，$-\dfrac{1}{2}k\overrightarrow{OB}=\overrightarrow{OB'}$

となるような点 A′，B′ をとれば

$\overrightarrow{OP}=s'\overrightarrow{OA'}+t'\overrightarrow{OB'}$，$s'+t'=1$，$s' \geqq 0$，$t' \geqq 0$

となる。

よって，点 P は線分 A′B′ 上にある。

点 P の存在範囲

2 定点 A，B に対して

$\overrightarrow{OP}=s\overrightarrow{OA}+t\overrightarrow{OB}$

で定まる点 P の存在範囲は

・$s+t=1$ ⇒ 直線 AB

・$s+t=1$，$s \geqq 0$，$t \geqq 0$

⇒ 線分 AB（端点を含む）

・$s+t \leqq 1$，$s \geqq 0$，$t \geqq 0$

⇒ △OAB の周および内部

⇦ k を $0 \leqq k \leqq 1$ の範囲で動かしたとき，線分 A′B′ がどのように動くかを考える。

⇦○＋△＝1 の形をつくる。

さらに，k を $0 \leqq k \leqq 1$ の範囲で動かすと，

⇦ k を $0 \leqq k \leqq 1$ の範囲で動かしたとき，線分 A′B′ がどのように動くかを考える。

$-\dfrac{1}{2}\overrightarrow{\mathrm{OB}}=\overrightarrow{\mathrm{OE}}$ となるような点 E をとって

点 A′ は線分 OA 上を動き，

点 B′ は線分 OE 上を動く。

ゆえに，点 P は次の図の△OAE の周および内部にある。

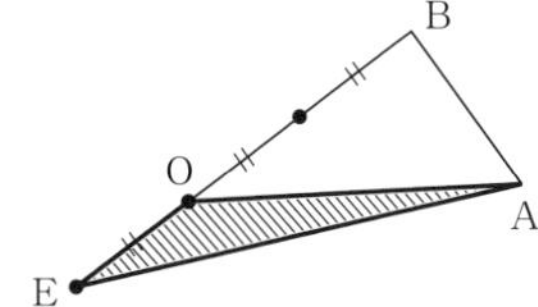

(3) $\overrightarrow{\mathrm{OP}}=s(\overrightarrow{\mathrm{OA}}+\overrightarrow{\mathrm{OB}})+t\overrightarrow{\mathrm{OB}}$ において，

$\overrightarrow{\mathrm{OA}}+\overrightarrow{\mathrm{OB}}=\overrightarrow{\mathrm{OF}}$ となる点 F をとると

$\overrightarrow{\mathrm{OP}}=s\overrightarrow{\mathrm{OF}}+t\overrightarrow{\mathrm{OB}}$，$s+t \leqq 1$，$s \geqq 0$，$t \geqq 0$

$s+t=k$ とすると，$s \geqq 0$，$t \geqq 0$，$s+t \leqq 1$

より　$0 \leqq k \leqq 1$

$s+t=k$ の両辺を k で割ると　$\dfrac{s}{k}+\dfrac{t}{k}=1$

⇦○＋△＝1 の形をつくる。

ここで，$\overrightarrow{\mathrm{OP}}=\dfrac{s}{k}(k\overrightarrow{\mathrm{OF}})+\dfrac{t}{k}(k\overrightarrow{\mathrm{OB}})$ と変形できるから

$s'=\dfrac{s}{k}$，$t'=\dfrac{t}{k}$ とおき，$k\overrightarrow{\mathrm{OF}}=\overrightarrow{\mathrm{OF'}}$，$k\overrightarrow{\mathrm{OB}}=\overrightarrow{\mathrm{OB'}}$ となるような

点 F′，B′ をとれば

$\overrightarrow{\mathrm{OP}}=s'\overrightarrow{\mathrm{OF'}}+t'\overrightarrow{\mathrm{OB'}}$，$s'+t'=1$，$s' \geqq 0$，$t' \geqq 0$

となる。

よって，点 P は線分 F′B′ 上にある。

さらに，k を $0 \leqq k \leqq 1$ の範囲で動かすと，

⇦ k を $0 \leqq k \leqq 1$ の範囲で動かしたとき，線分 F′B′ がどのように動くかを考える。

点 F′ は線分 OF 上を動き，

点 B′ は線分 OB 上を動く。

ゆえに，点 P は次の図の△OFB の周および内部にある。

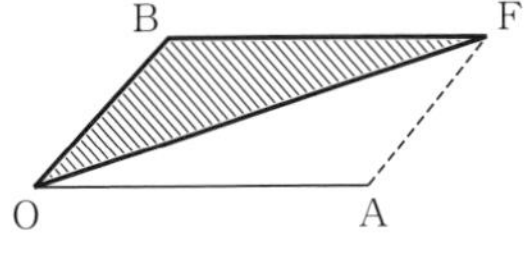

(4) $\overrightarrow{OP}=(s+t)\overrightarrow{OA}+(2s-t)\overrightarrow{OB}$ より

$\overrightarrow{OP}=s(\overrightarrow{OA}+2\overrightarrow{OB})+t(\overrightarrow{OA}-\overrightarrow{OB})$

ここで，$\overrightarrow{OA}+2\overrightarrow{OB}=\overrightarrow{OG}$，$\overrightarrow{OA}-\overrightarrow{OB}=\overrightarrow{OH}$ となる点 G，H をとると

$\overrightarrow{OP}=s\overrightarrow{OG}+t\overrightarrow{OH}$，$s+t\leqq 1$，$s\geqq 0$，$t\geqq 0$

$s+t=k$ とすると，$s+t\leqq 1$，$s\geqq 0$，$t\geqq 0$

より　$0\leqq k\leqq 1$

$s+t=k$ の両辺を k で割ると　$\dfrac{s}{k}+\dfrac{t}{k}=1$

⇦○＋△＝1 の形をつくる。

ここで，$\overrightarrow{OP}=\dfrac{s}{k}(k\overrightarrow{OG})+\dfrac{t}{k}(k\overrightarrow{OH})$ と変形できるから

$s'=\dfrac{s}{k}$，$t'=\dfrac{t}{k}$ とおき，$k\overrightarrow{OG}=\overrightarrow{OG'}$，$k\overrightarrow{OH}=\overrightarrow{OH'}$ となるような点 G′，H′ をとれば

$\overrightarrow{OP}=s'\overrightarrow{OG'}+t'\overrightarrow{OH'}$，$s'+t'=1$，$s'\geqq 0$，$t'\geqq 0$

となる。

よって，点 P は線分 G′H′ 上にある。

さらに，k を $0\leqq k\leqq 1$ の範囲で動かすと，

点 G′ は線分 OG 上を動き，

点 H′ は線分 OH 上を動く。

⇦k を $0\leqq k\leqq 1$ の範囲で動かしたとき，線分 G′H′ がどのように動くかを考える。

ゆえに，点 P は次の図の△OGH の周および内部にある。

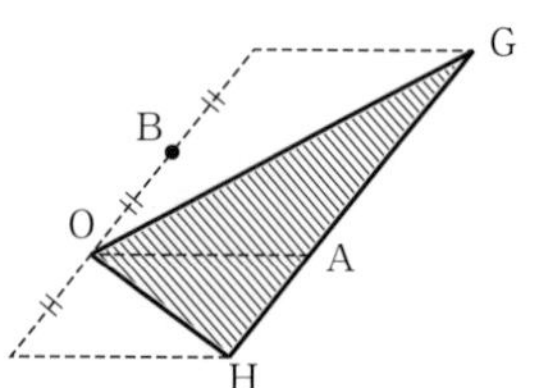

72 (1) 与えられた条件式より，$-\vec{a}=\overrightarrow{OC}$ となる点 C をとると

$|\overrightarrow{OP}-\overrightarrow{OA}|=|\overrightarrow{OP}-\overrightarrow{OC}|$

$|\overrightarrow{AP}|=|\overrightarrow{CP}|$

すなわち，AP＝CP であるから，点 P は 2 点 A，C から等距離にある。

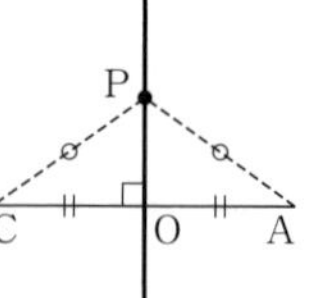

よって，点 P は線分 AC の垂直二等分線上にある。

ここで，$\overrightarrow{OC}=-\overrightarrow{OA}$ より，点 C は点 O に関して点 A と対称な点であるから，線分 AC の中点は点 O である。

ゆえに，点 P は**点 O を通り，辺 OA に垂直な直線上**にある。

⇦2 点 A$(\vec{a})$，C$(\vec{c})$ に対して，線分 AC の垂直二等分線のベクトル方程式は，AP＝CP より

$|\vec{p}-\vec{a}|=|\vec{p}-\vec{c}|$

(2) 条件式は $\{\vec{p}-(-\vec{a})\}\cdot\left(\vec{p}-\frac{1}{2}\vec{b}\right)=0$ と変形できる。

$-\vec{a}=\overrightarrow{\mathrm{OC}}$, $\frac{1}{2}\vec{b}=\overrightarrow{\mathrm{OD}}$ となる点 C, D をとると

$$(\overrightarrow{\mathrm{OP}}-\overrightarrow{\mathrm{OC}})\cdot(\overrightarrow{\mathrm{OP}}-\overrightarrow{\mathrm{OD}})=0$$

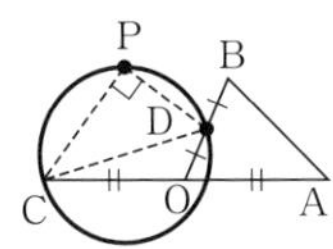

より $\overrightarrow{\mathrm{CP}}\cdot\overrightarrow{\mathrm{DP}}=0$

よって $\overrightarrow{\mathrm{CP}}\perp\overrightarrow{\mathrm{DP}}$ または $\overrightarrow{\mathrm{CP}}=\vec{0}$

または $\overrightarrow{\mathrm{DP}}=\vec{0}$

すなわち，点 P は点 C または D と一致するか，$\angle\mathrm{CPD}=90^\circ$ を満たす点である。

ゆえに，点 P は

点 O に関して点 A と対称な点を C，辺 OB の中点を D としたとき，線分 CD を直径とする円上にある。

(3) 条件式は $\vec{b}\cdot\left(\vec{p}-\frac{1}{2}\vec{a}\right)=0$ と変形できる。

$\frac{1}{2}\vec{a}=\overrightarrow{\mathrm{OE}}$ となる点 E をとると

$$\overrightarrow{\mathrm{OB}}\cdot(\overrightarrow{\mathrm{OP}}-\overrightarrow{\mathrm{OE}})=0$$

より $\overrightarrow{\mathrm{OB}}\cdot\overrightarrow{\mathrm{EP}}=0$

$\overrightarrow{\mathrm{OB}}\neq\vec{0}$ より

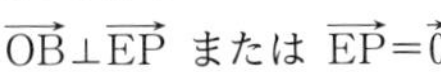

$\overrightarrow{\mathrm{OB}}\perp\overrightarrow{\mathrm{EP}}$ または $\overrightarrow{\mathrm{EP}}=\vec{0}$

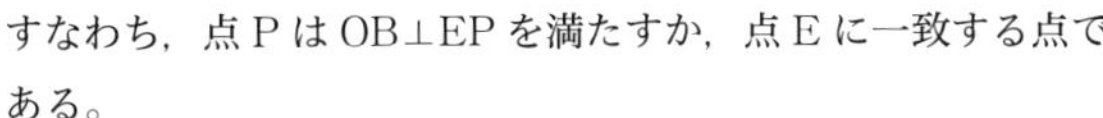

すなわち，点 P は $\mathrm{OB}\perp\mathrm{EP}$ を満たすか，点 E に一致する点である。

よって，点 P は

辺 OA の中点を通り，辺 OB に垂直な直線上にある。

(4)(i) $\vec{p}\neq\vec{0}$ のとき

$\vec{a}$ と $\vec{p}$ のなす角を θ とすると $\vec{a}\cdot\vec{p}=|\vec{a}||\vec{p}|\cos\theta$ であるから，条件式より

$$2|\vec{a}||\vec{p}|\cos\theta=|\vec{a}||\vec{p}|$$

よって $\cos\theta=\frac{1}{2}$

$0^\circ\leqq\theta\leqq180^\circ$ より $\theta=60^\circ$

(ii) $\vec{p}=\vec{0}$ のとき

$2\vec{a}\cdot\vec{p}=0$，$|\vec{a}||\vec{p}|=0$ より，

$\vec{p}$ は条件式を満たす。

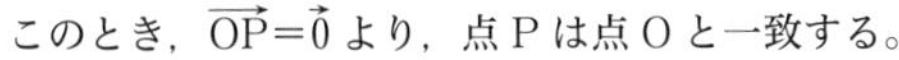

このとき，$\overrightarrow{\mathrm{OP}}=\vec{0}$ より，点 P は点 O と一致する。

以上より，点 P は**点 O を端点とし，線分 OA と 60° の角をなす 2 本の半直線上**にある。

⇦ $\overrightarrow{\mathrm{OD}}=\frac{1}{2}\overrightarrow{\mathrm{OB}}$ より，点 D は辺 OB の中点

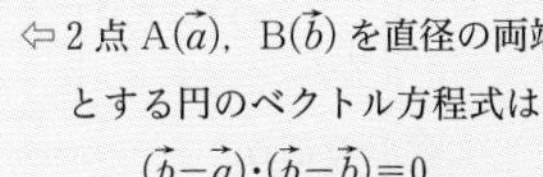

⇦ 2 点 $\mathrm{A}(\vec{a})$，$\mathrm{B}(\vec{b})$ を直径の両端とする円のベクトル方程式は $(\vec{p}-\vec{a})\cdot(\vec{p}-\vec{b})=0$

⇦ $\overrightarrow{\mathrm{OE}}=\frac{1}{2}\overrightarrow{\mathrm{OA}}$ より，点 E は辺 OA の中点

⇦点 P が原点にある場合があるので，内積から角度を考える際は，$\vec{0}$ でないかどうかを考慮する。

73 (1) 条件式は

$$\left|\overrightarrow{\mathrm{OP}}-\frac{1}{2}\overrightarrow{\mathrm{OA}}\right|=\frac{5}{2}$$

と変形できる。

ここで，$\frac{1}{2}\overrightarrow{\mathrm{OA}}=\overrightarrow{\mathrm{OM}}$ となる点 M をとると，

点 M は線分 OA の中点である。

よって，このベクトル方程式は，

線分 OA の中点を中心とする，半径 $\frac{5}{2}$ の円を表す。

⇦点 $\mathrm{C}(\vec{c})$ を中心とする半径 r の円のベクトル方程式は，PC$=r$ より $|\vec{p}-\vec{c}|=r$

(2) 条件式は

$$\left|\overrightarrow{\mathrm{OP}}-\frac{2\overrightarrow{\mathrm{OA}}+\overrightarrow{\mathrm{OB}}}{3}\right|=2$$

と変形できる。

ここで，$\frac{2\overrightarrow{\mathrm{OA}}+\overrightarrow{\mathrm{OB}}}{3}=\overrightarrow{\mathrm{OD}}$ となる点 D をとると，

点 D は辺 AB を 1：2 に内分する点である。

⇦ $\overrightarrow{\mathrm{OD}}=\frac{2\times\overrightarrow{\mathrm{OA}}+1\times\overrightarrow{\mathrm{OB}}}{1+2}$

よって，このベクトル方程式は，

辺 AB を 1：2 に内分する点を中心とする，半径 2 の円を表す。

(3) 条件式を変形して

$$|(\overrightarrow{\mathrm{OA}}-\overrightarrow{\mathrm{OP}})+(\overrightarrow{\mathrm{OB}}-\overrightarrow{\mathrm{OP}})+(\overrightarrow{\mathrm{OC}}-\overrightarrow{\mathrm{OP}})|=3$$

$$|\overrightarrow{\mathrm{OA}}+\overrightarrow{\mathrm{OB}}+\overrightarrow{\mathrm{OC}}-3\overrightarrow{\mathrm{OP}}|=3$$

$$|3\overrightarrow{\mathrm{OP}}-(\overrightarrow{\mathrm{OA}}+\overrightarrow{\mathrm{OB}}+\overrightarrow{\mathrm{OC}})|=3$$

両辺を 3 で割って

$$\left|\overrightarrow{\mathrm{OP}}-\frac{\overrightarrow{\mathrm{OA}}+\overrightarrow{\mathrm{OB}}+\overrightarrow{\mathrm{OC}}}{3}\right|=1$$

ここで，$\frac{\overrightarrow{\mathrm{OA}}+\overrightarrow{\mathrm{OB}}+\overrightarrow{\mathrm{OC}}}{3}=\overrightarrow{\mathrm{OG}}$ となる点 G をとると，

点 G は△ABC の重心である。

よって，このベクトル方程式は，

△ABC の重心 G を中心とする，半径 1 の円を表す。

研究 斜交座標

本編 p.020

74 (1)　$s=t=2$ のとき

$\overrightarrow{\mathrm{OP}}=2\overrightarrow{\mathrm{OA}}+2\overrightarrow{\mathrm{OB}}$

であるから，点 P は次の図の点 C と一致する。

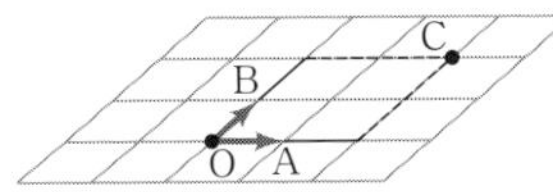

(2)　$\overrightarrow{\mathrm{OP}}=-s(-\overrightarrow{\mathrm{OA}})+t\overrightarrow{\mathrm{OB}}$ と変形できるから

$-s=s'$ とおき，

$-\overrightarrow{\mathrm{OA}}=\overrightarrow{\mathrm{OA'}}$ となるような点 A′ をとれば

$\overrightarrow{\mathrm{OP}}=s'\overrightarrow{\mathrm{OA'}}+t\overrightarrow{\mathrm{OB}}$

$s'+t=1$，$s'\geqq 0$，$t\geqq 0$

（A′ は点 A と O に関して対称な点）

よって，点 P は次の図の線分 A′B 上にある。

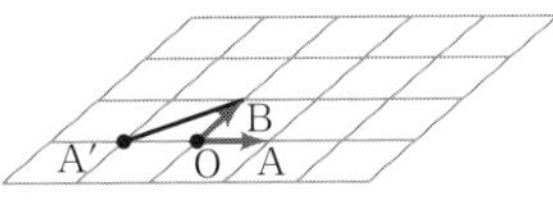

(3)　$s+t=k$ とおくと　$1\leqq k\leqq 3$

$s+t=k$ の両辺を k で割ると

$$\frac{s}{k}+\frac{t}{k}=1$$

ここで，

$$\overrightarrow{\mathrm{OP}}=\frac{s}{k}(k\overrightarrow{\mathrm{OA}})+\frac{t}{k}(k\overrightarrow{\mathrm{OB}})$$

と変形できるから

$s'=\dfrac{s}{k}$，$t'=\dfrac{t}{k}$ とおき，

$k\overrightarrow{\mathrm{OA}}=\overrightarrow{\mathrm{OA'}}$，$k\overrightarrow{\mathrm{OB}}=\overrightarrow{\mathrm{OB'}}$ となるような点 A′，B′ をとれば

$\overrightarrow{\mathrm{OP}}=s'\overrightarrow{\mathrm{OA'}}+t'\overrightarrow{\mathrm{OB'}}$，

$s'+t'=1$，$s'\geqq 0$，$t'\geqq 0$

となる。

よって，点 P は線分 A′B′ 上にある。

さらに，k を $1\leqq k\leqq 3$ の範囲で動かすと，

$3\overrightarrow{\mathrm{OA}}=\overrightarrow{\mathrm{OC}}$，$3\overrightarrow{\mathrm{OB}}=\overrightarrow{\mathrm{OD}}$ となる点 C，D をとって

点 A′ は線分 AC 上を点 A から C まで動き，

点 B′ は線分 BD 上を点 B から D まで動く。

ゆえに，点 P は，次の図の台形 ACDB の周および内部にある。

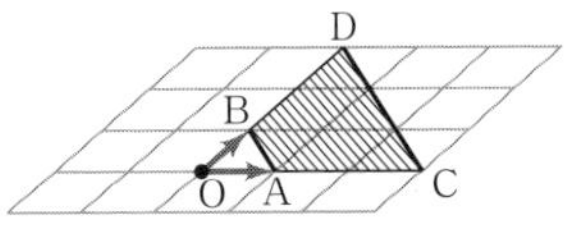

(4)　$s\overrightarrow{\mathrm{OA}}=\overrightarrow{\mathrm{OA'}}$ となる点 A′ をとると

$\overrightarrow{\mathrm{OP}}=\overrightarrow{\mathrm{OA'}}+t\overrightarrow{\mathrm{OB}}$，$0\leqq t\leqq 2$

まず，s を固定し，t を $0\leqq t\leqq 2$ の範囲で変化させると，点 C′ を $\overrightarrow{\mathrm{OC'}}=\overrightarrow{\mathrm{OA'}}+2\overrightarrow{\mathrm{OB}}$ となる点として，点 P は線分 A′C′ 上を動く。

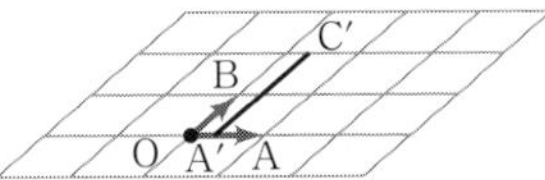

次に，s を $0\leqq s\leqq 1$ の範囲で変化させると，

$2\overrightarrow{\mathrm{OB}}=\overrightarrow{\mathrm{OB'}}$，$\overrightarrow{\mathrm{OA}}+2\overrightarrow{\mathrm{OB}}=\overrightarrow{\mathrm{OE}}$ となるような点 B′，E をとって

点 A′ は線分 OA 上を点 O から A まで動き，

点 C′ は線分 B′E 上を点 B′ から E まで動く。

よって，点 P は次の図の四角形 OAEB′ の周および内部にある。

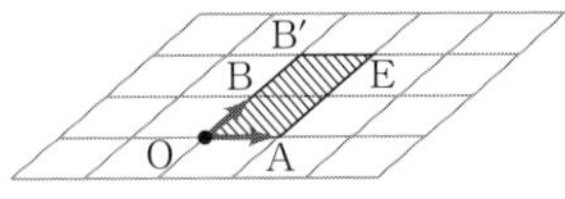

3節　空間のベクトル

1　空間における直線と平面

本編 p.021

A

75 (1)　直線 BH と交わらず，かつ平行でない辺であるから

辺 AD，辺 AE，辺 DC，辺 CG，辺 FG，辺 EF

(2)①　2 直線 BD と CG のなす角は，2 直線 BD と DH のなす角に等しいから　**90°**

②　2 直線 AD と BG のなす角は，2 直線 AD と AH のなす角に等しいから　**45°**

③　2 直線 DE と BG のなす角は，2 直線 DE と AH のなす角に等しいから　**90°**

④　2 直線 AF と BG のなす角は，2 直線 AF と AH のなす角に等しい。

また，△AFH は AF＝AH＝FH の正三角形であるから，求める角は　**60°**

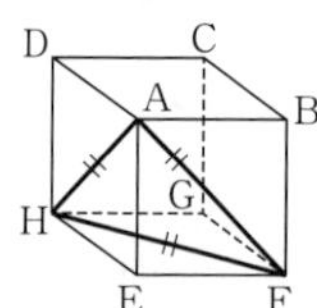

76 (1)　△ABD は AB＝AD の二等辺三角形であり，底辺 BD 上の点 F は正方形 BCDE の対角線の交点であるから

BF＝FD

よって　AF⊥BD　……①

また，△EBD は EB＝ED の二等辺三角形であり，

BF＝FD より　EF⊥BD　……②

①，②より，対角線 BD は平面 AEF 上の交わる 2 直線 AF，EF のそれぞれと垂直であるから，対角線 BD は平面 AEF と垂直である。　終

(2)　(1)の結果から，対角線 BD は平面 AEF 上のすべての直線と垂直である。

辺 AE は平面 AEF 上の線分であるから AE⊥BD である。　終

2　空間の座標

本編 p.022

A

77 (1)　**(2, 1, 4)**

(2)　**(−2, 1, −4)**

(3)　**(2, −1, −4)**

(4)　**(2, −1, 4)**

(5)　**(−2, 1, 4)**

(6)　**(−2, −1, −4)**

(7)　**(−2, −1, 4)**

78 (1)　$\boldsymbol{z=-6}$

(2)　$\boldsymbol{x=-3}$

(3)　$\boldsymbol{y=2}$

79 (1)　OA

$=\sqrt{3^2+4^2+(-5)^2}$

$=\mathbf{5\sqrt{2}}$

(2)　AB

$=\sqrt{\{4-(-2)\}^2+(3-0)^2+\{-7-(-1)\}^2}$

$=\mathbf{9}$

(3)　AB

$=\sqrt{(-2-5)^2+\{1-(-7)\}^2+(6-4)^2}$

$=\mathbf{3\sqrt{13}}$

80 (1) $AB=\sqrt{(2-1)^2+(1-0)^2+\{0-(-2)\}^2}$
$=\sqrt{6}$
$BC=\sqrt{(3-2)^2+(-1-1)^2+(1-0)^2}$
$=\sqrt{6}$
$CA=\sqrt{(1-3)^2+\{0-(-1)\}^2+(-2-1)^2}$
$=\sqrt{14}$
よって，**AB＝BC の二等辺三角形**

(2) $AB=\sqrt{(5-2)^2+(-1-1)^2+\{0-(-4)\}^2}$
$=\sqrt{29}$
$BC=\sqrt{(4-5)^2+\{2-(-1)\}^2+(-5-0)^2}$
$=\sqrt{35}$
$CA=\sqrt{(2-4)^2+(1-2)^2+\{-4-(-5)\}^2}$
$=\sqrt{6}$
よって，$BC^2=AB^2+CA^2$ が成り立つから，
∠BAC＝90° の直角三角形

B

81 z 軸上の点 P は $(0,\ 0,\ z)$ とおける。
AP＝BP より　$AP^2=BP^2$
よって
$(0-1)^2+\{0-(-2)\}^2+\{z-(-4)\}^2$
$=(0-5)^2+\{0-(-1)\}^2+\{z-(-2)\}^2$
これを解いて　$z=\dfrac{9}{4}$
ゆえに，点 P の座標は $\left(\mathbf{0,\ 0,\ \dfrac{9}{4}}\right)$

82 (1) $AB=\sqrt{(0-0)^2+(3-1)^2+(-2-0)^2}$
$=2\sqrt{2}$
$BC=\sqrt{(2-0)^2+(1-3)^2+\{-2-(-2)\}^2}$
$=2\sqrt{2}$
$CA=\sqrt{(0-2)^2+(1-1)^2+\{0-(-2)\}^2}$
$=2\sqrt{2}$
よって，AB＝BC＝CA が成り立つから，
△ABC は正三角形である。　終

(2) 四面体 ABCD の頂点 D の座標を
$(x,\ y,\ z)$ とおく。

未知数が $x,\ y,\ z$ の 3 つなので，3 つの等式（後の①，②，③）を連立して解く。

四面体 ABCD が正四面体になるためには，(1)より
$AD=BD=CD=2\sqrt{2}$
が成り立てばよい。
よって
$AD^2=BD^2=CD^2=(2\sqrt{2})^2$

D
C
A
B

$AD^2=BD^2$ より
$(x-0)^2+(y-1)^2+(z-0)^2$
$=(x-0)^2+(y-3)^2+\{z-(-2)\}^2$
整理して　$y-z=3$　……①
$AD^2=CD^2$ より
$(x-0)^2+(y-1)^2+(z-0)^2$
$=(x-2)^2+(y-1)^2+\{z-(-2)\}^2$
整理して　$x-z=2$　……②
$AD^2=(2\sqrt{2})^2$ より
$(x-0)^2+(y-1)^2+(z-0)^2=8$　……③
①，②より $y=z+3,\ x=z+2$
これらを③に代入して
$(z+2)^2+(z+3-1)^2+z^2=8$
$3z^2+8z=0$
$z(3z+8)=0$
よって　$z=0,\ -\dfrac{8}{3}$
$z=0$ のとき　　$x=2,\ y=3$
$z=-\dfrac{8}{3}$ のとき　$x=-\dfrac{2}{3},\ y=\dfrac{1}{3}$
ゆえに，点 D の座標は
(2, 3, 0) または $\left(-\dfrac{2}{3},\ \dfrac{1}{3},\ -\dfrac{8}{3}\right)$

3 空間のベクトル

本編 p.023～025

A

83 (1) $\overrightarrow{AH}=\overrightarrow{AD}+\overrightarrow{DH}=\overrightarrow{AD}+\overrightarrow{AE}=\boldsymbol{\vec{b}+\vec{c}}$

(2) $\overrightarrow{HC}=\overrightarrow{HG}+\overrightarrow{GC}=\overrightarrow{AB}-\overrightarrow{AE}=\boldsymbol{\vec{a}-\vec{c}}$

(3) $\overrightarrow{HF}=\overrightarrow{HG}+\overrightarrow{GF}=\overrightarrow{AB}-\overrightarrow{AD}=\boldsymbol{\vec{a}-\vec{b}}$

(4) $\overrightarrow{EC}=\overrightarrow{AC}-\overrightarrow{AE}$

$=(\overrightarrow{AB}+\overrightarrow{BC})-\overrightarrow{AE}=\boldsymbol{\vec{a}+\vec{b}-\vec{c}}$

(5) $\overrightarrow{GA}=-\overrightarrow{AG}$

$=-(\overrightarrow{AB}+\overrightarrow{BC}+\overrightarrow{CG})$

$=-(\overrightarrow{AB}+\overrightarrow{AD}+\overrightarrow{AE})=\boldsymbol{-\vec{a}-\vec{b}-\vec{c}}$

84 (1) $\overrightarrow{AC}=\overrightarrow{OC}-\overrightarrow{OA}$

$=\boldsymbol{\vec{c}-\vec{a}}$

(2) $\overrightarrow{LK}=\overrightarrow{OK}-\overrightarrow{OL}$

$=\frac{1}{2}\overrightarrow{OA}-\frac{1}{2}\overrightarrow{OC}$

$=\boldsymbol{\frac{1}{2}\vec{a}-\frac{1}{2}\vec{c}}$

(3) $\overrightarrow{OM}=\overrightarrow{OB}+\overrightarrow{BM}=\overrightarrow{OB}+\frac{1}{2}\overrightarrow{BC}$

$=\overrightarrow{OB}+\frac{1}{2}(\overrightarrow{OC}-\overrightarrow{OB})$

$=\frac{1}{2}\overrightarrow{OB}+\frac{1}{2}\overrightarrow{OC}=\boldsymbol{\frac{1}{2}\vec{b}+\frac{1}{2}\vec{c}}$

(4) $\overrightarrow{LM}=\overrightarrow{OM}-\overrightarrow{OL}$ ← △COB に中点連結定理を用いてもわかる。

$=\left(\frac{1}{2}\vec{b}+\frac{1}{2}\vec{c}\right)-\frac{1}{2}\vec{c}$

$=\boldsymbol{\frac{1}{2}\vec{b}}$

(5) $\overrightarrow{KM}=\overrightarrow{OM}-\overrightarrow{OK}$

$=\left(\frac{1}{2}\vec{b}+\frac{1}{2}\vec{c}\right)-\frac{1}{2}\vec{a}$

$=\boldsymbol{-\frac{1}{2}\vec{a}+\frac{1}{2}\vec{b}+\frac{1}{2}\vec{c}}$

85 条件より　$\overrightarrow{OA}=5\vec{p}$, $\overrightarrow{OC}=3\vec{q}$, $\overrightarrow{OD}=2\vec{r}$

(1) $\overrightarrow{OE}=\overrightarrow{OA}+\overrightarrow{AE}$

$=\overrightarrow{OA}+\overrightarrow{OD}=\boldsymbol{5\vec{p}+2\vec{r}}$

(2) $\overrightarrow{FA}=\overrightarrow{FB}+\overrightarrow{BA}$

$=-\overrightarrow{OD}+(-\overrightarrow{OC})=\boldsymbol{-3\vec{q}-2\vec{r}}$

(3) $\overrightarrow{OF}=\overrightarrow{OA}+\overrightarrow{AB}+\overrightarrow{BF}$

$=\overrightarrow{OA}+\overrightarrow{OC}+\overrightarrow{OD}=\boldsymbol{5\vec{p}+3\vec{q}+2\vec{r}}$

(4) $\overrightarrow{BD}=\overrightarrow{BC}+\overrightarrow{CO}+\overrightarrow{OD}$

$=-\overrightarrow{OA}+(-\overrightarrow{OC})+\overrightarrow{OD}$

$=\boldsymbol{-5\vec{p}-3\vec{q}+2\vec{r}}$

86 (1) $\overrightarrow{OA}=\boldsymbol{3\vec{e_1}-2\vec{e_2}-8\vec{e_3}}$

(2) $\boldsymbol{\overrightarrow{OA}=(3,\ -2,\ -8)}$,

$|\overrightarrow{OA}|=\sqrt{3^2+(-2)^2+(-8)^2}=\boldsymbol{\sqrt{77}}$

(3) $|\overrightarrow{OB}|=4$ より　$|\overrightarrow{OB}|^2=16$

$\overrightarrow{OB}=(3,\ -1,\ z)$ であるから

$3^2+(-1)^2+z^2=16$

$z^2=6$ より　$\boldsymbol{z=\pm\sqrt{6}}$

87 (1) $\boldsymbol{-2\vec{a}}=-2(2,\ 1,\ -3)$

$\boldsymbol{=(-4,\ -2,\ 6)}$

$|-2\vec{a}|=\sqrt{(-4)^2+(-2)^2+6^2}$

$=\sqrt{56}=\boldsymbol{2\sqrt{14}}$

(2) $\boldsymbol{\vec{b}+\vec{c}}=(-3,\ 0,\ 2)+(8,\ 1,\ -1)$

$\boldsymbol{=(5,\ 1,\ 1)}$

$|\vec{b}+\vec{c}|=\sqrt{5^2+1^2+1^2}$

$=\sqrt{27}=\boldsymbol{3\sqrt{3}}$

(3) $\boldsymbol{2\vec{a}-\vec{b}}=2(2,\ 1,\ -3)-(-3,\ 0,\ 2)$

$\boldsymbol{=(7,\ 2,\ -8)}$

$|2\vec{a}-\vec{b}|=\sqrt{7^2+2^2+(-8)^2}$

$=\sqrt{117}=\boldsymbol{3\sqrt{13}}$

(4) $\boldsymbol{\vec{a}-3\vec{b}-2\vec{c}}$

$=(2,\ 1,\ -3)-3(-3,\ 0,\ 2)$

$-2(8,\ 1,\ -1)$

$\boldsymbol{=(-5,\ -1,\ -7)}$

$|\vec{a}-3\vec{b}-2\vec{c}|=\sqrt{(-5)^2+(-1)^2+(-7)^2}$

$=\sqrt{75}=\boldsymbol{5\sqrt{3}}$

(5) $\boldsymbol{3(\vec{b}-\vec{c})-2(\vec{a}-2\vec{c})}=-2\vec{a}+3\vec{b}+\vec{c}$

$=-2(2,\ 1,\ -3)+3(-3,\ 0,\ 2)$

$+(8,\ 1,\ -1)$

$\boldsymbol{=(-5,\ -1,\ 11)}$

$|3(\vec{b}-\vec{c})-2(\vec{a}-2\vec{c})|=|-2\vec{a}+3\vec{b}+\vec{c}|$

$=\sqrt{(-5)^2+(-1)^2+11^2}$

$=\sqrt{147}=\boldsymbol{7\sqrt{3}}$

88 $|\vec{a}|^2=(t+1)^2+(2t-1)^2+(-3t+2)^2$

$=14t^2-14t+6$

$=14\left\{\left(t-\frac{1}{2}\right)^2-\frac{1}{4}\right\}+6$ ←― t についての2次式の最小値を考えるので，平方完成をする。

$=14\left(t-\frac{1}{2}\right)^2+\frac{5}{2}$

よって，$t=\frac{1}{2}$ のとき $|\vec{a}|^2$ は最小となる。

$|\vec{a}|\geqq 0$ であるから，$|\vec{a}|^2$ が最小のとき $|\vec{a}|$ も最小となる。

ゆえに，$\boldsymbol{t=\frac{1}{2}}$ のとき，$|\vec{a}|$ の最小値は

$\sqrt{\frac{5}{2}}=\boldsymbol{\frac{\sqrt{10}}{2}}$

89 (1) $\boldsymbol{\overrightarrow{\mathrm{OA}}=(2,\ 1,\ -2)}$

$|\overrightarrow{\mathrm{OA}}|=\sqrt{2^2+1^2+(-2)^2}=\sqrt{9}=\boldsymbol{3}$

(2) $\boldsymbol{\overrightarrow{\mathrm{BO}}}=-\overrightarrow{\mathrm{OB}}=\boldsymbol{(3,\ 0,\ -5)}$

$|\overrightarrow{\mathrm{BO}}|=\sqrt{3^2+0^2+(-5)^2}=\boldsymbol{\sqrt{34}}$

(3) $\boldsymbol{\overrightarrow{\mathrm{AB}}}=(-3-2,\ 0-1,\ 5-(-2))$

$=\boldsymbol{(-5,\ -1,\ 7)}$

$|\overrightarrow{\mathrm{AB}}|=\sqrt{(-5)^2+(-1)^2+7^2}$

$=\sqrt{75}=\boldsymbol{5\sqrt{3}}$

(4) $\boldsymbol{\overrightarrow{\mathrm{CA}}}=(2-(-\sqrt{6}),\ 1-3,\ -2-(-\sqrt{6}))$

$=\boldsymbol{(\sqrt{6}+2,\ -2,\ \sqrt{6}-2)}$

$|\overrightarrow{\mathrm{CA}}|=\sqrt{(\sqrt{6}+2)^2+(-2)^2+(\sqrt{6}-2)^2}$

$=\sqrt{10+4\sqrt{6}+4+10-4\sqrt{6}}$

$=\sqrt{24}=\boldsymbol{2\sqrt{6}}$

90 $\vec{a}\neq\vec{0}$，$\vec{b}\neq\vec{0}$ より，$\vec{a}/\!/\vec{b}$ となるためには，$\vec{b}=k\vec{a}$ を満たす実数 k が存在すればよい。

$\vec{b}=k\vec{a}$ を成分で表すと

$(x,\ y,\ -2)=k(-1,\ 6,\ 3)$

よって　$x=-k$　……①

$y=6k$　……②

$-2=3k$　……③

③から　$k=-\frac{2}{3}$

これを①，②に代入して

$\boldsymbol{x=\frac{2}{3},\ y=-4}$

91 (1)　点Dの座標を $(x,\ y,\ z)$ とおく。

四角形ABCDが平行四辺形であるから

$\overrightarrow{\mathrm{CD}}=\overrightarrow{\mathrm{BA}}$

成分で表すと

$(x-7,\ y-0,\ z-(-2))$

$=(-1-4,\ 2-(-5),\ 1-3)$

よって

$x-7=-5,\ y=7,\ z+2=-2$

これを解いて

$x=2,\ y=7,\ z=-4$

ゆえに，点Dの座標は $\boldsymbol{(2,\ 7,\ -4)}$

(2)　点Dの座標を $(x,\ y,\ z)$ とおく。

四角形ADBCが平行四辺形であるから

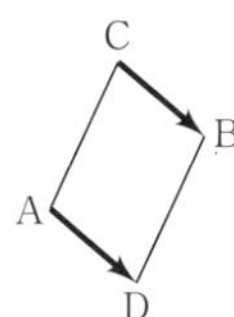

$\overrightarrow{\mathrm{AD}}=\overrightarrow{\mathrm{CB}}$

成分で表すと

$(x-(-1),\ y-2,\ z-1)$

$=(4-7,\ -5-0,\ 3-(-2))$

よって

$x+1=-3,\ y-2=-5,\ z-1=5$

これを解いて

$x=-4,\ y=-3,\ z=6$

ゆえに，点Dの座標は $\boldsymbol{(-4,\ -3,\ 6)}$

92 (1)　$|\vec{a}|=\sqrt{2^2+(-3)^2+6^2}=7$

であるから，$\vec{a}$ と同じ向きの単位ベクトルは

$\frac{1}{7}\vec{a}=\frac{1}{7}(2,\ -3,\ 6)$

$=\boldsymbol{\left(\frac{2}{7},\ -\frac{3}{7},\ \frac{6}{7}\right)}$

(2)　$|\vec{b}|=\sqrt{1^2+(-1)^2+2^2}=\sqrt{6}$

であるから，$\vec{b}$ と反対向きの単位ベクトルは

$-\frac{1}{\sqrt{6}}\vec{b}=-\frac{\sqrt{6}}{6}(1,\ -1,\ 2)$

$=\boldsymbol{\left(-\frac{\sqrt{6}}{6},\ \frac{\sqrt{6}}{6},\ -\frac{\sqrt{6}}{3}\right)}$

93 $s\vec{a}+t\vec{b}+u\vec{c}$

$=s(4,\ -1,\ 2)+t(3,\ 2,\ -1)+u(-1,\ 0,\ 2)$

$=(4s+3t-u,\ -s+2t,\ 2s-t+2u)$

(1) $\vec{p}=(-2,\ 4,\ -11)$ と成分を比較して

$$\begin{cases}4s+3t-u=-2\\-s+2t=4\\2s-t+2u=-11\end{cases}$$

これを解いて　$s=-2,\ t=1,\ u=-3$

ゆえに　$\boldsymbol{\vec{p}=-2\vec{a}+\vec{b}-3\vec{c}}$

(2) $\vec{p}=(13,\ -2,\ -6)$ と成分を比較して

$$\begin{cases}4s+3t-u=13\\-s+2t=-2\\2s-t+2u=-6\end{cases}$$

これを解いて　$s=2,\ t=0,\ u=-5$

ゆえに　$\boldsymbol{\vec{p}=2\vec{a}-5\vec{c}}$

（注意）

空間における3つのベクトル $\vec{a}$, $\vec{b}$, $\vec{c}$ について

$\vec{a}\neq\vec{0}$, $\vec{b}\neq\vec{0}$, $\vec{c}\neq\vec{0}$ かつ

どの2つのベクトルも平行でない

が成り立つ場合でも，$\vec{a}$, $\vec{b}$, $\vec{c}$ は1次独立とは限らない。

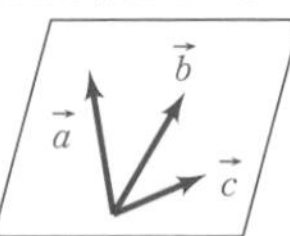

（$\vec{a}$, $\vec{b}$, $\vec{c}$ が同じ平面上にある場合）

B

94 $\overrightarrow{AC}=\overrightarrow{AB}+\overrightarrow{BC}=\overrightarrow{AB}+\overrightarrow{AD}$

より　$\overrightarrow{AB}+\overrightarrow{AD}=\vec{p}$　……①

$\overrightarrow{AF}=\overrightarrow{AB}+\overrightarrow{BF}=\overrightarrow{AB}+\overrightarrow{AE}$

より　$\overrightarrow{AB}+\overrightarrow{AE}=\vec{q}$　……②

$\overrightarrow{AH}=\overrightarrow{AD}+\overrightarrow{DH}=\overrightarrow{AD}+\overrightarrow{AE}$

より　$\overrightarrow{AD}+\overrightarrow{AE}=\vec{r}$　……③

①，②，③の辺々を加えると

$2(\overrightarrow{AB}+\overrightarrow{AD}+\overrightarrow{AE})=\vec{p}+\vec{q}+\vec{r}$

よって

$\overrightarrow{AB}+\overrightarrow{AD}+\overrightarrow{AE}=\frac{1}{2}\vec{p}+\frac{1}{2}\vec{q}+\frac{1}{2}\vec{r}$　……④

③，④より　$\overrightarrow{AB}+\vec{r}=\frac{1}{2}\vec{p}+\frac{1}{2}\vec{q}+\frac{1}{2}\vec{r}$

すなわち　$\boldsymbol{\overrightarrow{AB}=\frac{1}{2}\vec{p}+\frac{1}{2}\vec{q}-\frac{1}{2}\vec{r}}$

②，④より　$\overrightarrow{AD}+\vec{q}=\frac{1}{2}\vec{p}+\frac{1}{2}\vec{q}+\frac{1}{2}\vec{r}$

すなわち　$\boldsymbol{\overrightarrow{AD}=\frac{1}{2}\vec{p}-\frac{1}{2}\vec{q}+\frac{1}{2}\vec{r}}$

①，④より　$\overrightarrow{AE}+\vec{p}=\frac{1}{2}\vec{p}+\frac{1}{2}\vec{q}+\frac{1}{2}\vec{r}$

すなわち　$\boldsymbol{\overrightarrow{AE}=-\frac{1}{2}\vec{p}+\frac{1}{2}\vec{q}+\frac{1}{2}\vec{r}}$

95 $\vec{c}=\vec{a}+t\vec{b}=(1,\ 2,\ 2)+t(2,\ 1,\ -1)$

$=(1+2t,\ 2+t,\ 2-t)$

であるから

$|\vec{c}|^2=(1+2t)^2+(2+t)^2+(2-t)^2$

$=6t^2+4t+9$

$=6\left\{\left(t+\frac{1}{3}\right)^2-\frac{1}{9}\right\}+9$

$=6\left(t+\frac{1}{3}\right)^2+\frac{25}{3}$

よって，$t=-\frac{1}{3}$ のとき，$|\vec{c}|^2$ は最小となる。

$|\vec{c}|\geqq 0$ であるから，$|\vec{c}|^2$ が最小のとき $|\vec{c}|$ も最小となる。

ゆえに，$t=-\frac{1}{3}$ のとき，

$|\vec{c}|$ は最小値 $\boldsymbol{\sqrt{\frac{25}{3}}=\frac{5\sqrt{3}}{3}}$ をとる。

このとき　$\boldsymbol{\vec{c}=\left(\frac{1}{3},\ \frac{5}{3},\ \frac{7}{3}\right)}$

96 $\vec{a}-\vec{b}=(x,\ y,\ z)-(1,\ 5,\ -4)$

$=(x-1,\ y-5,\ z+4)$

$\vec{a}-\vec{b}$ と $\vec{c}$ は平行であるから，$\vec{a}-\vec{b}=k\vec{c}$ を満たす実数 k が存在する。

成分で表すと

$(x-1,\ y-5,\ z+4)=k(2,\ -1,\ 1)$

よって

$x-1=2k,\ y-5=-k,\ z+4=k$

すなわち

$x=2k+1,\ y=-k+5,\ z=k-4$ ……①

$|\vec{a}|=3\sqrt{6}$ より $|\vec{a}|^2=(3\sqrt{6})^2$

よって $x^2+y^2+z^2=54$

①を代入して

$(2k+1)^2+(-k+5)^2+(k-4)^2=54$

整理すると $3k^2-7k-6=0$

$(3k+2)(k-3)=0$ から $k=-\dfrac{2}{3},\ 3$

$k=-\dfrac{2}{3}$ のとき $\boldsymbol{x=-\dfrac{1}{3},\ y=\dfrac{17}{3},\ z=-\dfrac{14}{3}}$

$k=3$ のとき $\boldsymbol{x=7,\ y=2,\ z=-1}$

97 平行六面体を ABEC−DFGH とする。

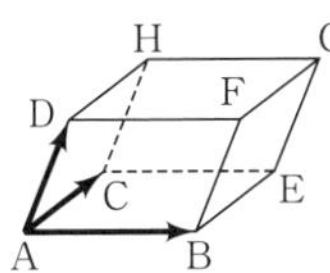

$\overrightarrow{AB}=(4,\ -3,\ 2)-(2,\ -1,\ 1)$
$=(2,\ -2,\ 1)$

$\overrightarrow{AC}=(-1,\ 1,\ 4)-(2,\ -1,\ 1)$
$=(-3,\ 2,\ 3)$

$\overrightarrow{AD}=(5,\ 2,\ -5)-(2,\ -1,\ 1)$
$=(3,\ 3,\ -6)$

四角形 ABEC は平行四辺形であるから

$\overrightarrow{AE}=\overrightarrow{AB}+\overrightarrow{BE}$
$=\overrightarrow{AB}+\overrightarrow{AC}$
$=(2,\ -2,\ 1)+(-3,\ 2,\ 3)$
$=(-1,\ 0,\ 4)$

よって

$\overrightarrow{OE}=\overrightarrow{OA}+\overrightarrow{AE}$
$=(2,\ -1,\ 1)+(-1,\ 0,\ 4)$
$=(1,\ -1,\ 5)$

同様に，四角形 ABFD，ACHD，DFGH は平行四辺形であるから

$\overrightarrow{OF}=\overrightarrow{OA}+\overrightarrow{AB}+\overrightarrow{BF}$
$=\overrightarrow{OA}+\overrightarrow{AB}+\overrightarrow{AD}$
$=(2,\ -1,\ 1)+(2,\ -2,\ 1)+(3,\ 3,\ -6)$
$=(7,\ 0,\ -4)$

$\overrightarrow{OH}=\overrightarrow{OA}+\overrightarrow{AC}+\overrightarrow{CH}$
$=\overrightarrow{OA}+\overrightarrow{AC}+\overrightarrow{AD}$
$=(2,\ -1,\ 1)+(-3,\ 2,\ 3)+(3,\ 3,\ -6)$
$=(2,\ 4,\ -2)$

$\overrightarrow{OG}=\overrightarrow{OF}+\overrightarrow{FG}$
$=\overrightarrow{OF}+\overrightarrow{AC}$
$=(7,\ 0,\ -4)+(-3,\ 2,\ 3)$
$=(4,\ 2,\ -1)$

ゆえに，求める 4 点の座標は

$\boldsymbol{(1,\ -1,\ 5),\ (7,\ 0,\ -4),}$
$\boldsymbol{(2,\ 4,\ -2),\ (4,\ 2,\ -1)}$

C

98 $\vec{p}=x\overrightarrow{OA}+y\overrightarrow{OB}+\overrightarrow{OC}$ とおくと

$\vec{p}=x(1,\ 1,\ 0)+y(1,\ -3,\ 1)+(3,\ 1,\ 5)$
$=(x+y+3,\ x-3y+1,\ y+5)$

⇦ $\vec{p}=x\overrightarrow{OA}+y\overrightarrow{OB}+\overrightarrow{OC}$ の右辺を成分で表す。

このとき $|\vec{p}|^2=(x+y+3)^2+(x-3y+1)^2+(y+5)^2$
$=2x^2+11y^2-4xy+8x+10y+35$
$=2x^2-4(y-2)x+11y^2+10y+35$
$=2\{x-(y-2)\}^2-2(y-2)^2+11y^2+10y+35$
$=2(x-y+2)^2+9(y+1)^2+18$

⇦ x の 2 次式と考え，平方完成

⇦ y のみの項に着目して，さらに平方完成

よって　$x-y+2=0$ かつ $y+1=0$

すなわち　$x=-3,\ y=-1$ のとき，$|\vec{p}|^2$ は最小となる。

$|\vec{p}|\geqq 0$ であるから，$|\vec{p}|^2$ が最小のとき $|\vec{p}|$ も最小となる。

ゆえに，$\boldsymbol{x=-3,\ y=-1}$ **のとき**，

$|\vec{p}|$ は最小値 $\sqrt{18}=\boldsymbol{3\sqrt{2}}$ をとる。

⇦ $|\vec{p}|^2$ の最小値は 18

4　ベクトルの内積

本編 p.026～027

A

99 (1)　$\overrightarrow{AD}\cdot\overrightarrow{AE}=3\times3\times\cos 90°=\boldsymbol{0}$

(2)　$\overrightarrow{AC}\cdot\overrightarrow{EF}=3\sqrt{2}\times3\times\cos 45°=\boldsymbol{9}$

(3)　$\overrightarrow{AB}\cdot\overrightarrow{GD}=3\times3\sqrt{2}\times\cos 135°=\boldsymbol{-9}$

(4)　$\overrightarrow{AC}\cdot\overrightarrow{GE}=3\sqrt{2}\times3\sqrt{2}\times\cos 180°=\boldsymbol{-18}$

(5)　$\overrightarrow{AH}\cdot\overrightarrow{AF}=3\sqrt{2}\times3\sqrt{2}\times\cos 60°=\boldsymbol{9}$

△AFH は正三角形

(6)　$\overrightarrow{DE}\cdot\overrightarrow{EG}=3\sqrt{2}\times3\sqrt{2}\times\cos 120°=\boldsymbol{-9}$

(7)　$\overrightarrow{AC}\cdot\overrightarrow{FH}=3\sqrt{2}\times3\sqrt{2}\times\cos 90°=\boldsymbol{0}$

100 (1)　$\vec{a}\cdot\vec{b}=4\times2+(-1)\times3+2\times(-1)$

$=\boldsymbol{3}$

(2)　$\vec{a}\cdot\vec{b}=(-7)\times2+2\times1+4\times3$

$=\boldsymbol{0}$

(3)　$\vec{a}\cdot\vec{b}=\sqrt{2}\times3+1\times(-\sqrt{2})+(-\sqrt{6})\times\sqrt{3}$

$=\boldsymbol{-\sqrt{2}}$

101 (1)　$\vec{a}\cdot\vec{b}=2\times5+(-1)\times(-2)+3\times(-4)$

$=0$

$\vec{a}\neq\vec{0},\ \vec{b}\neq\vec{0}$ であるから　$\vec{a}\perp\vec{b}$

すなわち　$\boldsymbol{\theta=90°}$

(2)　$\vec{a}\cdot\vec{b}=(-1)\times1+1\times(-2)+0\times1$

$=-3$

$|\vec{a}|=\sqrt{(-1)^2+1^2+0^2}=\sqrt{2}$

$|\vec{b}|=\sqrt{1^2+(-2)^2+1^2}=\sqrt{6}$

であるから

$$\cos\theta=\frac{\vec{a}\cdot\vec{b}}{|\vec{a}||\vec{b}|}=\frac{-3}{\sqrt{2}\times\sqrt{6}}=-\frac{\sqrt{3}}{2}$$

$0°\leqq\theta\leqq180°$ より　$\boldsymbol{\theta=150°}$

(3)　$\vec{a}\cdot\vec{b}=3\times1+4\times(-2)+(-5)\times2$

$=-15$

$|\vec{a}|=\sqrt{3^2+4^2+(-5)^2}=5\sqrt{2}$

$|\vec{b}|=\sqrt{1^2+(-2)^2+2^2}=3$

であるから

$$\cos\theta=\frac{\vec{a}\cdot\vec{b}}{|\vec{a}||\vec{b}|}=\frac{-15}{5\sqrt{2}\times3}=-\frac{1}{\sqrt{2}}$$

$0°\leqq\theta\leqq180°$ より　$\boldsymbol{\theta=135°}$

102 求めるベクトルを $\vec{p}=(x,\ y,\ z)$ とおくと

$\vec{p}\perp\vec{a}$ から

$\vec{p}\cdot\vec{a}=-2x+5y+3z=0$　……①

$\vec{p}\perp\vec{b}$ から

$\vec{p}\cdot\vec{b}=-x+y+z=0$　……②

$|\vec{p}|=2\sqrt{7}$ から

$|\vec{p}|^2=x^2+y^2+z^2=28$　……③

①，②より　$z=-3y,\ x=-2y$

これらを③に代入すると

$(-2y)^2+y^2+(-3y)^2=28$

整理して　$y^2=2$

よって　$y=\pm\sqrt{2}$

ゆえに　$y=\sqrt{2}$ のとき

$x=-2\sqrt{2},\ z=-3\sqrt{2}$

$y=-\sqrt{2}$ のとき

$x=2\sqrt{2},\ z=3\sqrt{2}$

したがって，求めるベクトル $\vec{p}$ は

$\boldsymbol{\vec{p}=(-2\sqrt{2},\ \sqrt{2},\ -3\sqrt{2})}$，

$\boldsymbol{(2\sqrt{2},\ -\sqrt{2},\ 3\sqrt{2})}$

103 (1) $\vec{a}\cdot\vec{b}=\vec{b}\cdot\vec{c}=\vec{c}\cdot\vec{a}$

$=1\times1\times\cos 60^\circ=\mathbf{\frac{1}{2}}$

(2) 辺 AB の中点が M，辺 BC を 2：1 に内分する点が N であるから

$\overrightarrow{OM}=\overrightarrow{OA}+\overrightarrow{AM}=\overrightarrow{OA}+\frac{1}{2}\overrightarrow{AB}$

$=\overrightarrow{OA}+\frac{1}{2}(\overrightarrow{OB}-\overrightarrow{OA})$

$=\frac{1}{2}\overrightarrow{OA}+\frac{1}{2}\overrightarrow{OB}=\frac{1}{2}\vec{a}+\frac{1}{2}\vec{b}$

$\overrightarrow{ON}=\overrightarrow{OB}+\overrightarrow{BN}=\overrightarrow{OB}+\frac{2}{3}\overrightarrow{BC}$

$=\overrightarrow{OB}+\frac{2}{3}(\overrightarrow{OC}-\overrightarrow{OB})$

$=\frac{1}{3}\overrightarrow{OB}+\frac{2}{3}\overrightarrow{OC}=\frac{1}{3}\vec{b}+\frac{2}{3}\vec{c}$

よって

$\overrightarrow{OM}\cdot\overrightarrow{ON}=\left(\frac{1}{2}\vec{a}+\frac{1}{2}\vec{b}\right)\cdot\left(\frac{1}{3}\vec{b}+\frac{2}{3}\vec{c}\right)$

$=\frac{1}{6}(\vec{a}+\vec{b})\cdot(\vec{b}+2\vec{c})$

$=\frac{1}{6}(\vec{a}\cdot\vec{b}+2\vec{a}\cdot\vec{c}+|\vec{b}|^2+2\vec{b}\cdot\vec{c})$

(1)と $|\vec{b}|=1$ より

$\overrightarrow{OM}\cdot\overrightarrow{ON}=\frac{1}{6}\left(\frac{1}{2}+2\times\frac{1}{2}+1^2+2\times\frac{1}{2}\right)$

$=\mathbf{\frac{7}{12}}$

104 x 軸，y 軸，z 軸の正の向きと同じ向きの単位ベクトルをそれぞれ $\vec{e_1}$，$\vec{e_2}$，$\vec{e_3}$ とおくと，

$\vec{e_1}=(1,\ 0,\ 0)$，$\vec{e_2}=(0,\ 1,\ 0)$，

$\vec{e_3}=(0,\ 0,\ 1)$

であり

$\cos\alpha=\frac{\vec{a}\cdot\vec{e_1}}{|\vec{a}||\vec{e_1}|}$

$=\frac{\sqrt{3}\times1+0\times0+(-1)\times0}{\sqrt{(\sqrt{3})^2+0^2+(-1)^2}\times1}=\mathbf{\frac{\sqrt{3}}{2}}$

$\cos\beta=\frac{\vec{a}\cdot\vec{e_2}}{|\vec{a}||\vec{e_2}|}$

$=\frac{\sqrt{3}\times0+0\times1+(-1)\times0}{\sqrt{(\sqrt{3})^2+0^2+(-1)^2}\times1}=\mathbf{0}$

$\cos\gamma=\frac{\vec{a}\cdot\vec{e_3}}{|\vec{a}||\vec{e_3}|}$

$=\frac{\sqrt{3}\times0+0\times0+(-1)\times1}{\sqrt{(\sqrt{3})^2+0^2+(-1)^2}\times1}=\mathbf{-\frac{1}{2}}$

（参考）

$\cos\alpha$，$\cos\beta$，$\cos\gamma$ を $\vec{a}$ の方向余弦という。

$\cos^2\alpha+\cos^2\beta+\cos^2\gamma=1$

が成り立つ。

C

105 (1) $\overrightarrow{AB}=(0,\ 2,\ -1)$，$\overrightarrow{AC}=(-3,\ 2,\ 0)$ であるから，

$\angle BAC=\theta$ とすると

$\cos\theta=\frac{\overrightarrow{AB}\cdot\overrightarrow{AC}}{|\overrightarrow{AB}||\overrightarrow{AC}|}$

$=\frac{0\times(-3)+2\times2+(-1)\times0}{\sqrt{0^2+2^2+(-1)^2}\sqrt{(-3)^2+2^2+0^2}}=\frac{4}{\sqrt{65}}$

$\sin\theta>0$ であるから

$\sin\theta=\sqrt{1-\cos^2\theta}=\sqrt{1-\frac{16}{65}}=\frac{7}{\sqrt{65}}$

よって，△ABC の面積は

$\frac{1}{2}|\overrightarrow{AB}||\overrightarrow{AC}|\sin\theta=\frac{1}{2}\times\sqrt{5}\times\sqrt{13}\times\frac{7}{\sqrt{65}}=\mathbf{\frac{7}{2}}$

㊕p.69 章末A 6

(別解)

△ABC の面積を S とすると

$\overrightarrow{AB}=(0,\ 2,\ -1)$，$\overrightarrow{AC}=(-3,\ 2,\ 0)$

であるから

$$\overrightarrow{AB}\cdot\overrightarrow{AC}=0\times(-3)+2\times2+(-1)\times0=4$$

$$|\overrightarrow{AB}|=\sqrt{0^2+2^2+(-1)^2}=\sqrt{5}$$

$$|\overrightarrow{AC}|=\sqrt{(-3)^2+2^2+0^2}=\sqrt{13}$$

よって

$$S=\frac{1}{2}\sqrt{|\overrightarrow{AB}|^2|\overrightarrow{AC}|^2-(\overrightarrow{AB}\cdot\overrightarrow{AC})^2}$$

$$=\frac{1}{2}\sqrt{5\times13-4^2}=\boldsymbol{\frac{7}{2}}$$

⇦㊎p.27 研究 三角形の面積

△ABC

$=\frac{1}{2}\sqrt{|\overrightarrow{AB}|^2|\overrightarrow{AC}|^2-(\overrightarrow{AB}\cdot\overrightarrow{AC})^2}$

は空間のベクトルでも成り立つ。

(2) $\overrightarrow{AB}=(1,\ -1,\ 1)$，$\overrightarrow{AC}=(1,\ \sqrt{6},\ -1)$ であるから，

$\angle BAC=\theta$ とすると

$$\cos\theta=\frac{\overrightarrow{AB}\cdot\overrightarrow{AC}}{|\overrightarrow{AB}||\overrightarrow{AC}|}$$

$$=\frac{1\times1+(-1)\times\sqrt{6}+1\times(-1)}{\sqrt{1^2+(-1)^2+1^2}\sqrt{1^2+(\sqrt{6})^2+(-1)^2}}=-\frac{1}{2}$$

$0°\leqq\theta\leqq180°$ から　$\theta=120°$

よって，△ABC の面積は

$$\frac{1}{2}|\overrightarrow{AB}||\overrightarrow{AC}|\sin120°=\frac{1}{2}\times\sqrt{3}\times2\sqrt{2}\times\frac{\sqrt{3}}{2}=\boldsymbol{\frac{3\sqrt{2}}{2}}$$

(別解)

△ABC の面積を S とすると

$\overrightarrow{AB}=(1,\ -1,\ 1)$，$\overrightarrow{AC}=(1,\ \sqrt{6},\ -1)$

であるから

$$\overrightarrow{AB}\cdot\overrightarrow{AC}=1\times1+(-1)\times\sqrt{6}+1\times(-1)=-\sqrt{6}$$

$$|\overrightarrow{AB}|=\sqrt{1^2+(-1)^2+1^2}=\sqrt{3}$$

$$|\overrightarrow{AC}|=\sqrt{1^2+(\sqrt{6})^2+(-1)^2}=\sqrt{8}=2\sqrt{2}$$

よって

$$S=\frac{1}{2}\sqrt{|\overrightarrow{AB}|^2|\overrightarrow{AC}|^2-(\overrightarrow{AB}\cdot\overrightarrow{AC})^2}$$

$$=\frac{1}{2}\sqrt{3\times8-(-\sqrt{6})^2}=\boldsymbol{\frac{3\sqrt{2}}{2}}$$

5 位置ベクトル

本編 p.028

A

106 (1) 線分 AB の中点 M について

x 座標は $\dfrac{4+(-6)}{2}=-1$

y 座標は $\dfrac{2+7}{2}=\dfrac{9}{2}$

z 座標は $\dfrac{9+(-1)}{2}=4$

よって　$\mathbf{M}\left(-1,\ \dfrac{9}{2},\ 4\right)$

(2) 線分 AB を 3：2 に内分する点 P について

x 座標は $\dfrac{2\times4+3\times(-6)}{3+2}=-2$

y 座標は $\dfrac{2\times2+3\times7}{3+2}=5$

z 座標は $\dfrac{2\times9+3\times(-1)}{3+2}=3$

よって　$\mathbf{P}(-2,\ 5,\ 3)$

(3) 線分 AB を 2：3 に外分する点 Q について

x 座標は $\dfrac{-3\times4+2\times(-6)}{2-3}=24$

y 座標は $\dfrac{-3\times2+2\times7}{2-3}=-8$

z 座標は $\dfrac{-3\times9+2\times(-1)}{2-3}=29$

よって　$\mathbf{Q}(24,\ -8,\ 29)$

107 △ABC の重心 G について

x 座標は $\dfrac{-3+1+(-4)}{3}=-2$

y 座標は $\dfrac{5+(-3)+2}{3}=\dfrac{4}{3}$

z 座標は $\dfrac{1+(-7)+6}{3}=0$

よって　$\mathbf{G}\left(-2,\ \dfrac{4}{3},\ 0\right)$

B

108 (1) 点 Q の座標を $(x,\ y,\ z)$ とおくと，線分 PQ の中点が A であるから

$\dfrac{x+(-1)}{2}=2,\ \dfrac{y+3}{2}=1,\ \dfrac{z+2}{2}=-3$

よって　$x=5,\ y=-1,\ z=-8$

ゆえに　$\mathbf{Q}(5,\ -1,\ -8)$

(別解)

点 Q は線分 AP を 1：2 に外分する点であるから

$x=\dfrac{-2\cdot2+1\cdot(-1)}{1-2}=5$

$y=\dfrac{-2\cdot1+1\cdot3}{1-2}=-1$

$z=\dfrac{-2\cdot(-3)+1\cdot2}{1-2}=-8$

よって　$\mathbf{Q}(5,\ -1,\ -8)$

(2) 点 R の座標を $(x,\ y,\ z)$ とおくと，線分 AR を 2：1 に内分する点が P であるから

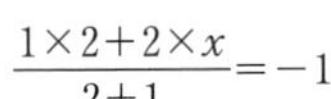
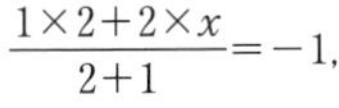

$\dfrac{1\times2+2\times x}{2+1}=-1,$

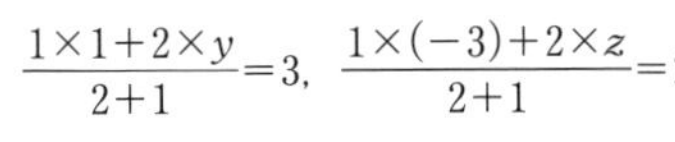

$\dfrac{1\times1+2\times y}{2+1}=3,\ \dfrac{1\times(-3)+2\times z}{2+1}=2$

よって　$x=-\dfrac{5}{2},\ y=4,\ z=\dfrac{9}{2}$

ゆえに　$\mathbf{R}\left(-\dfrac{5}{2},\ 4,\ \dfrac{9}{2}\right)$

(別解)

点 R は線分 AP を 3：1 に外分する点であるから，(1)の別解と同様にして求めてもよい。

6 空間の図形

本編 p.029～032

B

109 点 P は辺 OA を 1：2 に内分する点であるから

$\overrightarrow{OP}=\frac{1}{3}\overrightarrow{OA}$

点 M は辺 BC の中点であるから

$\overrightarrow{OM}=\frac{\overrightarrow{OB}+\overrightarrow{OC}}{2}$

点 Q は線分 PM を 2：3 に内分する点であるから

$$\overrightarrow{OQ}=\frac{3\overrightarrow{OP}+2\overrightarrow{OM}}{2+3}$$

$$=\frac{3\times\frac{1}{3}\overrightarrow{OA}+2\times\frac{\overrightarrow{OB}+\overrightarrow{OC}}{2}}{5}$$

$$=\frac{\overrightarrow{OA}+\overrightarrow{OB}+\overrightarrow{OC}}{5}$$

また，点 G は△ABC の重心であるから

$\overrightarrow{OG}=\frac{\overrightarrow{OA}+\overrightarrow{OB}+\overrightarrow{OC}}{3}$

よって　$\overrightarrow{OG}=\frac{5}{3}\overrightarrow{OQ}$

ゆえに，3 点 O，Q，G は一直線上にある。

終

110 (1) 点 H は直線 l 上の点であるから

実数 t を用いて

$\overrightarrow{OH}=\overrightarrow{OA}+t\overrightarrow{AB}$

と表すことができる。

$\overrightarrow{AB}=(2,\ -3,\ -1)$ より

$\overrightarrow{OH}=(1,\ -3,\ 4)+t(2,\ -3,\ -1)$

$=(1+2t,\ -3-3t,\ 4-t)$

ここで，$\overrightarrow{OH}\perp\overrightarrow{AB}$ より

$\overrightarrow{OH}\cdot\overrightarrow{AB}=0$ であるから

$2(1+2t)-3(-3-3t)-(4-t)=0$

これを解いて　$t=-\frac{1}{2}$

よって　$\overrightarrow{OH}=\left(0,\ -\frac{3}{2},\ \frac{9}{2}\right)$

ゆえに，点 H の座標は　$\left(\mathbf{0},\ -\frac{\mathbf{3}}{\mathbf{2}},\ \frac{\mathbf{9}}{\mathbf{2}}\right)$

(2) $AB=|\overrightarrow{AB}|$

$=\sqrt{2^2+(-3)^2+(-1)^2}=\sqrt{14}$

$OH=|\overrightarrow{OH}|$

$=\sqrt{0^2+\left(-\frac{3}{2}\right)^2+\left(\frac{9}{2}\right)^2}=\frac{3\sqrt{10}}{2}$

よって，△OAB の面積は

$\frac{1}{2}\times AB\times OH=\frac{1}{2}\times\sqrt{14}\times\frac{3\sqrt{10}}{2}$

$=\mathbf{\frac{3\sqrt{35}}{2}}$

111 $\overrightarrow{AP}=(10,\ y-5,\ -5)$，$\overrightarrow{AB}=(1,\ -5,\ 1)$，$\overrightarrow{AC}=(-2,\ -3,\ 3)$

に対して

$\overrightarrow{AP}=m\overrightarrow{AB}+n\overrightarrow{AC}$

となる実数 m，n があるから

$(10,\ y-5,\ -5)$

$=m(1,\ -5,\ 1)+n(-2,\ -3,\ 3)$

$=(m-2n,\ -5m-3n,\ m+3n)$

すなわち

$$\begin{cases} m-2n=10 & \cdots\cdots① \\ -5m-3n=y-5 & \cdots\cdots② \\ m+3n=-5 & \cdots\cdots③ \end{cases}$$

①，③より　$m=4$，$n=-3$

②より　$\boldsymbol{y=-6}$

112 点 D は辺 AB を 2：3 に内分する点，点 E は辺 OC を 1：2 に内分する点であるから

$\overrightarrow{OD}=\frac{3\overrightarrow{OA}+2\overrightarrow{OB}}{2+3}=\frac{3\overrightarrow{OA}+2\overrightarrow{OB}}{5}$

$\overrightarrow{OE}=\frac{1}{3}\overrightarrow{OC}$

また，点 F は線分 DE を 3：5 に内分する点であるから

$$\overrightarrow{OF}=\frac{5\overrightarrow{OD}+3\overrightarrow{OE}}{3+5}$$

$$=\frac{5\times\frac{3\overrightarrow{OA}+2\overrightarrow{OB}}{5}+3\times\frac{1}{3}\overrightarrow{OC}}{8}$$

$$=\frac{3\overrightarrow{OA}+2\overrightarrow{OB}+\overrightarrow{OC}}{8}$$

また，点 P は直線 OF 上の点であるから，実数 k を用いて

$$\overrightarrow{OP}=k\overrightarrow{OF}$$

と表すことができる。

よって

$$\overrightarrow{OP}=k\times\frac{3\overrightarrow{OA}+2\overrightarrow{OB}+\overrightarrow{OC}}{8}$$

$$=\frac{3}{8}k\overrightarrow{OA}+\frac{1}{4}k\overrightarrow{OB}+\frac{1}{8}k\overrightarrow{OC} \quad \cdots\cdots ①$$

さらに，点 P は平面 ABC 上にあるから，実数 m，n を用いて

$$\overrightarrow{AP}=m\overrightarrow{AB}+n\overrightarrow{AC}$$

と表すことができる。

ゆえに

$$\overrightarrow{OP}=\overrightarrow{OA}+\overrightarrow{AP}$$

$$=\overrightarrow{OA}+m(\overrightarrow{OB}-\overrightarrow{OA})+n(\overrightarrow{OC}-\overrightarrow{OA})$$

$$=(1-m-n)\overrightarrow{OA}+m\overrightarrow{OB}+n\overrightarrow{OC} \quad \cdots\cdots ②$$

$\overrightarrow{OA}$，$\overrightarrow{OB}$，$\overrightarrow{OC}$ は 1 次独立であるから，

①，②より

$$\begin{cases} 1-m-n=\frac{3}{8}k \\ m=\frac{1}{4}k \\ n=\frac{1}{8}k \end{cases}$$

$1-\frac{1}{4}k-\frac{1}{8}k=\frac{3}{8}k$ より　$k=\frac{4}{3}$

①に代入して

$$\boldsymbol{\overrightarrow{OP}=\frac{1}{2}\overrightarrow{OA}+\frac{1}{3}\overrightarrow{OB}+\frac{1}{6}\overrightarrow{OC}}$$

(別解)

①より

$$\overrightarrow{OP}=\frac{3}{8}k\overrightarrow{OA}+\frac{1}{4}k\overrightarrow{OB}+\frac{1}{8}k\overrightarrow{OC}$$

点 P は平面 ABC 上にあるから

$$\frac{3}{8}k+\frac{1}{4}k+\frac{1}{8}k=1$$

よって　$k=\frac{4}{3}$

ゆえに

$$\boldsymbol{\overrightarrow{OP}=\frac{1}{2}\overrightarrow{OA}+\frac{1}{3}\overrightarrow{OB}+\frac{1}{6}\overrightarrow{OC}}$$

113 (1)

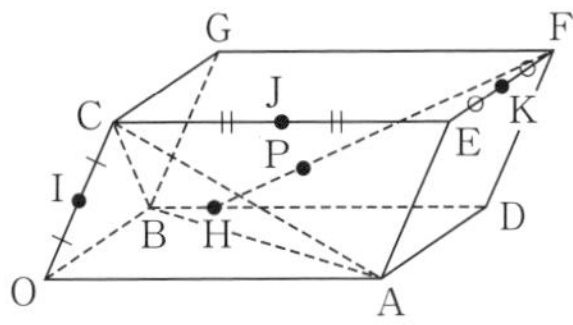

点 I，J，K はそれぞれ辺 OC，CE，EF の中点であるから

$$\overrightarrow{OI}=\frac{1}{2}\overrightarrow{OC}=\frac{1}{2}\vec{c}$$

$$\overrightarrow{OJ}=\overrightarrow{OC}+\overrightarrow{CJ}=\overrightarrow{OC}+\frac{1}{2}\overrightarrow{OA}=\frac{1}{2}\vec{a}+\vec{c}$$

$$\overrightarrow{OK}=\overrightarrow{OA}+\overrightarrow{AE}+\overrightarrow{EK}$$

$$=\overrightarrow{OA}+\overrightarrow{OC}+\frac{1}{2}\overrightarrow{OB}=\vec{a}+\frac{1}{2}\vec{b}+\vec{c}$$

点 H は△ABC の重心であるから

$$\overrightarrow{OH}=\frac{\vec{a}+\vec{b}+\vec{c}}{3}$$

また

$$\overrightarrow{OF}=\overrightarrow{OA}+\overrightarrow{AD}+\overrightarrow{DF}$$

$$=\overrightarrow{OA}+\overrightarrow{OB}+\overrightarrow{OC}=\vec{a}+\vec{b}+\vec{c}$$

であり，点 P は線分 HF を 1：3 に内分する点であるから

$$\overrightarrow{OP}=\frac{3\overrightarrow{OH}+\overrightarrow{OF}}{1+3}$$

$$=\frac{3\times\frac{\vec{a}+\vec{b}+\vec{c}}{3}+(\vec{a}+\vec{b}+\vec{c})}{4}$$

$$=\frac{\vec{a}+\vec{b}+\vec{c}}{2}$$

よって

$\overrightarrow{PK}=\overrightarrow{OK}-\overrightarrow{OP}$

$=\left(\vec{a}+\dfrac{1}{2}\vec{b}+\vec{c}\right)-\left(\dfrac{\vec{a}+\vec{b}+\vec{c}}{2}\right)$

$=\dfrac{\vec{a}+\vec{c}}{2}$ ……①

$\overrightarrow{IJ}=\overrightarrow{OJ}-\overrightarrow{OI}$

$=\dfrac{1}{2}\vec{a}+\vec{c}-\dfrac{1}{2}\vec{c}=\dfrac{\vec{a}+\vec{c}}{2}$ ……②

①，②より　$\overrightarrow{PK}=\overrightarrow{IJ}$

$\overrightarrow{PK}\neq\vec{0}$，$\overrightarrow{IJ}\neq\vec{0}$ であるから　PK // IJ　終

(2)　$\overrightarrow{OD}=\overrightarrow{OA}+\overrightarrow{AD}=\vec{a}+\vec{b}$

であるから

$\overrightarrow{ID}=\overrightarrow{OD}-\overrightarrow{OI}$

$=(\vec{a}+\vec{b})-\dfrac{1}{2}\vec{c}$

$=\dfrac{2\vec{a}+2\vec{b}-\vec{c}}{2}$ ……③

$\overrightarrow{IH}=\overrightarrow{OH}-\overrightarrow{OI}$

$=\dfrac{\vec{a}+\vec{b}+\vec{c}}{3}-\dfrac{1}{2}\vec{c}$

$=\dfrac{2\vec{a}+2\vec{b}-\vec{c}}{6}$ ……④

③，④より　$\overrightarrow{ID}=3\overrightarrow{IH}$

よって，3 点 I，H，D は一直線上にある。

また　**IH：HD=1：2**

114 (1)　H は直線 l 上の点であるから，

実数 t を用いて

$\overrightarrow{OH}=\overrightarrow{OA}+t\overrightarrow{AB}$ ……①

と表される。

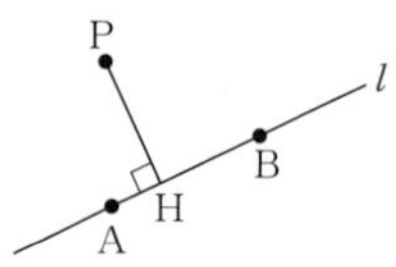

$\overrightarrow{AB}=(7-1,\ 1-4,\ 2-(-4))$

$=(6,\ -3,\ 6)$

であるから

$\overrightarrow{OH}=(1,\ 4,\ -4)+t(6,\ -3,\ 6)$

$=(1+6t,\ 4-3t,\ -4+6t)$ ……②

ここで，PH⊥AB であるから　$\overrightarrow{PH}\cdot\overrightarrow{AB}=0$

$\overrightarrow{PH}=\overrightarrow{OH}-\overrightarrow{OP}$

$=(1+6t,\ 4-3t,\ -4+6t)-(1,\ 7,\ 2)$

$=(6t,\ -3-3t,\ -6+6t)$

より

$\overrightarrow{PH}\cdot\overrightarrow{AB}$

$=6\times6t-3(-3-3t)+6(-6+6t)=0$

よって　$t=\dfrac{1}{3}$

②より

$\overrightarrow{OH}=\left(1+6\times\dfrac{1}{3},\ 4-3\times\dfrac{1}{3},\ -4+6\times\dfrac{1}{3}\right)$

$=(3,\ 3,\ -2)$

であるから，H の座標は **(3, 3, −2)**

(2)　(1)より

$\overrightarrow{PH}=\left(6\times\dfrac{1}{3},\ -3-3\times\dfrac{1}{3},\ -6+6\times\dfrac{1}{3}\right)$

$=(2,\ -4,\ -4)$

よって

PH$=|\overrightarrow{PH}|$

$=\sqrt{2^2+(-4)^2+(-4)^2}=\mathbf{6}$

また，$t=\dfrac{1}{3}$ と①より　$\overrightarrow{OH}-\overrightarrow{OA}=\dfrac{1}{3}\overrightarrow{AB}$

すなわち　$\overrightarrow{AH}=\dfrac{1}{3}\overrightarrow{AB}$

よって　**AH：HB=1：2**

(別解)　**61** の正射影ベクトル（解答編 p.022～023）を用いる。

$\overrightarrow{AH}$ は $\overrightarrow{AP}$ の $\overrightarrow{AB}$ 上への正射影ベクトル

であるから

$\overrightarrow{AH}=\dfrac{\overrightarrow{AB}\cdot\overrightarrow{AP}}{|\overrightarrow{AB}|^2}\overrightarrow{AB}$

ここで

$\overrightarrow{AP}=(0,\ 3,\ 6)$，$\overrightarrow{AB}=(6,\ -3,\ 6)$

であるから

$\overrightarrow{AB}\cdot\overrightarrow{AP}=0\times6+3\times(-3)+6\times6=27$

$|\overrightarrow{AB}|^2=6^2+(-3)^2+6^2=81$

よって

$\overrightarrow{AH}=\dfrac{27}{81}\overrightarrow{AB}=\dfrac{1}{3}(6,\ -3,\ 6)$

$=(2,\ -1,\ 2)$

ゆえに

$\overrightarrow{OH}=\overrightarrow{OA}+\overrightarrow{AH}$

$=(1,\ 4,\ -4)+(2,\ -1,\ 2)$

$=(3,\ 3,\ -2)$

以上から

(1) 点 H の座標は **(3, 3, −2)**

(2) **AH : HB＝1 : 2**

115 4 点 A, B, C, D が同じ平面上にあるから,

$\overrightarrow{AD}=(3,\ t,\ -1)$, $\overrightarrow{AB}=(2,\ -2,\ 1)$,

$\overrightarrow{AC}=(t,\ -1,\ 2)$

に対して

$\overrightarrow{AD}=m\overrightarrow{AB}+n\overrightarrow{AC}$

となる実数 m, n があるから

$(3,\ t,\ -1)=m(2,\ -2,\ 1)+n(t,\ -1,\ 2)$

$=(2m+nt,\ -2m-n,\ m+2n)$

すなわち

$$\begin{cases}2m+nt=3 & \cdots\cdots①\\ -2m-n=t & \cdots\cdots②\\ m+2n=-1 & \cdots\cdots③\end{cases}$$

②, ③より　$n=\dfrac{t-2}{3}$, $m=\dfrac{1-2t}{3}$

これを①に代入して

$2\times\dfrac{1-2t}{3}+\dfrac{t-2}{3}\times t=3$

整理して　$t^2-6t-7=0$

$(t-7)(t+1)=0$ より　$\boldsymbol{t=7,\ -1}$

(別解)

点 D が平面 ABC 上にある

と考えられるから

$\overrightarrow{OD}=x\overrightarrow{OA}+y\overrightarrow{OB}+z\overrightarrow{OC}$　……①

$x+y+z=1$　……②

と表せる。①を成分で表すと

$(3,\ t,\ 1)$

$=(2y+tz,\ -2y-z,\ 2x+3y+4z)$

すなわち

$$\begin{cases}2y+tz=3 & \cdots\cdots③\\ -2y-z=t & \cdots\cdots④\\ 2x+3y+4z=1 & \cdots\cdots⑤\end{cases}$$

②, ⑤より　$y+2z=-1$

これと④より　$y=\dfrac{-2t+1}{3}$, $z=\dfrac{t-2}{3}$

これを③に代入すると, $t^2-6t-7=0$

が得られる。(以下同様)

116 平行六面体

OADB−CEFG

において,

点 M は辺 OB の

中点であるから

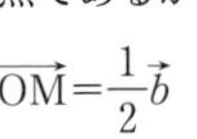

$\overrightarrow{OM}=\dfrac{1}{2}\vec{b}$

点 N は辺 DF を 3 : 1 に内分する点で

あるから

$\overrightarrow{ON}=\overrightarrow{OA}+\overrightarrow{AD}+\overrightarrow{DN}$

$=\overrightarrow{OA}+\overrightarrow{OB}+\dfrac{3}{4}\overrightarrow{OC}$

$=\vec{a}+\vec{b}+\dfrac{3}{4}\vec{c}$

また, 点 P は直線 ON 上にあるから,

実数 k を用いて

$\overrightarrow{OP}=k\overrightarrow{ON}$

と表される。

よって

$\overrightarrow{OP}=k\left(\vec{a}+\vec{b}+\dfrac{3}{4}\vec{c}\right)$

$=k\vec{a}+k\vec{b}+\dfrac{3}{4}k\vec{c}$　……①

点 P は平面 AMC 上の点でもある

から, 実数 m, n を用いて

$\overrightarrow{AP}=m\overrightarrow{AM}+n\overrightarrow{AC}$

と表される。

ゆえに

$\overrightarrow{OP}=\overrightarrow{OA}+\overrightarrow{AP}$

$=\vec{a}+m\overrightarrow{AM}+n\overrightarrow{AC}$

$=\vec{a}+m\left(\dfrac{1}{2}\vec{b}-\vec{a}\right)+n(\vec{c}-\vec{a})$

$=(1-m-n)\vec{a}+\dfrac{1}{2}m\vec{b}+n\vec{c}$　……②

$\vec{a}$, $\vec{b}$, $\vec{c}$ は1次独立であるから, ← 係数を比較するとき, 必ず1次独立であることを確認する。

①, ②より

$$\begin{cases} 1-m-n=k \\ \dfrac{1}{2}m=k \\ n=\dfrac{3}{4}k \end{cases}$$

したがって　$k=\dfrac{4}{15}$

①より

$$\overrightarrow{\mathbf{OP}}=\frac{4}{15}\vec{a}+\frac{4}{15}\vec{b}+\frac{1}{5}\vec{c}$$

(別解)

①より

$$\overrightarrow{OP}=k\overrightarrow{OA}+k\overrightarrow{OB}+\frac{3}{4}k\overrightarrow{OC}$$

ここで, $\overrightarrow{OB}=2\overrightarrow{OM}$ であるから

$$\overrightarrow{OP}=k\overrightarrow{OA}+2k\overrightarrow{OM}+\frac{3}{4}k\overrightarrow{OC}$$

P は平面 AMC 上にあるから

$$k+2k+\frac{3}{4}k=1$$

よって　$k=\dfrac{4}{15}$

ゆえに, ①より

$$\overrightarrow{\mathbf{OP}}=\frac{4}{15}\vec{a}+\frac{4}{15}\vec{b}+\frac{1}{5}\vec{c}$$

117 (1)　点 D, E はそれぞれ辺 OA, BC を 1：2 に内分する点であるから

$$\overrightarrow{OD}=\frac{1}{3}\vec{a},\quad \overrightarrow{OE}=\frac{2\vec{b}+\vec{c}}{3}$$

また, 点 F は線分 DE を 1：4 に内分する点であるから

$$\overrightarrow{\mathbf{OF}}=\frac{4\overrightarrow{OD}+\overrightarrow{OE}}{5}=\frac{4\times\frac{1}{3}\vec{a}+\frac{2\vec{b}+\vec{c}}{3}}{5}$$

$$=\frac{4}{15}\vec{a}+\frac{2}{15}\vec{b}+\frac{1}{15}\vec{c}$$

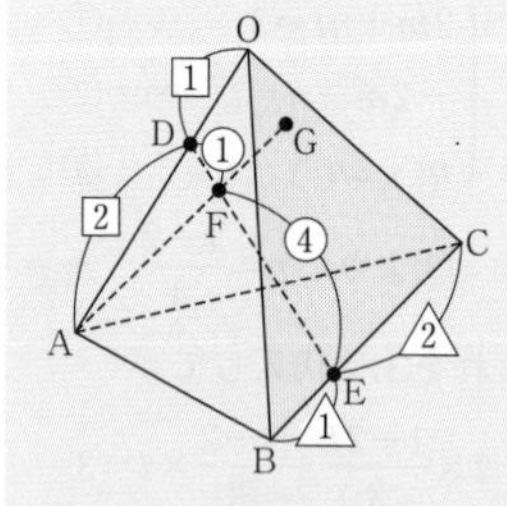

(2)　点 G は直線 AF 上の点であるから, 実数 k を用いて

$$\overrightarrow{AG}=k\overrightarrow{AF}$$

と表される。このとき

$$\overrightarrow{OG}=\overrightarrow{OA}+\overrightarrow{AG}=\overrightarrow{OA}+k\overrightarrow{AF}$$

$$=\overrightarrow{OA}+k(\overrightarrow{OF}-\overrightarrow{OA})$$

$$=\vec{a}+k\left\{\left(\frac{4}{15}\vec{a}+\frac{2}{15}\vec{b}+\frac{1}{15}\vec{c}\right)-\vec{a}\right\}$$

$$=\left(1-\frac{11}{15}k\right)\vec{a}+\frac{2}{15}k\vec{b}+\frac{1}{15}k\vec{c}\quad\cdots\cdots①$$

また, 点 G は平面 OBC 上にあるから,

$$\overrightarrow{OG}=m\overrightarrow{OB}+n\overrightarrow{OC}=m\vec{b}+n\vec{c}\quad\cdots\cdots②$$

となる実数 m, n がある。

$\vec{a}$, $\vec{b}$, $\vec{c}$ は1次独立であるから，①，②より

$$1-\frac{11}{15}k=0,\quad \frac{2}{15}k=m,\quad \frac{1}{15}k=n$$

これを解いて　$k=\frac{15}{11}$, $m=\frac{2}{11}$, $n=\frac{1}{11}$

よって　$\overrightarrow{\mathbf{OG}}=\frac{\mathbf{2}}{\mathbf{11}}\vec{b}+\frac{\mathbf{1}}{\mathbf{11}}\vec{c}$

⇦ $\left(1-\frac{11}{15}k\right)\vec{a}+\frac{2}{15}k\vec{b}+\frac{1}{15}k\vec{c}$
$=0\times\vec{a}+m\vec{b}+n\vec{c}$

118 (1)　右の図の立方体 OADB−CEFG の1辺の長さが a であることから，頂点 A，G，D，C の座標は次のように表すことができる。

$\mathrm{A}(a,\ 0,\ 0)$，$\mathrm{G}(0,\ a,\ a)$，
$\mathrm{D}(a,\ a,\ 0)$，$\mathrm{C}(0,\ 0,\ a)$

よって　$\overrightarrow{\mathrm{AG}}=(-a,\ a,\ a)$，$\overrightarrow{\mathrm{DC}}=(-a,\ -a,\ a)$

であるから

$$\overrightarrow{\mathbf{AG}}\cdot\overrightarrow{\mathbf{DC}}=(-a)\times(-a)+a\times(-a)+a\times a=\boldsymbol{a}^2$$

⇦ A，B，C は各座標軸の負の部分にあるとしてもよいが，正の部分にあるとする方が無難。

(2)　(1)より

$$\cos\boldsymbol{\theta}=\frac{\overrightarrow{\mathrm{AG}}\cdot\overrightarrow{\mathrm{DC}}}{|\overrightarrow{\mathrm{AG}}||\overrightarrow{\mathrm{DC}}|}$$
$$=\frac{a^2}{\sqrt{(-a)^2+a^2+a^2}\times\sqrt{(-a)^2+(-a)^2+a^2}}=\frac{\mathbf{1}}{\mathbf{3}}$$

119 (1)　点 H は平面 ABC 上にあるから

$\overrightarrow{\mathrm{AH}}=s\overrightarrow{\mathrm{AB}}+t\overrightarrow{\mathrm{AC}}$　(s，t は実数)

とおける。

$$\overrightarrow{\mathrm{OH}}=\overrightarrow{\mathrm{OA}}+\overrightarrow{\mathrm{AH}}=\overrightarrow{\mathrm{OA}}+s\overrightarrow{\mathrm{AB}}+t\overrightarrow{\mathrm{AC}}$$
$$=(2,\ 0,\ 1)+s(-1,\ 1,\ -1)+t(-1,\ -1,\ 2)$$
$$=(2-s-t,\ s-t,\ 1-s+2t)$$

ここで，$\overrightarrow{\mathrm{OH}}\perp$平面 ABC より　$\overrightarrow{\mathrm{OH}}\perp\overrightarrow{\mathrm{AB}}$，$\overrightarrow{\mathrm{OH}}\perp\overrightarrow{\mathrm{AC}}$

$\overrightarrow{\mathrm{OH}}\cdot\overrightarrow{\mathrm{AB}}=0$ から　$-(2-s-t)+(s-t)-(1-s+2t)=0$

すなわち　$3s-2t=3$　……①

$\overrightarrow{\mathrm{OH}}\cdot\overrightarrow{\mathrm{AC}}=0$ から　$-(2-s-t)-(s-t)+2(1-s+2t)=0$

すなわち　$s-3t=0$　……②

①，②を解いて　$s=\frac{9}{7}$，$t=\frac{3}{7}$

よって　$\overrightarrow{\mathrm{OH}}=\left(\frac{2}{7},\ \frac{6}{7},\ \frac{4}{7}\right)$

$$|\overrightarrow{\mathrm{OH}}|=\sqrt{\left(\frac{2}{7}\right)^2+\left(\frac{6}{7}\right)^2+\left(\frac{4}{7}\right)^2}=\frac{2\sqrt{14}}{7}$$

であるから　$\mathbf{H}\left(\frac{\mathbf{2}}{\mathbf{7}},\ \frac{\mathbf{6}}{\mathbf{7}},\ \frac{\mathbf{4}}{\mathbf{7}}\right)$，$\mathbf{OH}=\frac{\mathbf{2\sqrt{14}}}{\mathbf{7}}$

⇦座標を無視して，次のような図をかいてみると考えやすい。

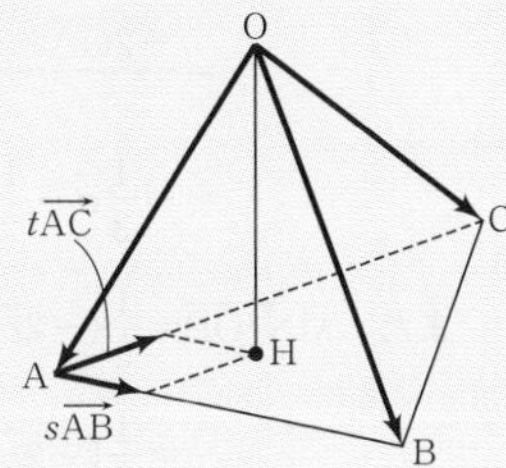

(2) $\overrightarrow{AB}=(-1,\ 1,\ -1)$, $\overrightarrow{AC}=(-1,\ -1,\ 2)$ より

$$|\overrightarrow{AB}|=\sqrt{(-1)^2+1^2+(-1)^2}=\sqrt{3}$$
$$|\overrightarrow{AC}|=\sqrt{(-1)^2+(-1)^2+2^2}=\sqrt{6}$$
$$\overrightarrow{AB}\cdot\overrightarrow{AC}=(-1)\times(-1)+1\times(-1)+(-1)\times 2=-2$$

よって，△ABC の面積 S は

$$\boldsymbol{S}=\frac{1}{2}\sqrt{|\overrightarrow{AB}|^2|\overrightarrow{AC}|^2-(\overrightarrow{AB}\cdot\overrightarrow{AC})^2}$$
$$=\frac{1}{2}\sqrt{3\times 6-(-2)^2}=\boldsymbol{\frac{\sqrt{14}}{2}}$$

三角形の面積

△OAB の面積 S は

$$S=\frac{1}{2}\sqrt{|\overrightarrow{OA}|^2|\overrightarrow{OB}|^2-(\overrightarrow{OA}\cdot\overrightarrow{OB})^2}$$

(3) OH は四面体の底面 ABC に垂直であるから，求める体積 V は

$$\boldsymbol{V}=\frac{1}{3}\times S\times \mathrm{OH}=\frac{1}{3}\times\frac{\sqrt{14}}{2}\times\frac{2\sqrt{14}}{7}=\boldsymbol{\frac{2}{3}}$$

120 (1) $\vec{a}\cdot\vec{b}=\overrightarrow{OA}\cdot\overrightarrow{OB}=|\overrightarrow{OA}||\overrightarrow{OB}|\cos\angle AOB$

$$=1\times 2\times\cos 60^\circ=1\times 2\times\frac{1}{2}=\boldsymbol{1}$$

$\vec{b}\cdot\vec{c}=\overrightarrow{OB}\cdot\overrightarrow{OC}=|\overrightarrow{OB}||\overrightarrow{OC}|\cos\angle BOC$

$$=2\times 2\times\cos 90^\circ=\boldsymbol{0}$$

$\vec{c}\cdot\vec{a}=\overrightarrow{OC}\cdot\overrightarrow{OA}=|\overrightarrow{OC}||\overrightarrow{OA}|\cos\angle COA$

$$=2\times 1\times\cos 60^\circ=2\times 1\times\frac{1}{2}=\boldsymbol{1}$$

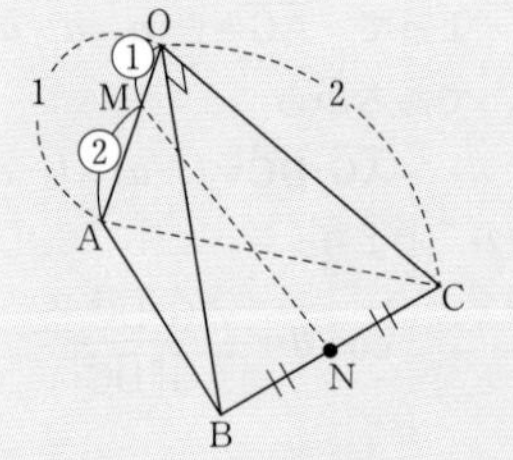

(2) 点 M は辺 OA を 1：2 に内分する点であるから

$$\overrightarrow{OM}=\frac{1}{3}\overrightarrow{OA}$$

点 N は辺 BC の中点であるから　$\overrightarrow{ON}=\dfrac{\overrightarrow{OB}+\overrightarrow{OC}}{2}$

よって　$\overrightarrow{\mathbf{MN}}=\overrightarrow{ON}-\overrightarrow{OM}=\dfrac{\overrightarrow{OB}+\overrightarrow{OC}}{2}-\dfrac{1}{3}\overrightarrow{OA}$

$$=\frac{-2\overrightarrow{OA}+3\overrightarrow{OB}+3\overrightarrow{OC}}{6}$$
$$=\boldsymbol{-\frac{1}{3}\vec{a}+\frac{1}{2}\vec{b}+\frac{1}{2}\vec{c}}$$

また　$\overrightarrow{MN}\cdot\overrightarrow{OB}=\dfrac{1}{6}(-2\vec{a}+3\vec{b}+3\vec{c})\cdot\vec{b}$

$$=\frac{1}{6}(-2\vec{a}\cdot\vec{b}+3|\vec{b}|^2+3\vec{b}\cdot\vec{c})$$

(1)より　$\boldsymbol{\overrightarrow{MN}\cdot\overrightarrow{OB}}=\dfrac{1}{6}(-2\times 1+3\times 2^2+3\times 0)=\boldsymbol{\dfrac{5}{3}}$

(3) $|\overrightarrow{MN}|^2=\dfrac{1}{6^2}|-2\vec{a}+3\vec{b}+3\vec{c}|^2$

$$=\frac{1}{36}(4|\vec{a}|^2+9|\vec{b}|^2+9|\vec{c}|^2-12\vec{a}\cdot\vec{b}+18\vec{b}\cdot\vec{c}-12\vec{c}\cdot\vec{a})$$

⇦ $(x+y+z)^2$
$=x^2+y^2+z^2+2xy+2yz+2zx$
と同じ要領で式変形できる。

(1)より

$$|\overrightarrow{MN}|^2=\frac{1}{36}(4\times1^2+9\times2^2+9\times2^2-12\times1+18\times0-12\times1)$$

$$=\frac{13}{9}$$

$|\overrightarrow{MN}|\geqq0$ より　$|\overrightarrow{\mathbf{MN}}|=\frac{\sqrt{13}}{3}$

ゆえに　$\cos\theta=\frac{\overrightarrow{MN}\cdot\overrightarrow{OB}}{|\overrightarrow{MN}||\overrightarrow{OB}|}=\frac{\frac{5}{3}}{\frac{\sqrt{13}}{3}\times2}=\frac{5\sqrt{13}}{26}$

121 (1)　$x^2+y^2+z^2=4$

(2)　$(x+3)^2+(y-2)^2+(z+1)^2=12$

122 (1)　中心を C(0, −3, 2) とすると，半径は

$OC=\sqrt{0^2+(-3)^2+2^2}=\sqrt{13}$

よって，求める球面の方程式は

$x^2+(y+3)^2+(z-2)^2=13$

(2)　中心が (4, −3, 1) で zx 平面に接するから，半径は　$|-3|=3$

よって，求める球面の方程式は

$(x-4)^2+(y+3)^2+(z-1)^2=9$

(3)　線分 AB の中点を C とすると

$C\left(\frac{5+(-1)}{2},\ \frac{2+(-6)}{2},\ \frac{-3+(-5)}{2}\right)$

よって　C(2, −2, −4)

半径は

$AC=\sqrt{(2-5)^2+(-2-2)^2+(-4+3)^2}$

$=\sqrt{26}$

ゆえに，求める球面の方程式は

$(x-2)^2+(y+2)^2+(z+4)^2=26$

B

123 (1)　与えられた方程式を変形すると

$(x-3)^2+(y+7)^2+(z-1)^2=72$

よって，**中心の座標は (3, −7, 1)，**

半径は $6\sqrt{2}$

(2)　yz 平面の方程式は $x=0$ であるから，与えられた方程式に $x=0$ を代入して

$y^2+z^2+14y-2z-13=0$

$(y+7)^2+(z-1)^2=63,\ x=0$

yz 平面との交わりは

中心の座標が (0, −7, 1)，

半径 $3\sqrt{7}$ の円である。

(3)　平面 $y=1$ の交わりであるから，与えられた方程式に $y=1$ を代入して

$x^2+1^2+z^2-6x+14\times1-2z-13=0$

$(x-3)^2+(z-1)^2=8,\ y=1$

平面 $y=1$ の交わりは

中心の座標が (3, 1, 1)，

半径 $2\sqrt{2}$ の円である。

124 与えられた方程式を変形して

$(x-2)^2+(y-3)^2+(z+6)^2=25$

よって，この方程式は中心が

点 A(2, 3, −6)，半径 5 の球面を表す。

ここで　$OA=\sqrt{2^2+3^2+(-6)^2}=7$

であるから，求める球面の半径を r とすると

$r+5=7$

または　$r-5=7$

すなわち

$r=2,\ 12$

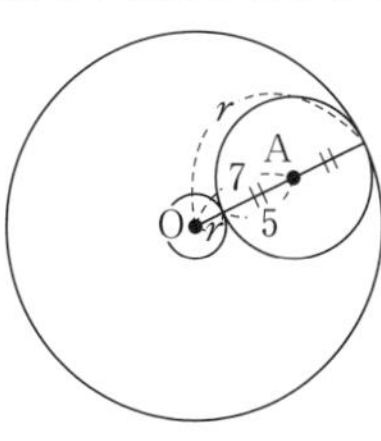

よって，求める球面の方程式は

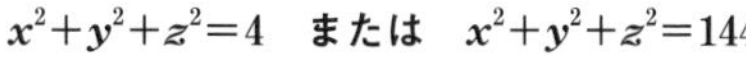

$x^2+y^2+z^2=4$　**または**　$x^2+y^2+z^2=144$

125 (1) 求める球面の方程式を

$x^2+y^2+z^2+ax+by+cz+d=0$ とおく。

球面が 4 点 O(0, 0, 0), A(2, 0, 0), B(0, −1, 1), C(3, 0, −1) を通るから

$$\begin{cases} d=0 \\ 4+2a+d=0 \\ 2-b+c+d=0 \\ 10+3a-c+d=0 \end{cases}$$

これを解いて　$a=-2$, $b=6$, $c=4$, $d=0$

よって，球面の方程式は

$$\boldsymbol{x^2+y^2+z^2-2x+6y+4z=0}$$

(2) 点 A(1, 2, 1) を通り，3 つの座標平面に接する球面の中心の座標は，半径を r とすると (r, r, r) (ただし $r>0$) とおける。

よって，球面の方程式は

$$(x-r)^2+(y-r)^2+(z-r)^2=r^2 \quad \cdots\cdots ①$$

となる。

球面①は点 A(1, 2, 1) を通るから

$$(1-r)^2+(2-r)^2+(1-r)^2=r^2$$

整理して　$r^2-4r+3=0$

$$(r-1)(r-3)=0$$

よって　$r=1, 3$

$r=1$ のとき

$$\boldsymbol{(x-1)^2+(y-1)^2+(z-1)^2=1}$$

$r=3$ のとき

$$\boldsymbol{(x-3)^2+(y-3)^2+(z-3)^2=9}$$

C

126 中心が点 $(1, -3, a)$，半径が 7 である球面の方程式は

$$(x-1)^2+(y+3)^2+(z-a)^2=49$$

xy 平面の方程式は $z=0$ だから，これを球面の方程式に代入して

$$(x-1)^2+(y+3)^2+(0-a)^2=49$$

$$(x-1)^2+(y+3)^2=49-a^2$$

円の半径が $2\sqrt{6}$ であるから　$\sqrt{49-a^2}=2\sqrt{6}$

両辺を平方して　$49-a^2=24$

よって　$\boldsymbol{a=\pm 5}$

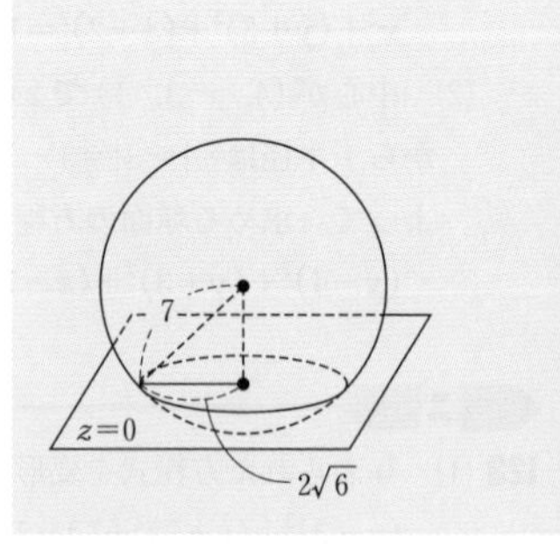

発展 直線・平面の方程式

本編 p.033

B

127 (1) 点 A(2, −3, 7) を通り $\vec{d}=(4, -1, 5)$ に平行な直線の方程式は

$$\boldsymbol{\frac{x-2}{4}=\frac{y+3}{-1}=\frac{z-7}{5}}$$

(2) 求める直線は，点 A(3, 0, −2) を通り $\overrightarrow{AB}=(-1, 2, 3)$ に平行であるから

$$\boldsymbol{\frac{x-3}{-1}=\frac{y}{2}=\frac{z+2}{3}}$$

128 (1) A(3, −1, 2) を通り，$\vec{n}=(-2, -1, 4)$ に垂直な平面の方程式は

$$-2(x-3)-(y+1)+4(z-2)=0$$

すなわち　$\boldsymbol{2x+y-4z+3=0}$

(2) 点 A(−2, 0, 1) を通り，$\overrightarrow{BC}=(3, -5, 1)$ に垂直な平面の方程式は

$$3(x+2)-5y+(z-1)=0$$

すなわち　$\boldsymbol{3x-5y+z+5=0}$

129 直線の方程式を

$$-x+2=\frac{y-1}{2}=\frac{z}{5}=t$$

とおいて媒介変数表示すると

$$\begin{cases} x=-t+2 \\ y=2t+1 \\ z=5t \end{cases}$$

これらを平面の方程式

$3x-4y+z-8=0$

に代入して　$3(-t+2)-4(2t+1)+5t-8=0$

これを解いて　$t=-1$

このとき　$x=-(-1)+2=3$

$y=2\times(-1)+1=-1$

$z=5\times(-1)=-5$

であるから，求める交点の座標は　**(3，−1，−5)**

130 (1)　$\vec{n}=(3,\ -1,\ -1)$ とすると，$\vec{n}$ は

平面 α：$3x-y-z+5=0$ の法線ベクトルの1つである。

直線 g は平面 α と垂直であるから，g と $\vec{n}$ は平行である。

よって，直線 g は A$(2,\ -2,\ -9)$ を通り，

$\vec{n}=(3,\ -1,\ -1)$ に平行であるから

$$\boldsymbol{\frac{x-2}{3}=\frac{y+2}{-1}=\frac{z+9}{-1}}$$

(2)　直線の方程式を

$$\frac{x-2}{3}=\frac{y+2}{-1}=\frac{z+9}{-1}=t$$

とおいて媒介変数表示すると

$$\begin{cases} x=3t+2 \\ y=-t-2 \\ z=-t-9 \end{cases}$$

これらを平面 α の方程式

$3x-y-z+5=0$

に代入して　$3(3t+2)-(-t-2)-(-t-9)+5=0$

これを解いて　$t=-2$

このとき　$x=3\times(-2)+2=-4$

$y=-(-2)-2=0$

$z=-(-2)-9=-7$

であるから，求める交点の座標は　**(−4，0，−7)**

空間の直線の方程式

点 A$(x_1,\ y_1,\ z_1)$ を通り，

$\vec{d}=(l,\ m,\ n)$ に平行な

直線の方程式は

$$\frac{x-x_1}{l}=\frac{y-y_1}{m}=\frac{z-z_1}{n}$$

（ただし，$lmn\neq0$）

⇦平面 $ax+by+cz+d=0$

の法線ベクトルの1つは

$\vec{n}=(a,\ b,\ c)$

131 (1) 原点Oを通り平面πに垂直な直線と，平面πとの交点を $\mathrm{H}(p,\ q,\ r)$ とする。

$\vec{n}=(a,\ b,\ c)$ は平面πの法線ベクトルの1つであるから

$\overrightarrow{\mathrm{OH}} /\!/ \vec{n}$

または，点Hが原点Oと一致するとき　$\overrightarrow{\mathrm{OH}}=\vec{0}$

よって　$\overrightarrow{\mathrm{OH}}=k\vec{n}$（$k$は実数）

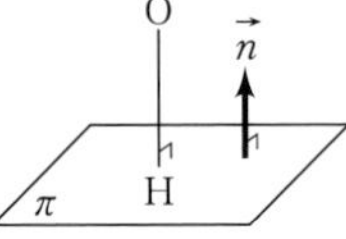

と表される。このとき

$(p,\ q,\ r)=k(a,\ b,\ c)$

であるから

$p=ka,\ q=kb,\ r=kc$　……①

また，Hは平面π上の点であるから

$ap+bq+cr+d=0$　……②

①を②に代入して

$a(ka)+b(kb)+c(kc)+d=0$

$(a^2+b^2+c^2)k=-d$

$a^2+b^2+c^2\neq 0$ より　$k=-\dfrac{d}{a^2+b^2+c^2}$

ゆえに，原点Oと平面πの距離は

$|\overrightarrow{\mathrm{OH}}|=|k\vec{n}|=|k||\vec{n}|$

$=\dfrac{|-d|}{a^2+b^2+c^2}\times\sqrt{a^2+b^2+c^2}=\dfrac{|d|}{\sqrt{a^2+b^2+c^2}}$ 終

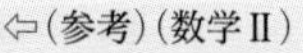
⇦（参考）（数学Ⅱ）
原点Oと直線 $ax+by+c=0$ の距離 d は

$d=\dfrac{|c|}{\sqrt{a^2+b^2}}$

(2) $\overrightarrow{\mathrm{AB}}=(2,\ -3,\ 1)$ が平面αの法線ベクトルであり，平面αは点 $\mathrm{A}(1,\ -1,\ 3)$ を通るから

$2(x-1)-3(y+1)+(z-3)=0$

すなわち　$\boldsymbol{2x-3y+z-8=0}$

(3) (1)より，原点Oと平面αの距離rは

$r=\dfrac{|-8|}{\sqrt{2^2+(-3)^2+1^2}}=\dfrac{8}{\sqrt{14}}$

これが求める球面の半径であるから，

球面Sの方程式は

$x^2+y^2+z^2=\left(\dfrac{8}{\sqrt{14}}\right)^2$

すなわち　$\boldsymbol{x^2+y^2+z^2=\dfrac{32}{7}}$

接点Hは直線OHと

平面αの交点であり，

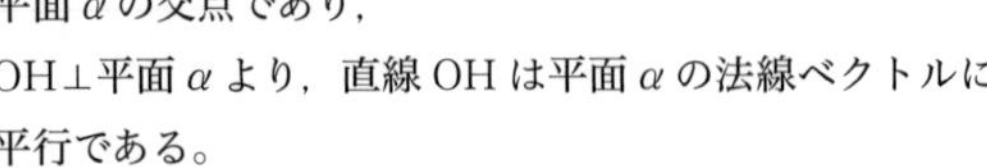
OH⊥平面αより，直線OHは平面αの法線ベクトルに平行である。

$\overrightarrow{\mathrm{AB}}=(2,\ -3,\ 1)$ は平面 α の法線ベクトルの1つであるから，直線 OH の方程式は $\dfrac{x}{2}=\dfrac{y}{-3}=z$

⇦ $\overrightarrow{\mathrm{AB}}$ は直線 OH の方向ベクトル

次に，直線 OH の方程式を

$$\frac{x}{2}=\frac{y}{-3}=z=t$$

とおいて媒介変数表示すると

$x=2t,\ y=-3t,\ z=t$ ……③

これを平面 α の方程式

$2x-3y+z-8=0$

に代入して $2\times2t-3\times(-3t)+t-8=0$

これを解いて $t=\dfrac{4}{7}$

③から $x=\dfrac{8}{7},\ y=-\dfrac{12}{7},\ z=\dfrac{4}{7}$

以上から，接点 H の座標は $\boldsymbol{\left(\dfrac{8}{7},\ -\dfrac{12}{7},\ \dfrac{4}{7}\right)}$

《章末問題》

本編 p.034～035

132 (1) $|\vec{a}+\vec{b}|^2=3^2$ より

$|\vec{a}|^2+2\vec{a}\cdot\vec{b}+|\vec{b}|^2=9$ ……①

$|\vec{a}-\vec{b}|^2=(\sqrt{3})^2$ より

$|\vec{a}|^2-2\vec{a}\cdot\vec{b}+|\vec{b}|^2=3$ ……②

①−②より $4\vec{a}\cdot\vec{b}=6$

よって $\boldsymbol{\vec{a}\cdot\vec{b}=\dfrac{3}{2}}$

⇦ベクトルの和や差の大きさを2乗すると，内積の計算法則が利用できる。

(2) ①に $\vec{a}\cdot\vec{b}=\dfrac{3}{2}$ と $|\vec{a}|=t|\vec{b}|$ を代入すると

$$t^2|\vec{b}|^2+2\times\frac{3}{2}+|\vec{b}|^2=9$$

となる。

⇦②に代入してもよい。

よって $|\vec{b}|^2=\dfrac{6}{t^2+1}$

以上から

$$\cos\theta=\frac{\vec{a}\cdot\vec{b}}{|\vec{a}||\vec{b}|}=\frac{\frac{3}{2}}{t|\vec{b}|\times|\vec{b}|}=\frac{\frac{3}{2}}{\frac{6t}{t^2+1}}$$

$$=\boldsymbol{\frac{t^2+1}{4t}}$$

(3) (2)より　$\cos\theta=\dfrac{t}{4}+\dfrac{1}{4t}$

$t>0$ より，$\dfrac{t}{4}>0$，$\dfrac{1}{4t}>0$ であるから，

相加平均と相乗平均の関係より

$$\cos\theta=\frac{t}{4}+\frac{1}{4t}\geqq 2\sqrt{\frac{t}{4}\times\frac{1}{4t}}=\frac{1}{2}$$

ここで，$0°\leqq\theta\leqq 180°$ より，$\cos\theta$ の値が最小のとき θ は最大となる。

$\cos\theta=\dfrac{1}{2}$ となる，すなわち，不等式の等号が成り立つのは，

$\dfrac{t}{4}=\dfrac{1}{4t}$ のときである。

$t>0$ に注意してこれを解くと　$t=1$

よって，**$t=1$ のとき**，なす角 θ の最大値は **60°**

⇦ $t>0$ に着目して，$\dfrac{t^2+1}{4t}$ を2つの項に分けると，相加平均と相乗平均の関係が利用できる。

相加平均と相乗平均の関係

$a>0$，$b>0$ のとき

$$\frac{a+b}{2}\geqq\sqrt{ab}$$

等号が成り立つのは，$a=b$ のときである。

133 (1) 点Eは線分ADを2：1に内分する点であるから

$$\overrightarrow{AE}=\frac{2}{3}\overrightarrow{AD}$$

点Fは線分BEを1：3に内分する点であるから

$$\overrightarrow{\mathbf{AF}}=\frac{3\overrightarrow{AB}+\overrightarrow{AE}}{1+3}=\frac{3\overrightarrow{AB}+\frac{2}{3}\overrightarrow{AD}}{4}$$

$$=\frac{9\overrightarrow{AB}+2\overrightarrow{AD}}{12}=\boldsymbol{\frac{3}{4}\vec{b}+\frac{1}{6}\vec{d}}$$

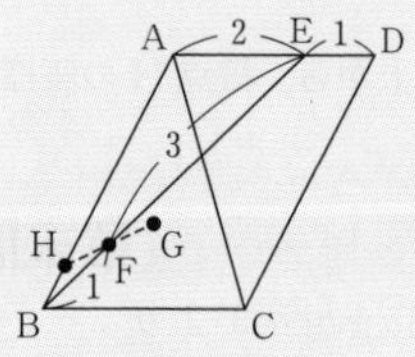

また，点Gは△ABCの重心だから

$$\overrightarrow{AG}=\frac{\overrightarrow{AB}+\overrightarrow{AC}}{3}=\frac{\vec{b}+(\vec{b}+\vec{d})}{3}=\frac{2}{3}\vec{b}+\frac{1}{3}\vec{d}$$

⇦ $\overrightarrow{AG}=\dfrac{\overrightarrow{AA}+\overrightarrow{AB}+\overrightarrow{AC}}{3}$

よって

$$\overrightarrow{\mathbf{FG}}=\overrightarrow{AG}-\overrightarrow{AF}$$

$$=\left(\frac{2}{3}\vec{b}+\frac{1}{3}\vec{d}\right)-\left(\frac{3}{4}\vec{b}+\frac{1}{6}\vec{d}\right)=\boldsymbol{-\frac{1}{12}\vec{b}+\frac{1}{6}\vec{d}}$$

(2) 直線FGと直線ABの交点をHとおくと，

$\overrightarrow{AH}=\overrightarrow{AF}+t\overrightarrow{FG}$ （t は実数）

と表される。

⇦ $\overrightarrow{AH}$ を2通りで表す。

(1)より

$$\overrightarrow{AH}=\left(\frac{3}{4}\vec{b}+\frac{1}{6}\vec{d}\right)+t\times\left(-\frac{1}{12}\vec{b}+\frac{1}{6}\vec{d}\right)$$

$$=\frac{9-t}{12}\vec{b}+\frac{1+t}{6}\vec{d}\quad\cdots\cdots①$$

一方，Hは直線AB上にあるから

$\overrightarrow{AH}=l\vec{b}$ （l は実数）　……②

と表すことができる。

$\vec{b}$, $\vec{d}$ は1次独立であるから，①，②より

$$\frac{9-t}{12}=l,\ \frac{1+t}{6}=0$$

これを解いて　$t=-1,\ l=\frac{5}{6}$

よって　$\overrightarrow{\mathrm{AH}}=\frac{5}{6}\vec{b}$

⇦ $\frac{9-t}{12}\vec{b}+\frac{1+t}{6}\vec{d}=l\vec{b}+0\times\vec{d}$

134 (1) 条件式から

$$\overrightarrow{\mathrm{OP}}+(\overrightarrow{\mathrm{OP}}-\overrightarrow{\mathrm{OA}})+(\overrightarrow{\mathrm{OP}}-\overrightarrow{\mathrm{OB}})=k\overrightarrow{\mathrm{OA}}$$

$$3\overrightarrow{\mathrm{OP}}=(k+1)\overrightarrow{\mathrm{OA}}+\overrightarrow{\mathrm{OB}}$$

よって　$\overrightarrow{\mathrm{OP}}=\frac{k+1}{3}\overrightarrow{\mathrm{OA}}+\frac{1}{3}\overrightarrow{\mathrm{OB}}$

⇦始点をOにそろえる。
$\overrightarrow{\mathrm{AP}}=\overrightarrow{\mathrm{OP}}-\overrightarrow{\mathrm{OA}}$
$\overrightarrow{\mathrm{BP}}=\overrightarrow{\mathrm{OP}}-\overrightarrow{\mathrm{OB}}$

(2) $\overrightarrow{\mathrm{OP}}=s\overrightarrow{\mathrm{OA}}+t\overrightarrow{\mathrm{OB}}$（$s$，$t$ は実数）のとき，点Pが△OABの内部にある条件は

$$s+t<1,\ s>0,\ t>0$$

である。よって，(1)より

$$\frac{k+1}{3}+\frac{1}{3}<1,\ \frac{k+1}{3}>0,\ \frac{1}{3}>0$$

これを解いて　$-1<k<1$

⇦△OABの内部（周を含まない）なので，等号を含まないことに注意する。

(3) (1)の結果を変形して

$$\overrightarrow{\mathrm{OP}}=\frac{\overrightarrow{\mathrm{OA}}+\overrightarrow{\mathrm{OB}}}{3}+\frac{k}{3}\overrightarrow{\mathrm{OA}}$$

$\overrightarrow{\mathrm{OG}}=\frac{\overrightarrow{\mathrm{OA}}+\overrightarrow{\mathrm{OB}}}{3}$ とおくと，Gは△OABの重心であり

⇦ $\overrightarrow{\mathrm{OG}}=\frac{\overrightarrow{\mathrm{OO}}+\overrightarrow{\mathrm{OA}}+\overrightarrow{\mathrm{OB}}}{3}$

$$\overrightarrow{\mathrm{OP}}=\overrightarrow{\mathrm{OG}}+k\left(\frac{1}{3}\overrightarrow{\mathrm{OA}}\right)$$

と変形すると，(2)より $-1<k<1$ であるから，

$$\overrightarrow{\mathrm{OC}}=\frac{(1+1)\overrightarrow{\mathrm{OA}}+\overrightarrow{\mathrm{OB}}}{3}=\frac{2\overrightarrow{\mathrm{OA}}+\overrightarrow{\mathrm{OB}}}{3}$$

⇦(1)の式で $k=1$ としたもの

$$\overrightarrow{\mathrm{OD}}=\frac{(-1+1)\overrightarrow{\mathrm{OA}}+\overrightarrow{\mathrm{OB}}}{3}=\frac{1}{3}\overrightarrow{\mathrm{OB}}$$

⇦(1)の式で $k=-1$ としたもの

となる点C，Dをとると，
これらはそれぞれ線分BA，BOを2：1に内分する点であるから，線分CDは辺OAに平行であり，点Pは線分CD上（ただし，端点C，Dを除く）を動く。

よって，点Pは，右の図の太線部分を動く。

(別解)

(1)より　$\overrightarrow{OP}=\dfrac{k+1}{3}\overrightarrow{OA}+\dfrac{1}{3}\overrightarrow{OB}$

$\overrightarrow{OD}=\dfrac{1}{3}\overrightarrow{OB}$ となる点 D をとると

$$\overrightarrow{OP}=\frac{k+1}{3}\overrightarrow{OA}+\overrightarrow{OD}$$

ここで，$-1<k<1$ より　$0<\dfrac{k+1}{3}<\dfrac{2}{3}$

であるから，

$$\overrightarrow{OC}=\frac{2}{3}\overrightarrow{OA}+\overrightarrow{OD}$$

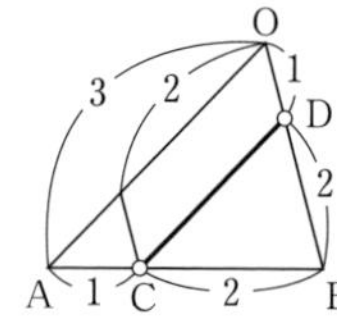

となる点 C をとると，点 P は
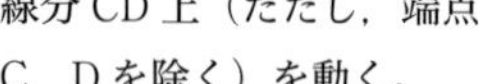
線分 CD 上（ただし，端点 C，D を除く）を動く。

よって，点 P は，右の図の太線部分を動く。

⇦$\overrightarrow{OC}=\dfrac{2}{3}\overrightarrow{OA}+\dfrac{1}{3}\overrightarrow{OB}$，$\dfrac{2}{3}+\dfrac{1}{3}=1$ より，点 C は線分 AB 上にある。

135 (1)　点 M を通り，辺 AB に平行な直線上の任意の点を $P(\vec{p})$ とすると

$\overrightarrow{MP}\,/\!/\,\overrightarrow{AB}$ または $\overrightarrow{MP}=\vec{0}$

であるから，

$\overrightarrow{MP}=t\overrightarrow{AB}$

を満たす実数 t が存在する。

よって　$\vec{p}-\dfrac{1}{2}\vec{a}=t(\vec{b}-\vec{a})$

⇦点 M は線分 OA の中点より $M\left(\dfrac{1}{2}\vec{a}\right)$

ゆえに，求めるベクトル方程式は

$$\boldsymbol{\vec{p}=\left(\frac{1}{2}-t\right)\vec{a}+t\vec{b}}$$

(2)　点 M を通り，辺 OA に垂直な直線上の任意の点を $P(\vec{p})$ とすると

$\overrightarrow{MP}\perp\overrightarrow{OA}$ または $\overrightarrow{MP}=\vec{0}$

であるから

$\overrightarrow{MP}\cdot\overrightarrow{OA}=0$

よって　$\boldsymbol{\left(\vec{p}-\dfrac{1}{2}\vec{a}\right)\cdot\vec{a}=0}$

(3)　点 B を中心とし，点 O を通る円上の任意の点を $P(\vec{p})$ とすると

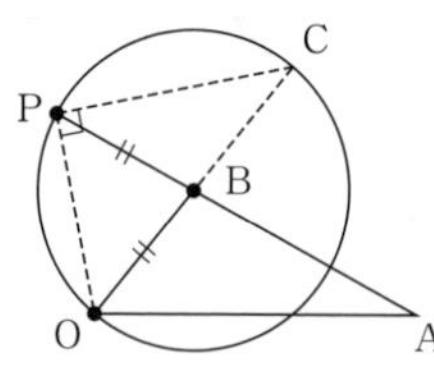

$|\overrightarrow{BP}|=|\overrightarrow{BO}|$

よって　$\boldsymbol{|\vec{p}-\vec{b}|=|\vec{b}|}$

（別解）

$\overrightarrow{OC}=2\overrightarrow{OB}$ となる点 C をとると

$\overrightarrow{OP}\perp\overrightarrow{CP}$ または $\overrightarrow{OP}=\vec{0}$ または $\overrightarrow{CP}=\vec{0}$

よって　$\overrightarrow{OP}\cdot\overrightarrow{CP}=0$

$\boldsymbol{\vec{p}\cdot(\vec{p}-2\vec{b})=0}$

⇦線分 OC は円の直径より円周角の定理から∠OPC＝90°

⇦$|\vec{p}-\vec{b}|^2=|\vec{b}|^2$ を整理するとこの式が得られる。

(4)　線分 MB を直径とする円上の任意の点を $\mathrm{P}(\vec{p})$ とすると

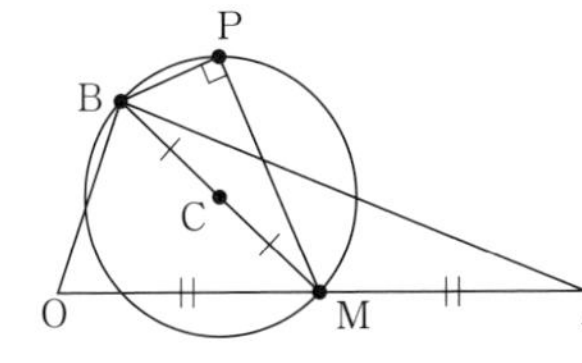

$\overrightarrow{MP}\perp\overrightarrow{BP}$ または

$\overrightarrow{MP}=\vec{0}$ または

$\overrightarrow{BP}=\vec{0}$

であるから

$\overrightarrow{MP}\cdot\overrightarrow{BP}=0$

よって　$\boldsymbol{\left(\vec{p}-\frac{1}{2}\vec{a}\right)\cdot(\vec{p}-\vec{b})=0}$

（別解）

線分 MB の中点を C とすると，

$\overrightarrow{OC}=\dfrac{\overrightarrow{OB}+\overrightarrow{OM}}{2}=\dfrac{\vec{a}+2\vec{b}}{4}$ であり

⇦線分 MB は円の直径より点 C は円の中心

$|\overrightarrow{CP}|=|\overrightarrow{CM}|$

よって　$\left|\vec{p}-\dfrac{\vec{a}+2\vec{b}}{4}\right|=\left|\dfrac{1}{2}\vec{a}-\dfrac{\vec{a}+2\vec{b}}{4}\right|$

ゆえに　$\boldsymbol{\left|\vec{p}-\dfrac{\vec{a}+2\vec{b}}{4}\right|=\left|\dfrac{\vec{a}-2\vec{b}}{4}\right|}$

136 (1)　$\overrightarrow{AB}\cdot\overrightarrow{AC}=|\overrightarrow{AB}|^2$ より

$\overrightarrow{AB}\cdot\overrightarrow{AC}-\overrightarrow{AB}\cdot\overrightarrow{AB}=0$

よって

$\overrightarrow{AB}\cdot(\overrightarrow{AC}-\overrightarrow{AB})=0$

$\overrightarrow{AB}\cdot\overrightarrow{BC}=0$

$\overrightarrow{AB}\neq\vec{0}$，$\overrightarrow{BC}\neq\vec{0}$

⇦ AB, AC は△ABC の辺なので，$\overrightarrow{AB}$，$\overrightarrow{BC}$ は $\vec{0}$ ではない。

であるから　AB⊥BC

ゆえに，△ABC は **∠ABC＝90° の直角三角形**である。

（別解）

$\overrightarrow{AB}$ と $\overrightarrow{AC}$ のなす角を θ とおくと，条件式は

$|\overrightarrow{AB}||\overrightarrow{AC}|\cos\theta=|\overrightarrow{AB}|^2$

と変形できる。

ここで，$|\overrightarrow{AB}|\neq\vec{0}$ であるから

$|\overrightarrow{AB}|=|\overrightarrow{AC}|\cos\theta$

⇦ AC が斜辺，AB が底辺

よって，△ABC は **∠ABC＝90° の直角三角形**である。

(2) まず，$\overrightarrow{AB}\cdot\overrightarrow{BC}=\overrightarrow{BC}\cdot\overrightarrow{CA}$ から

$\overrightarrow{BC}\cdot(\overrightarrow{AB}-\overrightarrow{CA})=0$

$(\overrightarrow{AC}-\overrightarrow{AB})\cdot(\overrightarrow{AB}+\overrightarrow{AC})=0$

$|\overrightarrow{AC}|^2-|\overrightarrow{AB}|^2=0$

よって，$|\overrightarrow{AB}|^2=|\overrightarrow{AC}|^2$ から　AB＝AC　……①

次に，$\overrightarrow{BC}\cdot\overrightarrow{CA}=\overrightarrow{CA}\cdot\overrightarrow{AB}$ から

$\overrightarrow{CA}\cdot(\overrightarrow{BC}-\overrightarrow{AB})=0$

$(\overrightarrow{BA}-\overrightarrow{BC})\cdot(\overrightarrow{BC}+\overrightarrow{BA})=0$

$|\overrightarrow{BA}|^2-|\overrightarrow{BC}|^2=0$

よって，$|\overrightarrow{BC}|^2=|\overrightarrow{BA}|^2$ から　BC＝AB　……②

①，②から　AB＝AC＝BC

ゆえに，△ABC は**正三角形**である。

⇦ $A=B=C \iff \begin{cases} A=B \\ B=C \end{cases}$

137

$\overrightarrow{AB}+\overrightarrow{CD}-(\overrightarrow{DA}+\overrightarrow{BC})$

$=\overrightarrow{AB}+\overrightarrow{CD}-\overrightarrow{DA}-\overrightarrow{BC}$

$=(\vec{b}-\vec{a})+(\vec{d}-\vec{c})-(\vec{a}-\vec{d})-(\vec{c}-\vec{b})$

$=2(-\vec{a}+\vec{b}-\vec{c}+\vec{d})$　……①

⇦それぞれのベクトルを位置ベクトル $\vec{a}$，$\vec{b}$，$\vec{c}$，$\vec{d}$ で表す。

点 M，N はそれぞれ辺 AC，BD の中点であるから

$\overrightarrow{OM}=\dfrac{\vec{a}+\vec{c}}{2}$，$\overrightarrow{ON}=\dfrac{\vec{b}+\vec{d}}{2}$

よって

$4\overrightarrow{MN}=4(\overrightarrow{ON}-\overrightarrow{OM})=4\left(\dfrac{\vec{b}+\vec{d}}{2}-\dfrac{\vec{a}+\vec{c}}{2}\right)$

$=2(-\vec{a}+\vec{b}-\vec{c}+\vec{d})$　……②

①，②より

$\overrightarrow{AB}+\overrightarrow{CD}-(\overrightarrow{DA}+\overrightarrow{BC})=4\overrightarrow{MN}$　終

138 求めるベクトルを $\vec{p}=(x,\ y,\ z)$ とおくと

条件(i)から　$|\vec{p}|^2=x^2+y^2+z^2=(2\sqrt{2})^2$

よって　$x^2+y^2+z^2=8$　……①

条件(ii)から　$\vec{p}\cdot\vec{a}=1\times x+(-1)\times y+0\times z=0$

よって　$y=x$　……②

条件(iii)から

$\vec{p}\cdot\vec{b}=|\vec{p}||\vec{b}|\cos 120°$

$=2\sqrt{2}\times\sqrt{1^2+0^2+(-1)^2}\times\left(-\dfrac{1}{2}\right)=-2$

一方　$\vec{p}\cdot\vec{b}=x\times 1+y\times 0+z\times(-1)=x-z$

であるから，

$x-z=-2$ より　$z=x+2$　……③

⇦条件(ii)，(iii)で成分表示されたベクトルが与えられているので，$\vec{p}$ を成分表示して考える。

②，③を①に代入して

$$x^2+x^2+(x+2)^2=8$$

整理して　$3x^2+4x-4=0$

$(3x-2)(x+2)=0$ より　$x=\frac{2}{3},\ -2$

$x=\frac{2}{3}$ のとき　$y=\frac{2}{3},\ z=\frac{8}{3}$

$x=-2$ のとき　$y=-2,\ z=0$

ゆえに，求めるベクトル $\vec{p}$ は

$$\vec{p}=\left(\frac{2}{3},\ \frac{2}{3},\ \frac{8}{3}\right),\ (-2,\ -2,\ 0)$$

139 (1)　直線 l は $A(-2,\ 5,\ 1)$ を通り，$\vec{d}=(1,\ -2,\ 3)$ に平行だから，その方程式を

$$\frac{x+2}{1}=\frac{y-5}{-2}=\frac{z-1}{3}=t$$

とおいて媒介変数表示すると

$$\begin{cases} x=t-2 \\ y=-2t+5 \quad \cdots\cdots ① \\ z=3t+1 \end{cases}$$

①を球面の方程式 $x^2+(y+2)^2+(z-5)^2=27$ に代入して

$$(t-2)^2+(-2t+7)^2+(3t-4)^2=27$$

整理して　$t^2-4t+3=0$

$(t-1)(t-3)=0$ より　$t=1,\ 3$

①より，$t=1$ のとき　$x=-1,\ y=3,\ z=4$

$t=3$ のとき　$x=1,\ y=-1,\ z=10$

よって，直線 l と球面 S の交点 P，Q の座標は

$(-1,\ 3,\ 4),\ (1,\ -1,\ 10)$

(2)　球面 S の中心 C の座標は $(0,\ -2,\ 5)$ であり，球の半径は $3\sqrt{3}$ である。C から線分 PQ に引いた垂線を CH とする。

(1)の結果から

$$PQ=\sqrt{(1+1)^2+(-1-3)^2+(10-4)^2}=2\sqrt{14}$$

また，△CPQ は二等辺三角形であり，$CQ=3\sqrt{3}$ であるから

$$CH=\sqrt{CQ^2-HQ^2}=\sqrt{(3\sqrt{3})^2-(\sqrt{14})^2}=\sqrt{13}$$

よって，△CPQ の面積は

$$\frac{1}{2}\times PQ\times CH=\frac{1}{2}\times 2\sqrt{14}\times\sqrt{13}=\boldsymbol{\sqrt{182}}$$

空間の直線の方程式

点 $A(x_1,\ y_1,\ z_1)$ を通り，$\vec{d}=(l,\ m,\ n)$ に平行な直線の方程式は

$$\frac{x-x_1}{l}=\frac{y-y_1}{m}=\frac{z-z_1}{n}$$

（ただし，$lmn\neq 0$）

⇦どちらが P か Q かを決めることはできない。

⇦CQ は球の半径。

(別解)

P$(-1,\ 3,\ 4)$，Q$(1,\ -1,\ 10)$ とすると

$\overrightarrow{CP}=(-1,\ 5,\ -1)$，$\overrightarrow{CQ}=(1,\ 1,\ 5)$

$|\overrightarrow{CP}|^2=(-1)^2+5^2+(-1)^2=27$

$|\overrightarrow{CQ}|^2=1^2+1^2+5^2=27$

$\overrightarrow{CP}\cdot\overrightarrow{CQ}=(-1)\times1+5\times1+(-1)\times5=-1$

よって　$\triangle CPQ=\dfrac{1}{2}\sqrt{|\overrightarrow{CP}|^2|\overrightarrow{CQ}|^2-(\overrightarrow{CP}\cdot\overrightarrow{CQ})^2}$

$=\dfrac{1}{2}\times\sqrt{27\times27-(-1)^2}=\boldsymbol{\sqrt{182}}$

⇦球面 S の中心 C の座標は C$(0,\ -2,\ 5)$

140 (1)　$\overrightarrow{BA}=(-1,\ -1,\ 2)$，$\overrightarrow{BC}=(1,\ -2,\ 1)$

であるから

$\cos\angle ABC=\dfrac{\overrightarrow{BA}\cdot\overrightarrow{BC}}{|\overrightarrow{BA}||\overrightarrow{BC}|}$

$=\dfrac{(-1)\times1+(-1)\times(-2)+2\times1}{\sqrt{(-1)^2+(-1)^2+2^2}\sqrt{1^2+(-2)^2+1^2}}=\dfrac{1}{2}$

$0^\circ\leqq\angle ABC\leqq180^\circ$ より　$\angle ABC=\mathbf{60^\circ}$

⇦∠ABC は $\overrightarrow{BA}$ と $\overrightarrow{BC}$ のなす角

(2)　△ABC の重心 G について

x 座標は　$\dfrac{(a-1)+a+(a+1)}{3}=a$

y 座標は　$\dfrac{a+(a+1)+(a-1)}{3}=a$

z 座標は　$\dfrac{(a+1)+(a-1)+a}{3}=a$

よって　G$(a,\ a,\ a)$

$\overrightarrow{OG}=(a,\ a,\ a)$，$\overrightarrow{GA}=(-1,\ 0,\ 1)$ であるから

$\overrightarrow{OG}\cdot\overrightarrow{GA}=a\times(-1)+a\times0+a\times1=0$

$\overrightarrow{OG}\neq\vec{0}$，$\overrightarrow{GA}\neq\vec{0}$ より　$\overrightarrow{OG}\perp\overrightarrow{GA}$

ゆえに，$\overrightarrow{OG}$ と $\overrightarrow{GA}$ のなす角は $\mathbf{90^\circ}$

⇦$\overrightarrow{OG}$，$\overrightarrow{GA}$ を成分表示するために，点 G の座標を求める。

⇦A$(a-1,\ a,\ a+1)$

⇦$a>0$ より　$\overrightarrow{OG}\neq\vec{0}$

(3)　$\overrightarrow{GB}=(0,\ 1,\ -1)$ より

$\overrightarrow{OG}\cdot\overrightarrow{GB}=a\times0+a\times1+a\times(-1)=0$

$\overrightarrow{OG}\neq\vec{0}$，$\overrightarrow{GB}\neq\vec{0}$ より　$\overrightarrow{OG}\perp\overrightarrow{GB}$

よって　OG⊥GB

(2)より，OG⊥GA であるから

OG⊥平面 ABC

また，△ABC の面積を S とすると，(1)の結果から

$S=\dfrac{1}{2}|\overrightarrow{BA}||\overrightarrow{BC}|\sin60^\circ$

$=\dfrac{1}{2}\times\sqrt{6}\times\sqrt{6}\times\dfrac{\sqrt{3}}{2}=\dfrac{3\sqrt{3}}{2}$

⇦B$(a,\ a+1,\ a-1)$

⇦OG は平面 ABC 上の 2 直線 GA，GB のそれぞれと垂直であるから　OG⊥平面 ABC

ゆえに，四面体 OABC の体積 V は，
$a>0$ であるから

$$V=\frac{1}{3}\times S\times \mathrm{OG}$$
$$=\frac{1}{3}\times\frac{3\sqrt{3}}{2}\times\sqrt{a^2+a^2+a^2}=\frac{3}{2}\boldsymbol{a}$$

141 P，Q はそれぞれ直線 l，m 上の点であるから，実数 s，t を用いて

$$\overrightarrow{\mathrm{OP}}=\overrightarrow{\mathrm{OA}}+s\vec{a},\quad \overrightarrow{\mathrm{OQ}}=\overrightarrow{\mathrm{OB}}+t\vec{b}$$

と表される。

⇦ $\overrightarrow{\mathrm{OP}}=\overrightarrow{\mathrm{OA}}+\overrightarrow{\mathrm{AP}}$，$\overrightarrow{\mathrm{AP}}=s\vec{a}$
$\overrightarrow{\mathrm{OQ}}=\overrightarrow{\mathrm{OB}}+\overrightarrow{\mathrm{BQ}}$，$\overrightarrow{\mathrm{BQ}}=t\vec{b}$

$$\overrightarrow{\mathrm{OP}}=(1,\ 0,\ 0)+s(1,\ 1,\ 1)$$
$$=(s+1,\ s,\ s)$$
$$\overrightarrow{\mathrm{OQ}}=(3,\ 1,\ -3)+t(-1,\ -2,\ 0)$$
$$=(-t+3,\ -2t+1,\ -3)$$

であるから

$$\overrightarrow{\mathrm{PQ}}=\overrightarrow{\mathrm{OQ}}-\overrightarrow{\mathrm{OP}}=(-s-t+2,\ -s-2t+1,\ -s-3)$$
$$|\overrightarrow{\mathrm{PQ}}|^2=(-s-t+2)^2+(-s-2t+1)^2+(-s-3)^2$$

整理して

$$|\overrightarrow{\mathrm{PQ}}|^2=3s^2+6st+5t^2-8t+14$$
$$=3(s+t)^2+2t^2-8t+14$$
$$=3(s+t)^2+2(t-2)^2+6$$

⇦ s，t それぞれについて2次式なので，平方完成をして最小値を調べる。

よって，$s+t=0$ かつ $t-2=0$，
すなわち，$s=-2$，$t=2$ のとき，$|\overrightarrow{\mathrm{PQ}}|^2$ は最小となる。
$|\overrightarrow{\mathrm{PQ}}|\geqq 0$ より，$|\overrightarrow{\mathrm{PQ}}|^2$ が最小のとき $|\overrightarrow{\mathrm{PQ}}|$ も最小となる。
ゆえに，$s=-2$，$t=2$ のとき，$|\overrightarrow{\mathrm{PQ}}|$ の最小値は $\sqrt{\mathbf{6}}$

(別解)

線分 PQ の長さが最小になるのは，
$\overrightarrow{\mathrm{PQ}}\perp$ 直線 l かつ $\overrightarrow{\mathrm{PQ}}\perp$ 直線 m，
すなわち　$\overrightarrow{\mathrm{PQ}}\perp\vec{a}$ かつ $\overrightarrow{\mathrm{PQ}}\perp\vec{b}$ のときである。

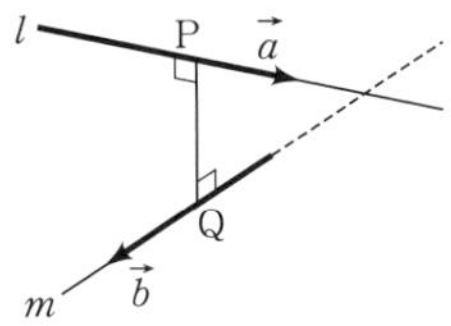

$$\overrightarrow{\mathrm{PQ}}=(-s-t+2,\ -s-2t+1,\ -s-3)$$

より

$$\overrightarrow{\mathrm{PQ}}\cdot\vec{a}$$
$$=(-s-t+2)\times1+(-s-2t+1)\times1+(-s-3)\times1=0$$

よって　$s+t=0$　……①

$\overrightarrow{\mathrm{PQ}}\cdot\vec{b}$

$=(-s-t+2)\times(-1)+(-s-2t+1)\times(-2)$

$+(-s-3)\times 0=0$

よって　$3s+5t=4$　……②

①，②を解いて　$s=-2,\ t=2$

ゆえに，$\overrightarrow{\mathrm{PQ}}=(2,\ -1,\ -1)$

であるから，線分 PQ の長さの最小値は

$|\overrightarrow{\mathrm{PQ}}|=\sqrt{2^2+(-1)^2+(-1)^2}=\boldsymbol{\sqrt{6}}$

142 (1)　AP＝BP より

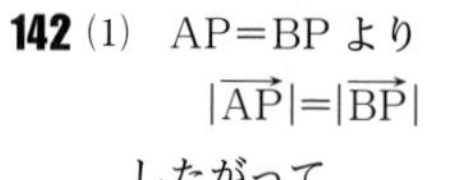

$|\overrightarrow{\mathrm{AP}}|=|\overrightarrow{\mathrm{BP}}|$

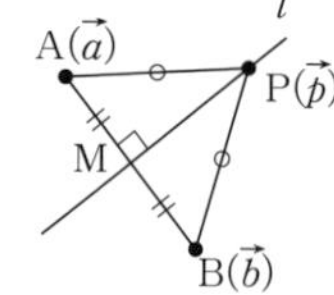

したがって

$\boldsymbol{|\vec{p}-\vec{a}|=|\vec{p}-\vec{b}|}$　……①

(2)　線分 AB の中点 M の位置ベクトル $\vec{m}$ は

$\vec{m}=\dfrac{\vec{a}+\vec{b}}{2}$

したがって　$\overrightarrow{\mathrm{MP}}=\vec{p}-\vec{m}=\vec{p}-\dfrac{\vec{a}+\vec{b}}{2}$

AB⊥MP より　$\overrightarrow{\mathrm{AB}}\cdot\overrightarrow{\mathrm{MP}}=0$

よって　$\boldsymbol{(\vec{b}-\vec{a})\cdot\left(\vec{p}-\dfrac{\vec{a}+\vec{b}}{2}\right)=0}$　……②

(3)　$\vec{p}$ が①を満たすとき，②も満たすことを示す。

①の両辺を 2 乗して　$|\vec{p}-\vec{a}|^2=|\vec{p}-\vec{b}|^2$

よって

$|\vec{p}|^2-2\vec{a}\cdot\vec{p}+|\vec{a}|^2=|\vec{p}|^2-2\vec{b}\cdot\vec{p}+|\vec{b}|^2$

整理して

$2(\vec{b}-\vec{a})\cdot\vec{p}-(|\vec{b}|^2-|\vec{a}|^2)=0$

$2(\vec{b}-\vec{a})\cdot\vec{p}-(\vec{b}-\vec{a})\cdot(\vec{b}+\vec{a})=0$

すなわち　$(\vec{b}-\vec{a})\cdot\{2\vec{p}-(\vec{b}+\vec{a})\}=0$

両辺を 2 で割って　$(\vec{b}-\vec{a})\cdot\left(\vec{p}-\dfrac{\vec{a}+\vec{b}}{2}\right)=0$

$\vec{p}$ が②を満たすとき，①も満たすことは上の計算を逆にたどることで示せる。 終

⇦ $|\vec{p}-\vec{a}|\geqq 0$，$|\vec{p}-\vec{b}|\geqq 0$ より，
$|\vec{p}-\vec{a}|=|\vec{p}-\vec{b}|$
$\Leftrightarrow$ $|\vec{p}-\vec{a}|^2=|\vec{p}=\vec{b}|^2$
であるから，
①⇒②の変形はいずれも同値変形であり，逆にたどることができる。

1節 複素数平面

1 複素数平面

本編 p.036～038

A

143

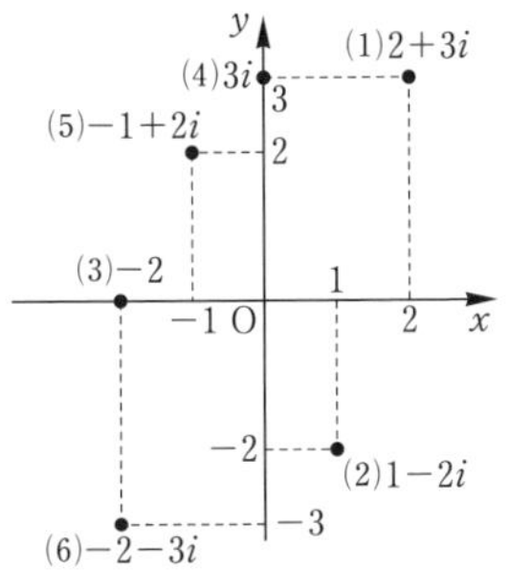

144 (1) 点 $2+2i$ と

実軸に関して対称な点を表す複素数は

$\boldsymbol{2-2i}$

原点に関して対称な点を表す複素数は

$\boldsymbol{-2-2i}$

虚軸に関して対称な点を表す複素数は

$\boldsymbol{-2+2i}$

(2) 点 $1-3i$ と

実軸に関して対称な点を表す複素数は

$\boldsymbol{1+3i}$

原点に関して対称な点を表す複素数は

$\boldsymbol{-1+3i}$

虚軸に関して対称な点を表す複素数は

$\boldsymbol{-1-3i}$

(3) 点 $-\sqrt{3}+i$ と

実軸に関して対称な点を表す複素数は

$\boldsymbol{-\sqrt{3}-i}$

原点に関して対称な点を表す複素数は

$\boldsymbol{\sqrt{3}-i}$

虚軸に関して対称な点を表す複素数は

$\boldsymbol{\sqrt{3}+i}$

145 (1) $\overline{\alpha+\beta}=\overline{\alpha}+\overline{\beta}$

$=(2-3i)+(3+2i)=\boldsymbol{5-i}$

(2) $\overline{\alpha-\beta}=\overline{\alpha}-\overline{\beta}$

$=(2-3i)-(3+2i)=\boldsymbol{-1-5i}$

(3) $\overline{\alpha+\overline{\beta}}=\overline{\alpha}+\overline{\overline{\beta}}=\overline{\alpha}+\beta$ ← $\overline{\overline{\beta}}=\beta$

$=(2-3i)+(3-2i)=\boldsymbol{5-5i}$

(4) $\overline{\alpha\beta}=\overline{\alpha}\,\overline{\beta}$

$=(2-3i)(3+2i)=\boldsymbol{12-5i}$

(5) $\overline{\overline{\alpha}\beta}=\overline{\overline{\alpha}}\,\overline{\beta}=\alpha\overline{\beta}$ ← $\overline{\overline{\alpha}}=\alpha$

$=(2+3i)(3+2i)=\boldsymbol{13i}$

(6) $\overline{\left(\dfrac{\alpha}{\beta}\right)}=\dfrac{\overline{\alpha}}{\overline{\beta}}$

$=\dfrac{2-3i}{3+2i}=\dfrac{(2-3i)(3-2i)}{(3+2i)(3-2i)}$

$=\dfrac{-13i}{13}=\boldsymbol{-i}$

146 (1) $\alpha+\beta=5+4i$, $-\beta=-3-i$

$\alpha-\beta=-1+2i$

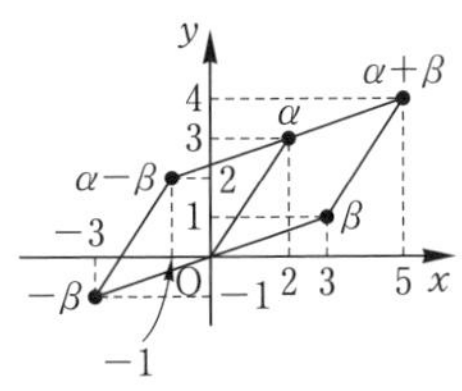

(2) $\alpha+\beta=-1$, $-\beta=2-3i$

$\alpha-\beta=3-6i$

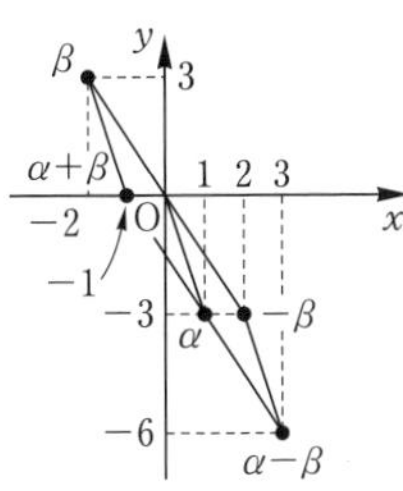

147 (1) $\beta=k\alpha$（k は実数）より

$3+ai=k(1+3i)=k+3ki$

a, k, $3k$ は実数であるから

$3=k$, $a=3k$

よって　$\boldsymbol{a=9}$

(2) $\beta=k\alpha$（k は実数）より

$a+i=k(2-i)=2k-ki$

a, $2k$, $-k$ は実数であるから

$a=2k$, $1=-k$　$k=-1$, $a=2\cdot(-1)$

よって　$\boldsymbol{a=-2}$

(3) $\beta=k\alpha$（k は実数）より

$-2+(a-1)i=k(a-i)=ka-ki$

$a-1$, ka, $-k$ は実数であるから

$-2=ka$　……①

$a-1=-k$　……②

②より，$k=-a+1$ を①に代入して

$-2=(-a+1)a$

$a^2-a-2=0$

$(a+1)(a-2)=0$

よって　$\boldsymbol{a=-1,\ 2}$

148 (1) $|12-5i|=\sqrt{12^2+(-5)^2}=\sqrt{169}=\boldsymbol{13}$

(2) $|3-i|=\sqrt{3^2+(-1)^2}=\boldsymbol{\sqrt{10}}$

(3) $|-3|=\sqrt{(-3)^2+0^2}=\sqrt{9}=\boldsymbol{3}$

(4) $|-5i|=\sqrt{0^2+(-5)^2}=\sqrt{25}=\boldsymbol{5}$

149 (1) $\mathrm{AB}=|(3+2i)-(2-i)|=|1+3i|$

$=\sqrt{1^2+3^2}=\boldsymbol{\sqrt{10}}$

(2) $\mathrm{AB}=|-i-(-4+2i)|=|4-3i|$

$=\sqrt{4^2+(-3)^2}=\sqrt{25}=\boldsymbol{5}$

(3) $\mathrm{AB}=|-3i-5|=|-5-3i|$

$=\sqrt{(-5)^2+(-3)^2}=\boldsymbol{\sqrt{34}}$

(4) $\mathrm{AB}=|(6+i)-(6-4i)|=|5i|$

$=\boldsymbol{5}$

150 (1) $\alpha+\beta=(1+i)+(2-3i)$

$=3-2i$

より　$|\alpha+\beta|=|3-2i|$

$=\sqrt{3^2+(-2)^2}=\boldsymbol{\sqrt{13}}$

(2) $2\alpha-\beta=2(1+i)-(2-3i)$

$=5i$

より　$|2\alpha-\beta|=|5i|=\boldsymbol{5}$

(3) $-\alpha+3\beta=-(1+i)+3(2-3i)$

$=5-10i$

より　$|-\alpha+3\beta|=|5-10i|$

$=\sqrt{5^2+(-10)^2}=\boldsymbol{5\sqrt{5}}$

B

151 (2) $\overline{\alpha}=2-4i$

(3) $-\alpha=-2-4i$

(4) $i\alpha=i(2+4i)=-4+2i$

(5) $i\overline{\alpha}=i(2-4i)=4+2i$

(6) $2\alpha=2(2+4i)=4+8i$

(7) $\dfrac{\alpha+\overline{\alpha}}{2}=\dfrac{(2+4i)+(2-4i)}{2}=2$

(8) $\dfrac{\alpha-\overline{\alpha}}{2}=\dfrac{(2+4i)-(2-4i)}{2}=4i$

より，それぞれの複素数が表す点は次の図のようになる。

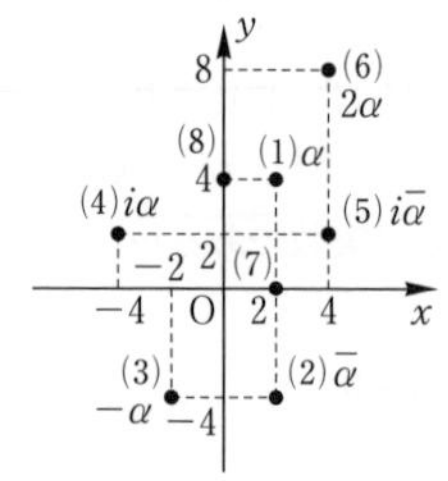

152 (1)(2)　紙面の都合で(1)と(2)を同じ図に示す。

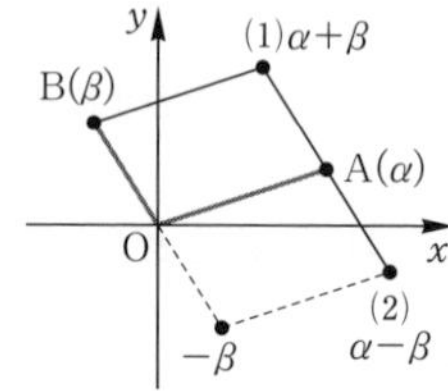

(3)(4)　紙面の都合で(3)と(4)を同じ図に示す。

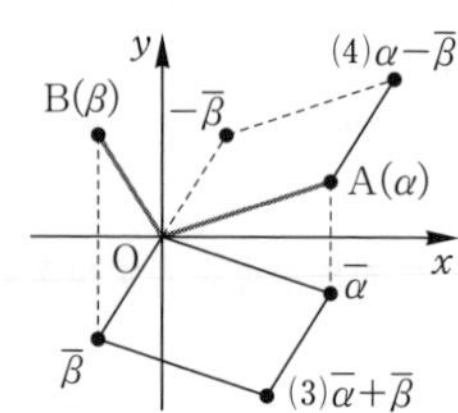

153 点 $A(\alpha)$ が原点に移るような平行移動により，
点 $B(\beta)$ は点 $B'(\beta-\alpha)$ へ，
点 $C(\gamma)$ は点 $C'(\gamma-\alpha)$ へ移る。
3 点 A，B，C が一直線上にあるとき，
3 点 $O(0)$，B′，C′ も一直線上にあるから

$\beta-\alpha=k(\gamma-\alpha)$ （k は実数）

と表せる。

(1) $\beta-\alpha=k(\gamma-\alpha)$ （k は実数）より

$(1-2i)-(-5i)=k\{(a+4i)-(-5i)\}$

$1+3i=ka+9ki$

ka，$9k$ は実数であるから

$1=ka$，$3=9k$ 　$k=\frac{1}{3}$，$\frac{1}{3}a=1$

よって　$\boldsymbol{a=3}$

(2) $\beta-\alpha=k(\gamma-\alpha)$ （k は実数）より

$(3+2i)-(a+4i)=k\{(9-i)-(a+4i)\}$

$(3-a)-2i=(9-a)k-5ki$

$3-a$，$(9-a)k$，$-5k$ は実数であるから

$3-a=(9-a)k$，$-2=-5k$

これを解いて　$k=\frac{2}{5}$，$\boldsymbol{a=-1}$

C

154 $|\alpha|=3$ より　$|\alpha|^2=9$

よって　$\alpha\overline{\alpha}=9$ ……①

$|\alpha-2|=3$ より　$|\alpha-2|^2=9$

ゆえに　$(\alpha-2)\overline{(\alpha-2)}=9$

$(\alpha-2)(\overline{\alpha}-2)=9$

$\alpha\overline{\alpha}-2\alpha-2\overline{\alpha}+4=9$

①を代入して　$9-2\alpha-2\overline{\alpha}+4=9$

$2(\alpha+\overline{\alpha})=4$

したがって　$\alpha+\overline{\alpha}=\boldsymbol{2}$

⇦ $|\alpha|^2=\alpha\overline{\alpha}$
$|\alpha-2|^2=(\alpha-2)\overline{(\alpha-2)}$
を利用する。

(別解)

$\alpha=a+bi$ （a，b は実数）とおくと，

$|\alpha|^2=9$ より　$a^2+b^2=9$ ……①

$|\alpha-2|^2=9$ より　$(a-2)^2+b^2=9$ ……②

①−②より　$4a-4=0$

よって　$a=1$

このとき

$\alpha+\overline{\alpha}=(a+bi)+(a-bi)=2a$

ゆえに　$\alpha+\overline{\alpha}=2\times1=\boldsymbol{2}$

⇦ $|a+bi|=\sqrt{a^2+b^2}$

⇦ $\alpha+\overline{\alpha}$ の値を求めるだけなら b は求めなくてもよい。

155 (1) $\alpha+2\overline{\alpha}=3+i$ より

$\overline{\alpha+2\overline{\alpha}}=\overline{3+i}$

$\overline{\alpha}+2\overline{\overline{\alpha}}=3-i$

よって　$\boldsymbol{\overline{\alpha}+2\alpha=3-i}$

⇦ $\overline{\overline{\alpha}}=\alpha$

(2) $\alpha+2\overline{\alpha}=3+i$ ……①

$2\alpha+\overline{\alpha}=3-i$ ……②

とする。②×2−①より

$3\alpha=3-3i$

よって　$\alpha=\boldsymbol{1-i}$

⇦ $4\alpha+2\overline{\alpha}=6-2i$
$-)\ \alpha+2\overline{\alpha}=3+i$
$3\alpha=3-3i$

156 (1) $|\alpha|=1$ より $|\alpha|^2=\alpha\overline{\alpha}=1$ ……①

$|\beta|=1$ より $|\beta|^2=\beta\overline{\beta}=1$ ……②

$|\alpha-\beta|=1$ より

$|\alpha-\beta|^2=(\alpha-\beta)\overline{(\alpha-\beta)}=1$

$(\alpha-\beta)(\overline{\alpha}-\overline{\beta})=1$

$\alpha\overline{\alpha}-\alpha\overline{\beta}-\overline{\alpha}\beta+\beta\overline{\beta}=1$

①，②より $1-\alpha\overline{\beta}-\overline{\alpha}\beta+1=1$

よって $\boldsymbol{\alpha\overline{\beta}+\overline{\alpha}\beta=1}$

(2) ①，②より $\overline{\alpha}=\dfrac{1}{\alpha}$，$\overline{\beta}=\dfrac{1}{\beta}$

これを $\alpha\overline{\beta}+\overline{\alpha}\beta=1$ に代入して $\alpha\cdot\dfrac{1}{\beta}+\dfrac{1}{\alpha}\cdot\beta=1$ ← $\alpha\overline{\beta}+\overline{\alpha}\beta=1$ から $\overline{\alpha}$，$\overline{\beta}$ を消去

両辺に $\alpha\beta$ をかけて $\alpha^2+\beta^2=\alpha\beta$

すなわち $\boldsymbol{\alpha^2-\alpha\beta+\beta^2=0}$

㊊ p.99 章末B 8

⇦ $\overline{\alpha-\beta}=\overline{\alpha}-\overline{\beta}$

⇦ $\alpha\overline{\beta}+\overline{\alpha}\beta=1$ の両辺に $\alpha\beta$ をかけて

$\alpha^2\beta\overline{\beta}+\alpha\overline{\alpha}\beta^2=\alpha\beta$

とし，これに①，②を代入してもよい。

2 複素数の極形式

本編 p.039～040

A

157 (1) $|\sqrt{3}+i|=\sqrt{(\sqrt{3})^2+1^2}=2$

偏角 θ について

$\cos\theta=\dfrac{\sqrt{3}}{2}$，$\sin\theta=\dfrac{1}{2}$

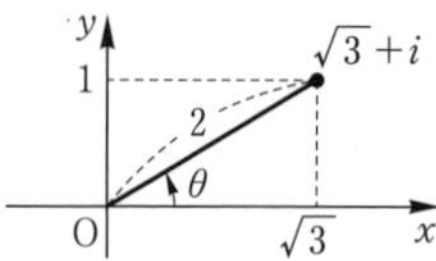

$0\leqq\theta<2\pi$ の範囲では $\theta=\dfrac{\pi}{6}$

よって

$$\boldsymbol{\sqrt{3}+i=2\left(\cos\frac{\pi}{6}+i\sin\frac{\pi}{6}\right)}$$

(2) $|1-i|=\sqrt{1^2+(-1)^2}=\sqrt{2}$

偏角 θ について

$\cos\theta=\dfrac{1}{\sqrt{2}}$，$\sin\theta=\dfrac{-1}{\sqrt{2}}$

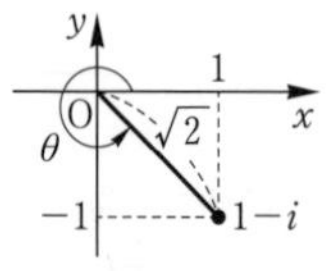

$0\leqq\theta<2\pi$ の範囲では $\theta=\dfrac{7}{4}\pi$

よって

$$\boldsymbol{1-i=\sqrt{2}\left(\cos\frac{7}{4}\pi+i\sin\frac{7}{4}\pi\right)}$$

(3) $|1-\sqrt{3}i|=\sqrt{1^2+(-\sqrt{3})^2}=2$

偏角 θ について

$\cos\theta=\dfrac{1}{2}$，$\sin\theta=\dfrac{-\sqrt{3}}{2}$

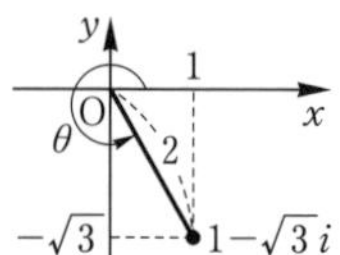

$0\leqq\theta<2\pi$ の範囲では $\theta=\dfrac{5}{3}\pi$

よって

$$\boldsymbol{1-\sqrt{3}i=2\left(\cos\frac{5}{3}\pi+i\sin\frac{5}{3}\pi\right)}$$

(4) $|-2+2i|=\sqrt{(-2)^2+2^2}=2\sqrt{2}$

偏角 θ について

$\cos\theta=\dfrac{-2}{2\sqrt{2}}=-\dfrac{1}{\sqrt{2}}$，$\sin\theta=\dfrac{2}{2\sqrt{2}}=\dfrac{1}{\sqrt{2}}$

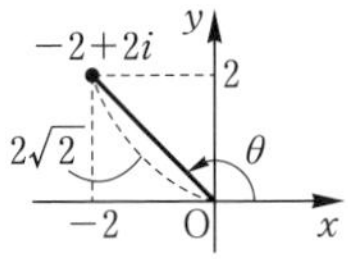

$0 \leqq \theta < 2\pi$ の範囲では　$\theta = \dfrac{3}{4}\pi$

よって

$$-2+2i = \mathbf{2\sqrt{2}\left(\cos\frac{3}{4}\pi + i\sin\frac{3}{4}\pi\right)}$$

(5)　$|5| = 5$

偏角 θ について

$$\cos\theta = \frac{5}{5} = 1,\quad \sin\theta = \frac{0}{5} = 0$$

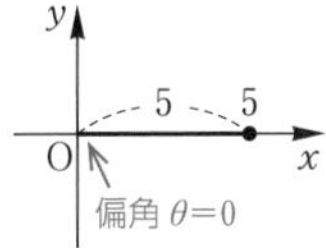

$0 \leqq \theta < 2\pi$ の範囲では　$\theta = 0$

よって　$5 = \mathbf{5(\cos 0 + i\sin 0)}$

(6)　$|-4i| = 4$

偏角 θ について

$$\cos\theta = \frac{0}{4} = 0,\quad \sin\theta = \frac{-4}{4} = -1$$

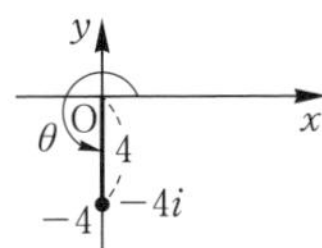

$0 \leqq \theta < 2\pi$ の範囲では　$\theta = \dfrac{3}{2}\pi$

よって

$$-4i = \mathbf{4\left(\cos\frac{3}{2}\pi + i\sin\frac{3}{2}\pi\right)}$$

(7)　$|\sqrt{3}+3i| = \sqrt{(\sqrt{3})^2+3^2} = 2\sqrt{3}$

偏角 θ について

$$\cos\theta = \frac{\sqrt{3}}{2\sqrt{3}} = \frac{1}{2},\quad \sin\theta = \frac{3}{2\sqrt{3}} = \frac{\sqrt{3}}{2}$$

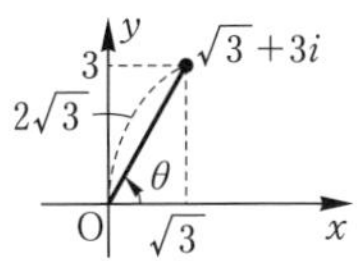

$0 \leqq \theta < 2\pi$ の範囲では　$\theta = \dfrac{\pi}{3}$

よって

$$\sqrt{3}+3i = \mathbf{2\sqrt{3}\left(\cos\frac{\pi}{3} + i\sin\frac{\pi}{3}\right)}$$

(8)　$\left|-\dfrac{\sqrt{3}}{3} - \dfrac{1}{3}i\right| = \sqrt{\left(-\dfrac{\sqrt{3}}{3}\right)^2 + \left(-\dfrac{1}{3}\right)^2} = \dfrac{2}{3}$

偏角 θ について

$$\cos\theta = \frac{-\frac{\sqrt{3}}{3}}{\frac{2}{3}} = -\frac{\sqrt{3}}{2},$$

$$\sin\theta = \frac{-\frac{1}{3}}{\frac{2}{3}} = -\frac{1}{2}$$

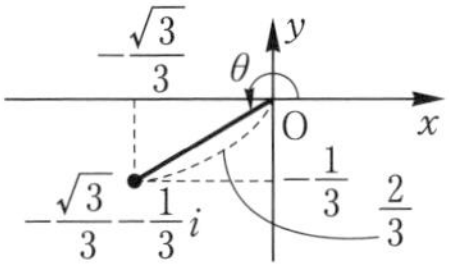

$0 \leqq \theta < 2\pi$ の範囲では　$\theta = \dfrac{7}{6}\pi$

よって

$$-\frac{\sqrt{3}}{3} - \frac{1}{3}i = \mathbf{\frac{2}{3}\left(\cos\frac{7}{6}\pi + i\sin\frac{7}{6}\pi\right)}$$

158 (1)　$\bar{z} = 2(\cos\theta - i\sin\theta)$

$$= \mathbf{2\{\cos(-\theta) + i\sin(-\theta)\}}$$

(2)　$\dfrac{1}{z} = \dfrac{\bar{z}}{z\bar{z}} = \dfrac{\bar{z}}{|z|^2}$

$$= \frac{2\{\cos(-\theta) + i\sin(-\theta)\}}{2^2}$$

$$= \mathbf{\frac{1}{2}\{\cos(-\theta) + i\sin(-\theta)\}}$$

(3)　$-z = -2(\cos\theta + i\sin\theta)$

$$= 2(-\cos\theta - i\sin\theta)$$

$$= \mathbf{2\{\cos(\theta+\pi) + i\sin(\theta+\pi)\}}$$

(4) $-\dfrac{1}{z}=-\dfrac{1}{2}\{\cos(-\theta)+i\sin(-\theta)\}$

$=\dfrac{1}{2}\{-\cos(-\theta)-i\sin(-\theta)\}$

$=\boldsymbol{\dfrac{1}{2}\{\cos(\pi-\theta)+i\sin(\pi-\theta)\}}$

159 (1) z_1z_2

$=2\cdot1\left\{\cos\left(\dfrac{5}{8}\pi+\dfrac{\pi}{8}\right)+i\sin\left(\dfrac{5}{8}\pi+\dfrac{\pi}{8}\right)\right\}$

$=2\left(\cos\dfrac{3}{4}\pi+i\sin\dfrac{3}{4}\pi\right)$

$=2\cdot\left(-\dfrac{\sqrt{2}}{2}+\dfrac{\sqrt{2}}{2}i\right)=\boldsymbol{-\sqrt{2}+\sqrt{2}i}$

$\dfrac{z_1}{z_2}=\dfrac{2}{1}\left\{\cos\left(\dfrac{5}{8}\pi-\dfrac{\pi}{8}\right)+i\sin\left(\dfrac{5}{8}\pi-\dfrac{\pi}{8}\right)\right\}$

$=2\left(\cos\dfrac{\pi}{2}+i\sin\dfrac{\pi}{2}\right)$

$=2\cdot(0+i)=\boldsymbol{2i}$

(2) z_1z_2

$=3\cdot4\left\{\cos\left(\dfrac{11}{12}\pi+\dfrac{3}{4}\pi\right)+i\sin\left(\dfrac{11}{12}\pi+\dfrac{3}{4}\pi\right)\right\}$

$=12\left(\cos\dfrac{5}{3}\pi+i\sin\dfrac{5}{3}\pi\right)$

$=12\cdot\left(\dfrac{1}{2}-\dfrac{\sqrt{3}}{2}i\right)=\boldsymbol{6-6\sqrt{3}i}$

$\dfrac{z_1}{z_2}=\dfrac{3}{4}\left\{\cos\left(\dfrac{11}{12}\pi-\dfrac{3}{4}\pi\right)+i\sin\left(\dfrac{11}{12}\pi-\dfrac{3}{4}\pi\right)\right\}$

$=\dfrac{3}{4}\left(\cos\dfrac{\pi}{6}+i\sin\dfrac{\pi}{6}\right)$

$=\dfrac{3}{4}\cdot\left(\dfrac{\sqrt{3}}{2}+\dfrac{1}{2}i\right)=\boldsymbol{\dfrac{3\sqrt{3}}{8}+\dfrac{3}{8}i}$

160 (1) $\sqrt{3}+i=2\left(\cos\dfrac{\pi}{6}+i\sin\dfrac{\pi}{6}\right)$ より，

点 z を**原点のまわりに $\boldsymbol{\dfrac{\pi}{6}}$ だけ回転し，**

原点からの距離を 2 倍した点である。

(2) $\dfrac{-1+i}{2}=\dfrac{1}{\sqrt{2}}\left(\cos\dfrac{3}{4}\pi+i\sin\dfrac{3}{4}\pi\right)$ より，

点 z を**原点のまわりに $\boldsymbol{\dfrac{3}{4}\pi}$ だけ回転し，**

原点からの距離を $\boldsymbol{\dfrac{1}{\sqrt{2}}}$ 倍した点である。

(3) $1+\sqrt{3}i=2\left(\cos\dfrac{\pi}{3}+i\sin\dfrac{\pi}{3}\right)$ より，

点 z を**原点のまわりに $\boldsymbol{-\dfrac{\pi}{3}}$ だけ回転し，**

原点からの距離を $\boldsymbol{\dfrac{1}{2}}$ 倍した点である。

(別解)

$\dfrac{1}{1+\sqrt{3}i}=\dfrac{1}{2}\left\{\cos\left(-\dfrac{\pi}{3}\right)+i\sin\left(-\dfrac{\pi}{3}\right)\right\}$

より，点 z を**原点のまわりに $\boldsymbol{-\dfrac{\pi}{3}}$ 回転し，**

原点からの距離を $\boldsymbol{\dfrac{1}{2}}$ 倍した点である。

161 原点のまわりに $\dfrac{2}{3}\pi$ だけ回転した点を表す複素数は

$\left(\cos\dfrac{2}{3}\pi+i\sin\dfrac{2}{3}\pi\right)(2+\sqrt{3}i)$

$=\left(-\dfrac{1}{2}+\dfrac{\sqrt{3}}{2}i\right)(2+\sqrt{3}i)=\boldsymbol{-\dfrac{5}{2}+\dfrac{\sqrt{3}}{2}i}$

原点のまわりに $-\dfrac{2}{3}\pi$ だけ回転した点を表す複素数は

$\left\{\cos\left(-\dfrac{2}{3}\pi\right)+i\sin\left(-\dfrac{2}{3}\pi\right)\right\}(2+\sqrt{3}i)$

$=\left(-\dfrac{1}{2}-\dfrac{\sqrt{3}}{2}i\right)(2+\sqrt{3}i)=\boldsymbol{\dfrac{1}{2}-\dfrac{3\sqrt{3}}{2}i}$

162 (1) 点 B は点 A を，点 C は点 B を，点 D は点 C をそれぞれ原点のまわりに $\dfrac{\pi}{2}$ だけ回転した点であるから

点 B を表す複素数は

$i(2+i)=\boldsymbol{-1+2i}$

点 C を表す複素数は

$i(-1+2i)=\boldsymbol{-2-i}$

点 D を表す複素数は

$i(-2-i)=\boldsymbol{1-2i}$

(2) 点Bは点Aを，点Cは点Bをそれぞれ原点のまわりに $\frac{\pi}{3}$ だけ回転した点であるから

Bを表す複素数は

$$\left(\cos\frac{\pi}{3}+i\sin\frac{\pi}{3}\right)(\sqrt{3}+i)$$

$$=\left(\frac{1}{2}+\frac{\sqrt{3}}{2}i\right)(\sqrt{3}+i)$$

$$=\boldsymbol{2i}$$

Cを表す複素数は

$$\left(\cos\frac{\pi}{3}+i\sin\frac{\pi}{3}\right)\cdot 2i$$

$$=\left(\frac{1}{2}+\frac{\sqrt{3}}{2}i\right)\cdot 2i=\boldsymbol{-\sqrt{3}+i}$$

また，D，E，FはそれぞれA，B，Cと原点に関し対称な点であるから

Dを表す複素数は　$\boldsymbol{-\sqrt{3}-i}$

Eを表す複素数は　$\boldsymbol{-2i}$

Fを表す複素数は　$\boldsymbol{\sqrt{3}-i}$

B

163 (1) $\frac{z}{1+i}=\frac{(1-i)z}{(1+i)(1-i)}=\frac{1-i}{2}\cdot z$

$$=\left(\frac{1}{2}-\frac{1}{2}i\right)\cdot\left(\frac{\sqrt{3}-1}{2}+\frac{\sqrt{3}+1}{2}i\right)$$

$$=\frac{(\sqrt{3}-1)+(\sqrt{3}+1)}{4}+\frac{-(\sqrt{3}-1)+(\sqrt{3}+1)}{4}i$$

$$=\boldsymbol{\frac{\sqrt{3}}{2}+\frac{1}{2}i}$$

(別解)

$z=\frac{\sqrt{3}}{2}(1+i)+\frac{1}{2}(-1+i)$ より

$$\frac{z}{1+i}=\frac{\sqrt{3}}{2}+\frac{1}{2}\cdot\frac{-1+i}{1+i}$$

$$=\frac{\sqrt{3}}{2}+\frac{1}{2}\cdot\frac{(-1+i)(1-i)}{2}$$

$$=\frac{\sqrt{3}}{2}+\frac{1}{2}\cdot\frac{2i}{2}$$

$$=\boldsymbol{\frac{\sqrt{3}}{2}+\frac{1}{2}i}$$

(2) $\frac{\sqrt{3}}{2}+\frac{1}{2}i=\cos\frac{\pi}{6}+i\sin\frac{\pi}{6}$

$$1+i=\sqrt{2}\left(\frac{1}{\sqrt{2}}+\frac{1}{\sqrt{2}}i\right)$$

$$=\sqrt{2}\left(\cos\frac{\pi}{4}+i\sin\frac{\pi}{4}\right)$$

であるから，(1)より

$$z=(1+i)\left(\frac{\sqrt{3}}{2}+\frac{1}{2}i\right)$$

$$=\sqrt{2}\left(\cos\frac{\pi}{4}+i\sin\frac{\pi}{4}\right)\left(\cos\frac{\pi}{6}+i\sin\frac{\pi}{6}\right)$$

$$=\sqrt{2}\left\{\cos\left(\frac{\pi}{4}+\frac{\pi}{6}\right)+i\sin\left(\frac{\pi}{4}+\frac{\pi}{6}\right)\right\}$$

$$=\boldsymbol{\sqrt{2}\left(\cos\frac{5}{12}\pi+i\sin\frac{5}{12}\pi\right)}$$

164 複素数平面において，2点A，Bを表す複素数は　A$(3+2i)$，B$(2+3i)$ であるから，条件より

← 座標平面上の点を複素数平面におきかえて考える。

$$(3+2i)(\cos\theta+i\sin\theta)=2+3i$$

よって

$$\cos\theta+i\sin\theta=\frac{2+3i}{3+2i}$$

$$=\frac{(2+3i)(3-2i)}{3^2-(2i)^2}$$

$$=\frac{12+5i}{13}$$

ゆえに　$\boldsymbol{\cos\theta=\frac{12}{13},\ \sin\theta=\frac{5}{13}}$

C

165 点 P(z) は，点 i を実軸方向に $-\sqrt{3}$ だけ平行移動し，

さらに原点のまわりに $-\frac{3}{4}\pi$ だけ回転した点であるから，

$$z=(i-\sqrt{3})\left\{\cos\left(-\frac{3}{4}\pi\right)+i\sin\left(-\frac{3}{4}\pi\right)\right\}$$

$$=2\left(\cos\frac{5}{6}\pi+i\sin\frac{5}{6}\pi\right)\left\{\cos\left(-\frac{3}{4}\pi\right)+i\sin\left(-\frac{3}{4}\pi\right)\right\}$$

$$=2\left\{\cos\left(\frac{5}{6}\pi-\frac{3}{4}\pi\right)+i\sin\left(\frac{5}{6}\pi-\frac{3}{4}\pi\right)\right\}$$

$$=2\left(\cos\frac{\pi}{12}+i\sin\frac{\pi}{12}\right)$$

よって　$\boldsymbol{r=2,\ \theta=\frac{\pi}{12}}$

⇦　$i-\sqrt{3}=2\left(-\frac{\sqrt{3}}{2}+\frac{1}{2}i\right)$

$=2\left(\cos\frac{5}{6}\pi+\sin\frac{5}{6}\pi\right)$

⇦絶対値 r と偏角 θ を求めるので，極形式で表す。

166 △OAB が正三角形のとき OA＝OB，$\angle\text{AOB}=\frac{\pi}{3}$ より

(教 p.99 章末B 14)

点 B は点 A を原点 O のまわりに $\frac{\pi}{3}$ または $-\frac{\pi}{3}$ だけ回転した点であるから

$$\beta=\alpha\left(\cos\frac{\pi}{3}+i\sin\frac{\pi}{3}\right)$$

または

$$\beta=\alpha\left\{\cos\left(-\frac{\pi}{3}\right)+i\sin\left(-\frac{\pi}{3}\right)\right\}$$

よって

$$\beta=\frac{1-\sqrt{3}i}{2}\alpha,\ \frac{1+\sqrt{3}i}{2}\alpha$$

$\alpha\neq0$ であるから

$$\frac{\beta}{\alpha}=\frac{1-\sqrt{3}i}{2},\ \frac{1+\sqrt{3}i}{2}$$

ここで，$\frac{1-\sqrt{3}i}{2}$，$\frac{1+\sqrt{3}i}{2}$ を解とする 2 次方程式は

$t^2-t+1=0$ であるから　$\left(\frac{\beta}{\alpha}\right)^2-\frac{\beta}{\alpha}+1=0$

ゆえに　$\alpha^2+\beta^2=\alpha\beta$　終

⇦$\alpha\neq0$ のとき，$\alpha^2+\beta^2=\alpha\beta$ を変形すると

$\left(\frac{\beta}{\alpha}\right)^2-\frac{\beta}{\alpha}+1=0$

となるから，$\frac{\beta}{\alpha}$ を解にもつ 2 次方程式を考える。

⇦点 A は原点 O と一致しない。

⇦$\frac{1+\sqrt{3}i}{2}+\frac{1-\sqrt{3}i}{2}=\frac{2}{2}=1$

$\frac{1+\sqrt{3}i}{2}\cdot\frac{1-\sqrt{3}i}{2}$

$=\frac{1-3i^2}{4}=1$

167 $1+\sqrt{3}i=2\left(\cos\frac{\pi}{3}+i\sin\frac{\pi}{3}\right)$ であるから，原点のまわりに

$-\frac{\pi}{3}$ だけ回転する回転移動によって，点 P は実軸上の

点 P′(2) へ移る。また，この回転移動によって点 A，B が移る

点をそれぞれ A′(α')，B′(β') とする。

$\alpha=2+2i$, $z=\cos\left(-\dfrac{\pi}{3}\right)+i\sin\left(-\dfrac{\pi}{3}\right)$ とすると

$$\alpha'=z\alpha,\ \beta'=z\beta$$

ここで点 A′, B′ は実軸に関して対称であるから　$\beta'=\overline{\alpha'}$

よって　$\beta z=\overline{z\alpha}=\overline{z}\,\overline{\alpha}$

$$\boldsymbol{\beta}=\frac{\overline{z}}{z}\overline{\alpha}=\frac{\cos\left(-\dfrac{\pi}{3}\right)-i\sin\left(-\dfrac{\pi}{3}\right)}{\cos\left(-\dfrac{\pi}{3}\right)+i\sin\left(-\dfrac{\pi}{3}\right)}\overline{\alpha}=\frac{\dfrac{1}{2}+\dfrac{\sqrt{3}}{2}i}{\dfrac{1}{2}-\dfrac{\sqrt{3}}{2}i}\overline{\alpha}$$

$$=\left(\frac{1}{2}+\frac{\sqrt{3}}{2}i\right)^2\overline{\alpha}=\left(-\frac{1}{2}+\frac{\sqrt{3}}{2}i\right)\overline{\alpha}$$

$$=\left(-\frac{1}{2}+\frac{\sqrt{3}}{2}i\right)(2-2i)$$

$$=\boldsymbol{\sqrt{3}-1+(\sqrt{3}+1)i}$$

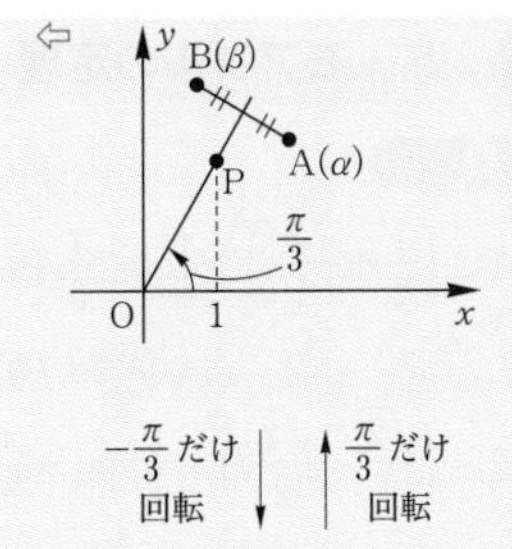

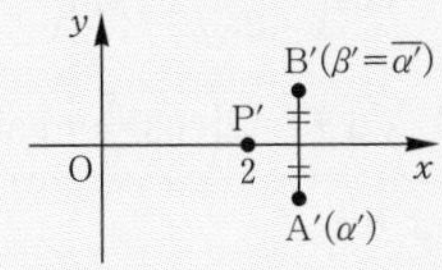

(別解)

$$1+\sqrt{3}i=2\left(\cos\frac{\pi}{3}+i\sin\frac{\pi}{3}\right)$$

より, 点 B(β) と実軸に対して対称な点を C($\overline{\beta}$) とすると, 点 C は, 原点のまわりに $\dfrac{\pi}{3}\times2$ だけ回転する回転移動によって点 A へ移る。

よって

$$\alpha=\overline{\beta}\left\{\cos\left(\frac{\pi}{3}\times2\right)+i\sin\left(\frac{\pi}{3}\times2\right)\right\}$$

$$=\left(-\frac{1}{2}+\frac{\sqrt{3}}{2}i\right)\overline{\beta}$$

ゆえに

$$\overline{\alpha}=\left(-\frac{1}{2}-\frac{\sqrt{3}}{2}i\right)\beta$$

$$\beta=-\frac{2}{1+\sqrt{3}i}\overline{\alpha}=\frac{-1+\sqrt{3}i}{2}\overline{\alpha}$$

$$=\left(-\frac{1}{2}+\frac{\sqrt{3}}{2}i\right)(2-2i)$$

$$=\boldsymbol{\sqrt{3}-1+(\sqrt{3}+1)i}$$

⇦ A と B は直線 OP に関して対称なので

∠AOP＝∠BOP

よって, ∠COA＝$\dfrac{\pi}{3}\times2$ となる。

2

1節　複素数平面

3 ド・モアブルの定理

本編 p.041～042

A

168 (1) $\left(\frac{1}{2}+\frac{\sqrt{3}}{2}i\right)^3=\left(\cos\frac{\pi}{3}+i\sin\frac{\pi}{3}\right)^3$

$=\cos\pi+i\sin\pi=\mathbf{-1}$

(2) $\left(\frac{\sqrt{2}}{2}-\frac{\sqrt{2}}{2}i\right)^6=\left\{\cos\left(-\frac{\pi}{4}\right)+i\sin\left(-\frac{\pi}{4}\right)\right\}^6$

$=\cos\left(-\frac{3}{2}\pi\right)+i\sin\left(-\frac{3}{2}\pi\right)=\boldsymbol{i}$

(3) $\sqrt{3}+i=2\left(\cos\frac{\pi}{6}+i\sin\frac{\pi}{6}\right)$

より

$(\sqrt{3}+i)^5=\left\{2\left(\cos\frac{\pi}{6}+i\sin\frac{\pi}{6}\right)\right\}^5$

$=2^5\left(\cos\frac{5}{6}\pi+i\sin\frac{5}{6}\pi\right)$

$=32\left(-\frac{\sqrt{3}}{2}+\frac{1}{2}i\right)=\mathbf{-16\sqrt{3}+16}\boldsymbol{i}$

(4) $-1+i=\sqrt{2}\left(\cos\frac{3}{4}\pi+i\sin\frac{3}{4}\pi\right)$

より

$(-1+i)^{10}=\left\{\sqrt{2}\left(\cos\frac{3}{4}\pi+i\sin\frac{3}{4}\pi\right)\right\}^{10}$

$=(\sqrt{2})^{10}\left(\cos\frac{30}{4}\pi+i\sin\frac{30}{4}\pi\right)$

$=2^5\left(\cos\frac{15}{2}\pi+i\sin\frac{15}{2}\pi\right)$

$=32\left(\cos\frac{3}{2}\pi+i\sin\frac{3}{2}\pi\right)$

$=32(0-i)=\mathbf{-32}\boldsymbol{i}$

(5) $1-\sqrt{3}i=2\left\{\cos\left(-\frac{\pi}{3}\right)+i\sin\left(-\frac{\pi}{3}\right)\right\}$

より

$(1-\sqrt{3}i)^{-5}$

$=\left[2\left\{\cos\left(-\frac{\pi}{3}\right)+i\sin\left(-\frac{\pi}{3}\right)\right\}\right]^{-5}$

$=2^{-5}\left(\cos\frac{5}{3}\pi+i\sin\frac{5}{3}\pi\right)$

$=\frac{1}{32}\left(\frac{1}{2}-\frac{\sqrt{3}}{2}i\right)=\mathbf{\frac{1}{64}-\frac{\sqrt{3}}{64}}\boldsymbol{i}$

(6) $\frac{\sqrt{3}-i}{2}=\cos\left(-\frac{\pi}{6}\right)+i\sin\left(-\frac{\pi}{6}\right)$

より

$\left(\frac{\sqrt{3}-i}{2}\right)^{-4}=\left\{\cos\left(-\frac{\pi}{6}\right)+i\sin\left(-\frac{\pi}{6}\right)\right\}^{-4}$

$=\cos\frac{2}{3}\pi+i\sin\frac{2}{3}\pi=\mathbf{-\frac{1}{2}+\frac{\sqrt{3}}{2}}\boldsymbol{i}$

169 $r>0$，$0\leqq\theta<2\pi$ として

$z=r(\cos\theta+i\sin\theta)$ とおくと，

ド・モアブルの定理より

$z^4=r^4(\cos 4\theta+i\sin 4\theta)$

また，$1=\cos 0+i\sin 0$ より

$z^4=1$ は

$r^4(\cos 4\theta+i\sin 4\theta)=\cos 0+i\sin 0$

両辺の絶対値と偏角を比較すると

$r^4=1$，$r>0$ であるから　$r=1$

$4\theta=0+2k\pi$（k は整数）であるから

$\theta=\frac{k}{2}\pi$

$0\leqq\theta<2\pi$ の範囲では　$k=0$，1，2，3

であるから

$\theta=0$，$\frac{\pi}{2}$，π，$\frac{3}{2}\pi$

よって，$z^4=1$ の解は

$z_0=\cos 0+i\sin 0=1$

$z_1=\cos\frac{\pi}{2}+i\sin\frac{\pi}{2}=i$

$z_2=\cos\pi+i\sin\pi=-1$

$z_3=\cos\frac{3}{2}\pi+i\sin\frac{3}{2}\pi=-i$

すなわち　$\boldsymbol{z=\pm 1,\ \pm i}$

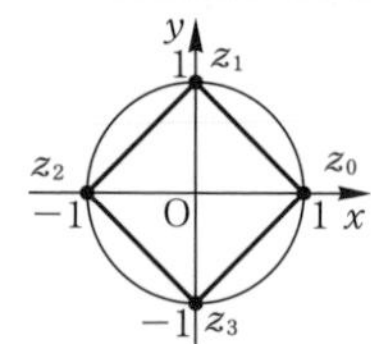

170 (1) $r>0$, $0 \leqq \theta < 2\pi$ として

$z=r(\cos\theta+i\sin\theta)$ とおくと,

ド・モアブルの定理より

$z^3=r^3(\cos 3\theta+i\sin 3\theta)$

また, $27i=27\left(\cos\frac{\pi}{2}+i\sin\frac{\pi}{2}\right)$ より

$z^3=27i$ は

$r^3(\cos 3\theta+i\sin 3\theta)$

$=27\left(\cos\frac{\pi}{2}+i\sin\frac{\pi}{2}\right)$

両辺の絶対値と偏角を比較すると

$r^3=27$, $r>0$ であるから　$r=3$

$3\theta=\frac{\pi}{2}+2k\pi$ (k は整数) であるから

$\theta=\frac{\pi}{6}+\frac{2k}{3}\pi$

$0 \leqq \theta < 2\pi$ の範囲では　$k=0$, 1, 2

であるから

$k=0$ のとき

$z_0=3\left(\cos\frac{\pi}{6}+i\sin\frac{\pi}{6}\right)=\frac{3\sqrt{3}}{2}+\frac{3}{2}i$

$k=1$ のとき

$z_1=3\left(\cos\frac{5}{6}\pi+i\sin\frac{5}{6}\pi\right)=-\frac{3\sqrt{3}}{2}+\frac{3}{2}i$

$k=2$ のとき

$z_2=3\left(\cos\frac{3}{2}\pi+i\sin\frac{3}{2}\pi\right)=-3i$

よって, 求める解は

$\boldsymbol{z=-3i,\ \pm\frac{3\sqrt{3}}{2}+\frac{3}{2}i}$

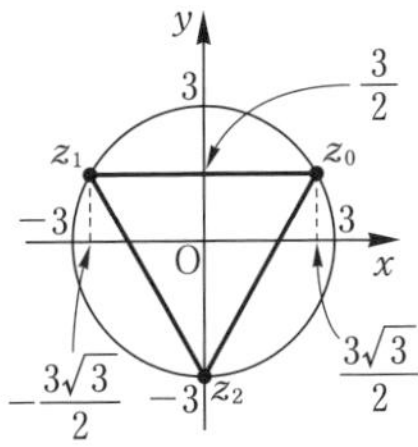

(2) $r>0$, $0 \leqq \theta < 2\pi$ として

$z=r(\cos\theta+i\sin\theta)$ とおくと,

ド・モアブルの定理より

$z^6=r^6(\cos 6\theta+i\sin 6\theta)$

また, $-8=8(\cos\pi+i\sin\pi)$ より

$z^6=-8$ は

$r^6(\cos 6\theta+i\sin 6\theta)$

$=8(\cos\pi+i\sin\pi)$

両辺の絶対値と偏角を比較すると

$r^6=8$, $r>0$ であるから　$r=\sqrt{2}$

$6\theta=\pi+2k\pi$ (k は整数) であるから

$\theta=\frac{\pi}{6}+\frac{k}{3}\pi$

$0 \leqq \theta < 2\pi$ の範囲では

$k=0$, 1, 2, 3, 4, 5 であるから

$k=0$ のとき

$z_0=\sqrt{2}\left(\cos\frac{\pi}{6}+i\sin\frac{\pi}{6}\right)=\frac{\sqrt{6}}{2}+\frac{\sqrt{2}}{2}i$

$k=1$ のとき

$z_1=\sqrt{2}\left(\cos\frac{1}{2}\pi+i\sin\frac{1}{2}\pi\right)=\sqrt{2}i$

$k=2$ のとき

$z_2=\sqrt{2}\left(\cos\frac{5}{6}\pi+i\sin\frac{5}{6}\pi\right)$

$=-\frac{\sqrt{6}}{2}+\frac{\sqrt{2}}{2}i$

$k=3$ のとき

$z_3=\sqrt{2}\left(\cos\frac{7}{6}\pi+i\sin\frac{7}{6}\pi\right)$

$=-\frac{\sqrt{6}}{2}-\frac{\sqrt{2}}{2}i$

$k=4$ のとき

$z_4=\sqrt{2}\left(\cos\frac{3}{2}\pi+i\sin\frac{3}{2}\pi\right)=-\sqrt{2}i$

$k=5$ のとき

$z_5=\sqrt{2}\left(\cos\frac{11}{6}\pi+i\sin\frac{11}{6}\pi\right)$

$=\frac{\sqrt{6}}{2}-\frac{\sqrt{2}}{2}i$

よって, 求める解は

$\boldsymbol{z=\pm\sqrt{2}i,\ \pm\frac{\sqrt{6}}{2}+\frac{\sqrt{2}}{2}i,\ \pm\frac{\sqrt{6}}{2}-\frac{\sqrt{2}}{2}i}$

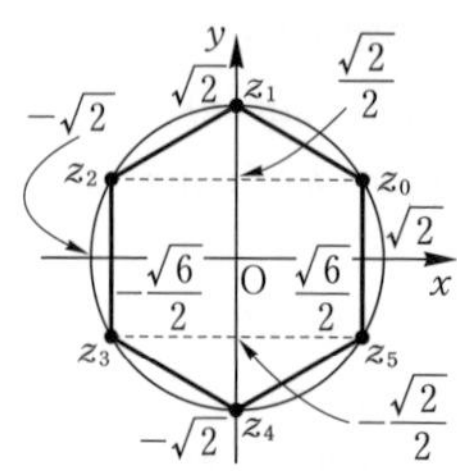

(3) $r>0$, $0 \leqq \theta < 2\pi$ として

$z=r(\cos\theta+i\sin\theta)$ とおくと，

ド・モアブルの定理より

$$z^2=r^2(\cos 2\theta+i\sin 2\theta)$$

また，$-i=\cos\frac{3}{2}\pi+i\sin\frac{3}{2}\pi$ より

$z^2=-i$ は

$$r^2(\cos 2\theta+i\sin 2\theta)$$
$$=\cos\frac{3}{2}\pi+i\sin\frac{3}{2}\pi$$

両辺の絶対値と偏角を比較すると

$r^2=1$, $r>0$ であるから　$r=1$

$2\theta=\frac{3}{2}\pi+2k\pi$（$k$ は整数）であるから

$$\theta=\frac{3}{4}\pi+k\pi$$

$0 \leqq \theta < 2\pi$ の範囲では　$k=0$, 1

であるから

$k=0$ のとき

$$z_0=\cos\frac{3}{4}\pi+i\sin\frac{3}{4}\pi$$
$$=-\frac{\sqrt{2}}{2}+\frac{\sqrt{2}}{2}i$$

$k=1$ のとき

$$z_1=\cos\frac{7}{4}\pi+i\sin\frac{7}{4}\pi$$
$$=\frac{\sqrt{2}}{2}-\frac{\sqrt{2}}{2}i$$

よって，求める解は

$$\boldsymbol{z=-\frac{\sqrt{2}}{2}+\frac{\sqrt{2}}{2}i,\ \frac{\sqrt{2}}{2}-\frac{\sqrt{2}}{2}i}$$

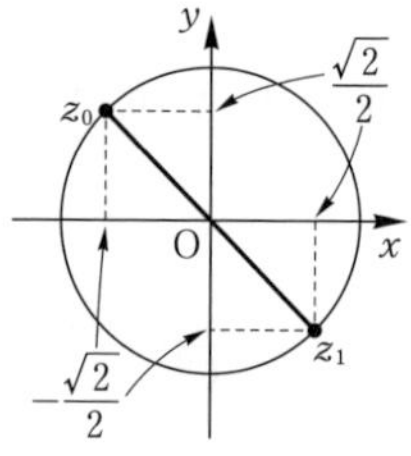

B

171 (1) $4i=4\left(\cos\frac{\pi}{2}+i\sin\frac{\pi}{2}\right)$

$$1+\sqrt{3}i=2\left(\cos\frac{\pi}{3}+i\sin\frac{\pi}{3}\right)$$

より　$\frac{4i}{1+\sqrt{3}i}$

$$=\frac{4}{2}\left\{\cos\left(\frac{\pi}{2}-\frac{\pi}{3}\right)+i\sin\left(\frac{\pi}{2}-\frac{\pi}{3}\right)\right\}$$
$$=2\left(\cos\frac{\pi}{6}+i\sin\frac{\pi}{6}\right)$$

よって

$$\left(\frac{4i}{1+\sqrt{3}i}\right)^{10}=\left\{2\left(\cos\frac{\pi}{6}+i\sin\frac{\pi}{6}\right)\right\}^{10}$$
$$=2^{10}\left(\cos\frac{5}{3}\pi+i\sin\frac{5}{3}\pi\right)$$
$$=1024\left(\frac{1}{2}-\frac{\sqrt{3}}{2}i\right)=\boldsymbol{512-512\sqrt{3}i}$$

(2) $1-\sqrt{3}i=2\left(\cos\frac{5}{3}\pi+i\sin\frac{5}{3}\pi\right)$

$$1+i=\sqrt{2}\left(\cos\frac{\pi}{4}+i\sin\frac{\pi}{4}\right)$$

より　$\frac{1-\sqrt{3}i}{1+i}$

$$=\frac{2}{\sqrt{2}}\left\{\cos\left(\frac{5}{3}\pi-\frac{\pi}{4}\right)+i\sin\left(\frac{5}{3}\pi-\frac{\pi}{4}\right)\right\}$$
$$=\sqrt{2}\left(\cos\frac{17}{12}\pi+i\sin\frac{17}{12}\pi\right)$$

よって

$$\left(\frac{1-\sqrt{3}}{1+i}\right)^{12}=\left\{\sqrt{2}\left(\cos\frac{17}{12}\pi+i\sin\frac{17}{12}\pi\right)\right\}^{12}$$
$$=(\sqrt{2})^{12}(\cos 17\pi+i\sin 17\pi)=\boldsymbol{-64}$$

172 (1) $z+\dfrac{1}{z}=\sqrt{3}$ より　$z^2-\sqrt{3}z+1=0$

これを解いて

$$z=\frac{\sqrt{3}\pm\sqrt{(-\sqrt{3})^2-4\cdot1\cdot1}}{2}=\frac{\sqrt{3}\pm i}{2}$$

$z=\dfrac{\sqrt{3}+i}{2}$ のとき　$\boldsymbol{z=\cos\dfrac{\pi}{6}+i\sin\dfrac{\pi}{6}}$

$z=\dfrac{\sqrt{3}-i}{2}$ のとき

$$\boldsymbol{z=\cos\left(-\frac{\pi}{6}\right)+i\sin\left(-\frac{\pi}{6}\right)}$$

(2) $z=\cos\dfrac{\pi}{6}+i\sin\dfrac{\pi}{6}$ のとき

$$\frac{1}{z^{12}}=z^{-12}=\left(\cos\frac{\pi}{6}+i\sin\frac{\pi}{6}\right)^{-12}$$
$$=\cos(-2\pi)+i\sin(-2\pi)=1$$

$z=\cos\left(-\dfrac{\pi}{6}\right)+i\sin\left(-\dfrac{\pi}{6}\right)$ のとき

$$\frac{1}{z^{12}}=z^{-12}=\left\{\cos\left(-\frac{\pi}{6}\right)+i\sin\left(-\frac{\pi}{6}\right)\right\}^{-12}$$
$$=\cos 2\pi+i\sin 2\pi=1$$

よって，いずれの場合も　$\boldsymbol{\dfrac{1}{z^{12}}=1}$

173 (1) $z_1=\left(\dfrac{1+\sqrt{3}}{2}-\dfrac{1-\sqrt{3}}{2}i\right)^{2\cdot1}$

$$=\left(\frac{1+\sqrt{3}}{2}\right)^2-2\cdot\frac{1+\sqrt{3}}{2}\cdot\frac{1-\sqrt{3}}{2}i+\left(\frac{1-\sqrt{3}}{2}i\right)^2$$
$$=\frac{2+\sqrt{3}}{2}+i-\frac{2-\sqrt{3}}{2}=\boldsymbol{\sqrt{3}+i}$$

(2) $z_n=\left\{\left(\dfrac{1+\sqrt{3}}{2}-\dfrac{1-\sqrt{3}}{2}i\right)^2\right\}^n=z_1{}^n$

$$=(\sqrt{3}+i)^n$$
$$=\left\{2\left(\cos\frac{\pi}{6}+i\sin\frac{\pi}{6}\right)\right\}^n$$
$$=2^n\left(\cos\frac{n}{6}\pi+i\sin\frac{n}{6}\pi\right)$$

z_n が実数となるとき　$\sin\dfrac{n}{6}\pi=0$

これを満たす最小の自然数 n は　$\boldsymbol{n=6}$

このとき　$z_6=2^6(\cos\pi+i\sin\pi)=\boldsymbol{-64}$

174 (1) $r>0$，$0\leqq\theta<2\pi$ として

$z=r(\cos\theta+i\sin\theta)$ とおくと，

ド・モアブルの定理より

$$z^4=r^4(\cos 4\theta+i\sin 4\theta)$$

また

$$8(-1+\sqrt{3}i)=16\left(\cos\frac{2}{3}\pi+i\sin\frac{2}{3}\pi\right)$$

より，$z^4=8(-1+\sqrt{3}i)$ は

$$r^4(\cos 4\theta+i\sin 4\theta)=16\left(\cos\frac{2}{3}\pi+i\sin\frac{2}{3}\pi\right)$$

両辺の絶対値と偏角を比較すると

$r^4=16$，$r>0$ であるから　$r=2$

$4\theta=\dfrac{2}{3}\pi+2k\pi$（$k$ は整数）であるから

$$\theta=\frac{\pi}{6}+\frac{k}{2}\pi$$

$0\leqq\theta<2\pi$ の範囲では　$k=0$，1，2，3

であるから

$k=0$ のとき

$$z_0=2\left(\cos\frac{\pi}{6}+i\sin\frac{\pi}{6}\right)=\sqrt{3}+i$$

$k=1$ のとき

$$z_1=2\left(\cos\frac{2}{3}\pi+i\sin\frac{2}{3}\pi\right)=-1+\sqrt{3}i$$

$k=2$ のとき

$$z_2=2\left(\cos\frac{7}{6}\pi+i\sin\frac{7}{6}\pi\right)=-\sqrt{3}-i$$

$k=3$ のとき

$$z_3=2\left(\cos\frac{5}{3}\pi+i\sin\frac{5}{3}\pi\right)=1-\sqrt{3}i$$

よって，求める解は

$$\boldsymbol{z=-\sqrt{3}-i,\ \sqrt{3}+i,\ -1+\sqrt{3}i,\ 1-\sqrt{3}i}$$

(2) $r>0$，$0\leqq\theta<2\pi$ として

$z=r(\cos\theta+i\sin\theta)$ とおくと，

ド・モアブルの定理より

$$z^3=r^3(\cos 3\theta+i\sin 3\theta)$$

また

$$-2+2i=2\sqrt{2}\left(\cos\frac{3}{4}\pi+i\sin\frac{3}{4}\pi\right)$$

より，$z^3=-2+2i$ は

$$r^3(\cos 3\theta+i\sin 3\theta)$$
$$=2\sqrt{2}\left(\cos\frac{3}{4}\pi+i\sin\frac{3}{4}\pi\right)$$

両辺の絶対値と偏角を比較すると

$r^3=2\sqrt{2}$，$r>0$ であるから　$r=\sqrt{2}$

$3\theta=\frac{3}{4}\pi+2k\pi$（$k$ は整数）であるから

$$\theta=\frac{\pi}{4}+\frac{2k}{3}\pi$$

$0\leqq\theta<2\pi$ の範囲では　$k=0,\ 1,\ 2$

であるから

$k=0$ のとき

$$z_0=\sqrt{2}\left(\cos\frac{\pi}{4}+i\sin\frac{\pi}{4}\right)=1+i$$

$k=1$ のとき

$$\cos\left(\frac{\pi}{4}+\frac{2}{3}\pi\right)$$

$\cos(\alpha+\beta)$
$=\cos\alpha\cos\beta-\sin\alpha\sin\beta$

$$=\cos\frac{\pi}{4}\cos\frac{2}{3}\pi-\sin\frac{\pi}{4}\sin\frac{2}{3}\pi$$
$$=\frac{\sqrt{2}}{2}\cdot\left(-\frac{1}{2}\right)-\frac{\sqrt{2}}{2}\cdot\frac{\sqrt{3}}{2}=-\frac{\sqrt{6}+\sqrt{2}}{4}$$

$$\sin\left(\frac{\pi}{4}+\frac{2}{3}\pi\right)$$

$\sin(\alpha+\beta)$
$=\sin\alpha\cos\beta+\cos\alpha\sin\beta$

$$=\sin\frac{\pi}{4}\cos\frac{2}{3}\pi+\cos\frac{\pi}{4}\sin\frac{2}{3}\pi$$
$$=\frac{\sqrt{2}}{2}\cdot\left(-\frac{1}{2}\right)+\frac{\sqrt{2}}{2}\cdot\frac{\sqrt{3}}{2}=\frac{\sqrt{6}-\sqrt{2}}{4}$$

より

$$z_1=\sqrt{2}\left\{\cos\left(\frac{\pi}{4}+\frac{2}{3}\pi\right)+i\sin\left(\frac{\pi}{4}+\frac{2}{3}\pi\right)\right\}$$
$$=-\frac{\sqrt{3}+1}{2}+\frac{\sqrt{3}-1}{2}i$$

$k=2$ のとき

$$\cos\left(\frac{\pi}{4}+\frac{4}{3}\pi\right)$$
$$=\cos\frac{\pi}{4}\cos\frac{4}{3}\pi-\sin\frac{\pi}{4}\sin\frac{4}{3}\pi$$
$$=\frac{\sqrt{2}}{2}\cdot\left(-\frac{1}{2}\right)-\frac{\sqrt{2}}{2}\cdot\left(-\frac{\sqrt{3}}{2}\right)=\frac{\sqrt{6}-\sqrt{2}}{4}$$

$$\sin\left(\frac{\pi}{4}+\frac{4}{3}\pi\right)$$
$$=\sin\frac{\pi}{4}\cdot\cos\frac{4}{3}\pi+\cos\frac{\pi}{4}\cdot\sin\frac{4}{3}\pi$$
$$=\frac{\sqrt{2}}{2}\cdot\left(-\frac{1}{2}\right)+\frac{\sqrt{2}}{2}\cdot\left(-\frac{\sqrt{3}}{2}\right)=-\frac{\sqrt{6}+\sqrt{2}}{4}$$

より

$$z_2=\sqrt{2}\left\{\cos\left(\frac{\pi}{4}+\frac{4}{3}\pi\right)+i\sin\left(\frac{\pi}{4}+\frac{4}{3}\pi\right)\right\}$$
$$=\frac{\sqrt{3}-1}{2}-\frac{\sqrt{3}+1}{2}i$$

よって，求める解は

$$\boldsymbol{z=1+i,\ -\frac{\sqrt{3}+1}{2}+\frac{\sqrt{3}-1}{2}i,\ \frac{\sqrt{3}-1}{2}-\frac{\sqrt{3}+1}{2}i}$$

C

175 漸化式を変形すると

$$z_{n+1}-1=(1-i)(z_n-1)$$

⇦ $\alpha=(1-i)\alpha+i$ とおくと　$\alpha=1$

$\{z_n-1\}$ は初項 $i-1$，公比 $1-i$ の等比数列であるから

$$z_n-1=(i-1)\cdot(1-i)^{n-1}=-(1-i)^n$$

よって　$z_n=1-(1-i)^n$

$1-i=\sqrt{2}\left\{\cos\left(-\frac{\pi}{4}\right)+i\sin\left(-\frac{\pi}{4}\right)\right\}$ であるから

⇦ $1-i$ を極形式で表し，z_n の虚部を考えやすくする。

$$z_n=1-\left[\sqrt{2}\left\{\cos\left(-\frac{\pi}{4}\right)+i\sin\left(-\frac{\pi}{4}\right)\right\}\right]^n$$
$$=1-(\sqrt{2})^n\left\{\cos\left(-\frac{n}{4}\pi\right)+i\sin\left(-\frac{n}{4}\pi\right)\right\}$$

ド・モアブルの定理

$(\cos\theta+i\sin\theta)^n$
$=\cos n\theta+i\sin n\theta$

$=1-(\sqrt{2})^n\left(\cos\dfrac{n}{4}\pi-i\sin\dfrac{n}{4}\pi\right)$

z_n が実数となるのは　$\sin\dfrac{n}{4}\pi=0$

$\dfrac{n}{4}\pi=k\pi$（k は整数）より　$\boldsymbol{n=4k}$（$\boldsymbol{k}$ **は1以上の整数**）

176 (1)　$z=\cos\dfrac{2}{5}\pi+i\sin\dfrac{2}{5}\pi$ より

$z^5=\left(\cos\dfrac{2}{5}\pi+i\sin\dfrac{2}{5}\pi\right)^5=\cos 2\pi+i\sin 2\pi=\mathbf{1}$

(2)　(1)より　$z^5-1=0$

$(z-1)(z^4+z^3+z^2+z+1)=0$

$z\neq 1$ であるから　$z^4+z^3+z^2+z+1=\mathbf{0}$

⇦ z^5-1 を因数分解する。

⇦ $ax^4+bx^3+cx^2+bx+a=0$ のような形の方程式を相反方程式という。

(3)　$z\neq 0$ であるから，$z^4+z^3+z^2+z+1=0$ の両辺を z^2 で割って

$z^2+z+1+\dfrac{1}{z}+\dfrac{1}{z^2}=0$

$\left(z^2+\dfrac{1}{z^2}\right)+\left(z+\dfrac{1}{z}\right)+1=0$

ここで，$z+\dfrac{1}{z}=t$ とおくと　$\left(z+\dfrac{1}{z}\right)^2=t^2$

$z^2+2+\dfrac{1}{z^2}=t^2$ より　$z^2+\dfrac{1}{z^2}=t^2-2$

よって　$(t^2-2)+t+1=0$

$t^2+t-1=0$

これを解いて　$t=\dfrac{-1\pm\sqrt{5}}{2}$

⇦ $z+\dfrac{1}{z}$ の値が2つあることになるので，どちらが適するのか判断する。

ここで

$z+\dfrac{1}{z}$

$=\left(\cos\dfrac{2}{5}\pi+i\sin\dfrac{2}{5}\pi\right)+\left\{\cos\left(-\dfrac{2}{5}\pi\right)+i\sin\left(-\dfrac{2}{5}\pi\right)\right\}$

$=\left(\cos\dfrac{2}{5}\pi+i\sin\dfrac{2}{5}\pi\right)+\left(\cos\dfrac{2}{5}\pi-i\sin\dfrac{2}{5}\pi\right)$

$=2\cos\dfrac{2}{5}\pi>0$

⇦ $0<\dfrac{2}{5}\pi<\dfrac{\pi}{2}$ より $\cos\dfrac{2}{5}\pi>0$

であるから　$z+\dfrac{1}{z}=\boldsymbol{\dfrac{-1+\sqrt{5}}{2}}$

(4)　(3)より　$2\cos\dfrac{2}{5}\pi=\dfrac{-1+\sqrt{5}}{2}$

よって　$\cos\dfrac{2}{5}\pi=\boldsymbol{\dfrac{-1+\sqrt{5}}{4}}$

177 (1) $z=\cos\dfrac{\pi}{3}+i\sin\dfrac{\pi}{3}$ より

⇦ド・モアブルの定理を利用する。

$$z^2=\cos\frac{2}{3}\pi+i\sin\frac{2}{3}\pi=\boldsymbol{\frac{-1+\sqrt{3}i}{2}}$$

$$z^3=\cos\pi+i\sin\pi=\boldsymbol{-1}$$

(2) $S=z+2z^2+3z^3+\cdots\cdots+18z^{18}$ ……①

とおくと

$zS=\quad z^2+2z^3+\cdots\cdots+17z^{18}+18z^{19}$ ……②

⇦(等差数列)×(等比数列)の形の数列の和 S は $S-$(公比)$\times S$ を考える。

①−②より

$$(1-z)S=z+z^2+\cdots\cdots+z^{18}-18z^{19}$$

$z\neq1$ より　$(1-z)S=\dfrac{z(1-z^{18})}{1-z}-18z^{19}$

⇦$z+z^2+\cdots\cdots+z^{18}$ は，初項 z，公比 z，項数 18 の等比数列の和

よって　$S=\dfrac{z(1-z^{18})}{(1-z)^2}-\dfrac{18z^{19}}{1-z}$

ここで

$$z^{18}=\cos6\pi+i\sin6\pi=1$$

$$z^{19}=\cos\frac{19}{3}\pi+i\sin\frac{19}{3}\pi=\frac{1+\sqrt{3}i}{2}$$

⇦$z^{19}=z^{18}\cdot z=1\cdot z=\dfrac{1+\sqrt{3}i}{2}$ としてもよい。

$$1-z=\frac{1-\sqrt{3}i}{2}$$

ゆえに

$$S=0-\frac{18\cdot\frac{1+\sqrt{3}i}{2}}{\frac{1-\sqrt{3}i}{2}}=-\frac{18(1+\sqrt{3}i)^2}{4}=\boldsymbol{9-9\sqrt{3}i}$$

178 $z^n-1=0$ より

$$(z-1)(z^{n-1}+z^{n-2}+\cdots\cdots+z+1)=0$$

⇦z^n-1 を因数分解する。

$z\neq1$ より　$1+z+z^2+\cdots\cdots+z^{n-2}+z^{n-1}=0$

ここで，$z^k=\cos k\theta+i\sin k\theta$ より

$$\sum_{k=0}^{n-1}z^k=\sum_{k=0}^{n-1}(\cos k\theta+i\sin k\theta)$$

$$=\sum_{k=0}^{n-1}\cos k\theta+i\sum_{k=0}^{n-1}\sin k\theta=0$$

$\displaystyle\sum_{k=0}^{n-1}\cos k\theta$，$\displaystyle\sum_{k=0}^{n-1}\sin k\theta$ はともに実数であるから，

⇦a，b が実数のとき $a+bi=0 \Leftrightarrow a=b=0$

$\displaystyle\sum_{k=0}^{n-1}\cos k\theta=0$ より

$$1+\cos\theta+\cos2\theta+\cdots\cdots+\cos(n-1)\theta=\boldsymbol{0}$$

(参考)

$$\sum_{k=0}^{n-1}\sin k\theta=\sin\theta+\sin2\theta+\cdots\cdots+\sin(n-1)\theta=0$$

も成り立つ。

4 複素数の図形への応用

本編 p.043～046

A

179 AB を 2：1 に内分する点 P を表す複素数は

$$\frac{(2+i)+2(-1+4i)}{2+1}=\boldsymbol{3i}$$

AB を 4：1 に外分する点 Q を表す複素数は

$$\frac{-(2+i)+4(-1+4i)}{4-1}=\boldsymbol{-2+5i}$$

線分 AB の中点 M を表す複素数は

$$\frac{(2+i)+(-1+4i)}{2}=\boldsymbol{\frac{1}{2}+\frac{5}{2}i}$$

180 (1) **点 -1 を中心とする半径 2 の円**

(2) **点 $2i$ を中心とする半径 1 の円**

(3) $|z-(1+i)|=2$ より

点 $1+i$ を中心とする半径 2 の円

(4) $\left|z-\dfrac{i}{2}\right|=\dfrac{3}{2}$ より ← $|z-\alpha|=r$ の形にする。

点 $\dfrac{i}{2}$ を中心とする半径 $\dfrac{3}{2}$ の円

181 (1) **点 1 と点 -3 を結ぶ線分の垂直二等分線**

(2) $|z|=|z-(-2+i)|$ より

原点と点 $-2+i$ を結ぶ線分の垂直二等分線

(3) $|z-2|=|z-(-4i)|$ より

点 2 と点 $-4i$ を結ぶ線分の垂直二等分線

(4) $|z-(1+i)|=|z-(3-i)|$ より

点 $1+i$ と点 $3-i$ を結ぶ線分の垂直二等分線

182 点 A$(a+4i)$ が原点 O に移る平行移動によって，点 B$(3+ai)$ が移る点を表す複素数は

$$(3+ai)-(a+4i)=(3-a)+(a-4)i$$

よって

$$(3-a)+(a-4)i=b-3i$$

$3-a$，$a-4$，b は実数であるから

$$3-a=b,\ a-4=-3$$

これを解いて　$\boldsymbol{a=1,\ b=2}$

183 $\gamma=\left\{\cos\left(-\dfrac{\pi}{3}\right)+i\sin\left(-\dfrac{\pi}{3}\right)\right\}(\beta-\alpha)+\alpha$

であり，

$$\beta-\alpha=(4+i)-(2-i)=2+2i$$

であるから

$$\gamma=\left(\frac{1}{2}-\frac{\sqrt{3}}{2}i\right)(2+2i)+(2-i)$$
$$=\boldsymbol{3+\sqrt{3}-\sqrt{3}i}$$

184

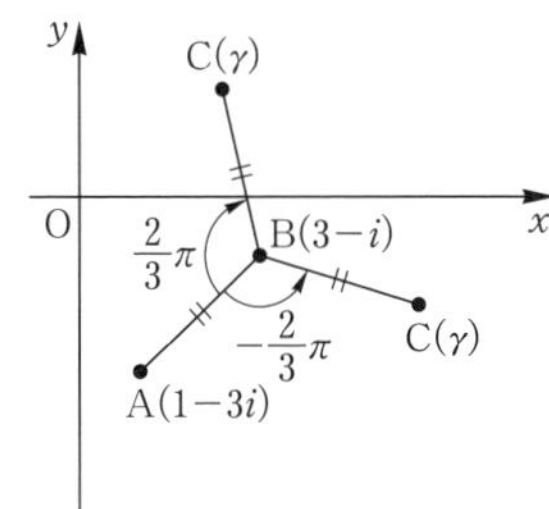

点 A を点 B のまわりに $\dfrac{2}{3}\pi$ または $-\dfrac{2}{3}\pi$ だけ回転した点が点 C であるから

$$\gamma=\left(\cos\frac{2}{3}\pi+i\sin\frac{2}{3}\pi\right)\times\{(1-3i)-(3-i)\}+(3-i)$$
$$=\left(-\frac{1}{2}+\frac{\sqrt{3}}{2}i\right)(-2-2i)+(3-i)$$
$$=1+\sqrt{3}+(1-\sqrt{3})i+3-i$$
$$=4+\sqrt{3}-\sqrt{3}i$$

または

$$\gamma=\left\{\cos\left(-\frac{2}{3}\pi\right)+i\sin\left(-\frac{2}{3}\pi\right)\right\}\times\{(1-3i)-(3-i)\}+(3-i)$$
$$=\left(-\frac{1}{2}-\frac{\sqrt{3}}{2}i\right)(-2-2i)+(3-i)$$
$$=1-\sqrt{3}+(1+\sqrt{3})i+3-i$$
$$=4-\sqrt{3}+\sqrt{3}i$$

よって

$$\boldsymbol{\gamma=4+\sqrt{3}-\sqrt{3}i,\ 4-\sqrt{3}+\sqrt{3}i}$$

185 (1) $\dfrac{\gamma-\beta}{\alpha-\beta}=\dfrac{(-\sqrt{3}-i)-(1-\sqrt{3}i)}{(\sqrt{3}+i)-(1-\sqrt{3}i)}$

$=\dfrac{-(\sqrt{3}+1)+(\sqrt{3}-1)i}{(\sqrt{3}-1)+(\sqrt{3}+1)i}$

$=\dfrac{\{-(\sqrt{3}+1)+(\sqrt{3}-1)i\}\{(\sqrt{3}-1)-(\sqrt{3}+1)i\}}{\{(\sqrt{3}-1)+(\sqrt{3}+1)i\}\{(\sqrt{3}-1)-(\sqrt{3}+1)i\}}$

$=\dfrac{-2+(\sqrt{3}+1)^2i+(\sqrt{3}-1)^2i+2}{(\sqrt{3}-1)^2+(\sqrt{3}+1)^2}$

$=i=\cos\dfrac{\pi}{2}+i\sin\dfrac{\pi}{2}$

よって　$\theta=\angle\mathrm{ABC}=\arg\dfrac{\gamma-\beta}{\alpha-\beta}=\boldsymbol{\dfrac{\pi}{2}}$

(2) $\dfrac{\beta-\alpha}{\gamma-\alpha}=\dfrac{(1-\sqrt{3}i)-(\sqrt{3}+i)}{(-\sqrt{3}-i)-(\sqrt{3}+i)}$

$=\dfrac{(1-\sqrt{3})-(\sqrt{3}+1)i}{-2(\sqrt{3}+i)}$

$=\dfrac{\{(1-\sqrt{3})-(\sqrt{3}+1)i\}(\sqrt{3}-i)}{-2(\sqrt{3}+i)(\sqrt{3}-i)}$

$=\dfrac{(1-\sqrt{3})\sqrt{3}-(1-\sqrt{3})i-\sqrt{3}(\sqrt{3}+1)i-(\sqrt{3}+1)}{-2\cdot 4}$

$=\dfrac{1+i}{2}=\dfrac{\sqrt{2}}{2}\left(\cos\dfrac{\pi}{4}+i\sin\dfrac{\pi}{4}\right)$

よって　$\theta=\angle\mathrm{CAB}=\arg\dfrac{\beta-\alpha}{\gamma-\alpha}=\boldsymbol{\dfrac{\pi}{4}}$

(3) $\dfrac{\gamma-\alpha}{\delta-\alpha}=\dfrac{(-\sqrt{3}-i)-(\sqrt{3}+i)}{i-(\sqrt{3}+i)}$

$=\dfrac{-2\sqrt{3}-2i}{-\sqrt{3}}=\dfrac{2}{\sqrt{3}}(\sqrt{3}+i)$

$=\dfrac{4}{\sqrt{3}}\left(\cos\dfrac{\pi}{6}+i\sin\dfrac{\pi}{6}\right)$

よって　$\theta=\angle\mathrm{DAC}=\arg\dfrac{\gamma-\alpha}{\delta-\alpha}=\boldsymbol{\dfrac{\pi}{6}}$

186 $\alpha=2-i$, $\beta=-1+3i$, $\gamma=ki$ とおく。

(1) $\dfrac{\gamma-\alpha}{\beta-\alpha}=\dfrac{ki-(2-i)}{(-1+3i)-(2-i)}$

$=\dfrac{-2+(k+1)i}{-3+4i}$

$=\dfrac{1}{25}\{4k+10+(5-3k)i\}$

これが実数のとき　$5-3k=0$

よって　$\boldsymbol{k=\dfrac{5}{3}}$

(2) $\dfrac{\gamma-\beta}{\alpha-\beta}=\dfrac{ki-(-1+3i)}{2-i-(-1+3i)}$

$=\dfrac{1+(k-3)i}{3-4i}$

$=\dfrac{1}{25}\{15-4k+(3k-5)i\}$

これが純虚数のとき

$15-4k=0$　かつ　$3k-5\neq 0$

よって　$\boldsymbol{k=\dfrac{15}{4}}$

B

187 (1) 方程式の両辺を 2 乗して

$4|z-1|^2=|z+2|^2$ より

$4(z-1)\overline{(z-1)}=(z+2)\overline{(z+2)}$

$4(z-1)(\overline{z}-1)=(z+2)(\overline{z}+2)$

整理して　$z\overline{z}-2z-2\overline{z}=0$

$(z-2)(\overline{z}-2)=4$

$(z-2)\overline{(z-2)}=4$

よって　$|z-2|^2=4$

すなわち　$|z-2|=2$

ゆえに，求める図形は

点 2 を中心とする半径 2 の円

(別解)

$z=x+yi$ とすると

$|z-1|=\sqrt{(x-1)^2+y^2}$

$|z+2|=\sqrt{(x+2)^2+y^2}$

$2|z-1|=|z+2|$ より

$2\sqrt{(x-1)^2+y^2}=\sqrt{(x+2)^2+y^2}$

両辺を 2 乗すると

$4\{(x-1)^2+y^2\}=(x+2)^2+y^2$

整理して　$(x-2)^2+y^2=4$

よって，求める図形は

点 2 を中心とする半径 2 の円

(2) 方程式の両辺を 2 乗して

$|z-3i|^2=9|z+4+i|^2$ より

$(z-3i)\overline{(z-3i)}=9(z+4+i)\overline{(z+4+i)}$

$(z-3i)(\overline{z}+3i)=9(z+4+i)(\overline{z}+4-i)$

整理して　（i の係数の符号に注意）

$z\overline{z}+\frac{9-3i}{2}z+\frac{9+3i}{2}\overline{z}+18=0$

$\left(z+\frac{9+3i}{2}\right)\left(\overline{z}+\frac{9-3i}{2}\right)=\frac{9}{2}$

$\left(z+\frac{9+3i}{2}\right)\overline{\left(z+\frac{9+3i}{2}\right)}=\frac{9}{2}$

よって　$\left|z-\frac{-9-3i}{2}\right|^2=\frac{9}{2}$

すなわち　$\left|z-\frac{-9-3i}{2}\right|=\frac{3\sqrt{2}}{2}$

ゆえに，求める図形は

点 $-\frac{9}{2}-\frac{3}{2}i$ を中心とする半径 $\frac{3\sqrt{2}}{2}$ の円

(別解)

$z=x+yi$ とすると

$|z-3i|=\sqrt{x^2+(y-3)^2}$,

$|z+4+i|=\sqrt{(x+4)^2+(y+1)^2}$

$|z-3i|=3|z+4+i|$ より

$\sqrt{x^2+(y-3)^2}=3\sqrt{(x+4)^2+(y+1)^2}$

両辺を 2 乗すると

$x^2+(y-3)^2=9\{(x+4)^2+(y+1)^2\}$

整理して

$\left(x+\frac{9}{2}\right)^2+\left(y+\frac{3}{2}\right)^2=\frac{9}{2}$

よって，求める図形は

点 $-\frac{9}{2}-\frac{3}{2}i$ を中心とする半径 $\frac{3\sqrt{2}}{2}$ の円

(参考)

一般に，2 つの定点 A，B からの距離の比が $m:n$ $(m\neq n)$ である点の全体は，線分 AB を内分する点と外分する点を直径の両端とする円（アポロニウスの円）となる。

188 (1) $z=2w-1$ を変形すると

$w=\frac{z+1}{2}$

これを $|w|=1$ に代入すると

$\left|\frac{z+1}{2}\right|=1$

すなわち　$|z+1|=2$

よって，求める図形は

点 -1 を中心とする半径 2 の円

(別解)

$z=x+yi$，$w=X+Yi$ とすると，

$z=2w-1$ に代入して

$x+yi=2(X+Yi)-1$

$=2X-1+2Yi$

よって　$x=2X-1$，$y=2Y$

すなわち　$X=\frac{x+1}{2}$，$Y=\frac{y}{2}$　……①

ところで，$|w|=1$ より，

$|w|^2=1$ であるから

$X^2+Y^2=1$　……②

①を②に代入して整理すると

$(x+1)^2+y^2=4$

ゆえに，求める図形は

点 -1 を中心とする半径 2 の円

(2) $z=w-(1+i)$ を変形すると

$w=z+1+i$

これを $|w|=1$ に代入すると

$|z+1+i|=1$

すなわち　$|z-(-1-i)|=1$

よって，求める図形は

点 $-1-i$ を中心とする半径 1 の円

(別解)

$z=x+yi$，$w=X+Yi$ とすると，

$z=w-(1+i)$ に代入して

$x+yi=(X+Yi)-(1+i)$

$=X-1+(Y-1)i$

よって　$x=X-1$，$y=Y-1$

すなわち　$X=x+1$，$Y=y+1$　……①

ところで，$|w|=1$ より，

$|w|^2=1$ であるから

$X^2+Y^2=1$ ……②

①を②に代入して整理すると

$(x+1)^2+(y+1)^2=1$

ゆえに，求める図形は

点 $-1-i$ を中心とする半径 1 の円

(3) $z=\dfrac{i-w}{2}$ を変形すると　$w=i-2z$

これを $|w|=1$ に代入すると

$|i-2z|=1$

すなわち　$\left|z-\dfrac{i}{2}\right|=\dfrac{1}{2}$

よって，求める図形は

点 $\dfrac{i}{2}$ を中心とする半径 $\dfrac{1}{2}$ の円

(別解)

$z=x+yi$，$w=X+Yi$ とすると，

$z=\dfrac{i-w}{2}$ に代入して

$$x+yi=\frac{i-(X+Yi)}{2}$$

$$=-\frac{X}{2}+\frac{1-Y}{2}i$$

よって　$x=-\dfrac{X}{2}$，$y=\dfrac{1-Y}{2}$

すなわち　$X=-2x$，$Y=1-2y$ ……①

ところで，$|w|=1$ より，

$|w|^2=1$ であるから

$X^2+Y^2=1$ ……②

①を②に代入して整理すると

$x^2+\left(y-\dfrac{1}{2}\right)^2=\dfrac{1}{4}$

ゆえに，求める図形は

点 $\dfrac{i}{2}$ を中心とする半径 $\dfrac{1}{2}$ の円

189 (1) 等式より

$\gamma-\beta=\dfrac{1-\sqrt{3}i}{2}(\beta-\alpha)$

よって

$\dfrac{\gamma-\beta}{\alpha-\beta}=-\dfrac{1}{2}+\dfrac{\sqrt{3}}{2}i$

(2) $\left|\dfrac{\gamma-\beta}{\alpha-\beta}\right|=\left|-\dfrac{1}{2}+\dfrac{\sqrt{3}}{2}i\right|=1$ より

$|\gamma-\beta|=|\alpha-\beta|$

すなわち　BC=BA

また　$\arg\dfrac{\gamma-\beta}{\alpha-\beta}$

$=\arg\left(-\dfrac{1}{2}+\dfrac{\sqrt{3}}{2}i\right)=\dfrac{2}{3}\pi$

より　$\angle\mathrm{ABC}=\dfrac{2}{3}\pi$ ← $\dfrac{2}{3}\pi=120°$

であるから，△ABC は

BC=BA，∠ABC=120° の二等辺三角形

190 (1) 等式 $|z-\sqrt{3}-i|=1$ を満たす点 z の全体は，点 $\sqrt{3}+i$ を中心とする半径 1 の円を表す。

よって，点 P(z) の全体の表す図形は，次の図のようになる。

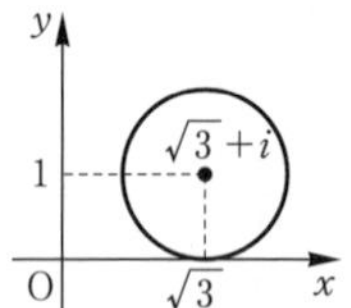

(2) $|z|$ が最大となるのは，下の図で点 z が点 z_1 と一致するときである。

このとき

$|z_1|=|\sqrt{3}+i|+1=2+1=3$

また，$|z|$ が最小となるのは，下の図で点 z が点 z_2 と一致するときである。

このとき

$|z_2|=|\sqrt{3}+i|-1=2-1=1$

よって，$|z|$ の**最大値は 3，最小値は 1**

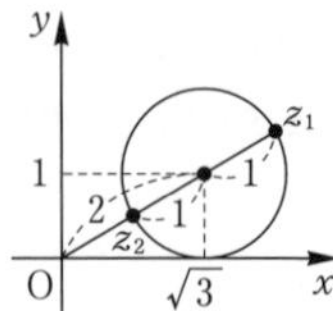

(3) $\arg z$ が最大となるのは，下の図で点 z が点 z_3 と一致するときである。

このとき

$$\arg z_3=2\arg(\sqrt{3}+i)=2\times\frac{\pi}{6}=\frac{\pi}{3}$$

また，$\arg z$ が最小となるのは，下の図で点 z が点 z_4 と一致するときである。

このとき

$$\arg z_4=0$$

よって $\theta=\arg z$ のとりうる値の範囲は

$$\boldsymbol{0\leqq\theta\leqq\frac{\pi}{3}}$$

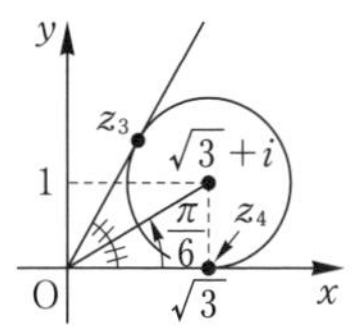

191 B(z) とすると

$$z=(a+i)i=-1+ai$$

点 A を点 B のまわりに $-\frac{\pi}{3}$ だけ回転した点を C(w) とすると

$$w=\left\{\cos\left(-\frac{\pi}{3}\right)+i\sin\left(-\frac{\pi}{3}\right)\right\}\times\{a+i-(-1+ai)\}+(-1+ai)$$

$$=\left(\frac{1}{2}-\frac{\sqrt{3}}{2}i\right)\{(a+1)+(-a+1)i\}+(-1+ai)$$

整理して

$$w=\frac{1-\sqrt{3}}{2}\{a-1+(a+1)i\}$$

$a-1$，$a+1$ は実数であるから，

点 C(w) が虚軸上にあるためには　$a-1=0$

実部=0

よって　$\boldsymbol{a=1}$

C

192 (1) $\beta\neq0$ より，与式の両辺を β^2 で割ると

$$\left(\frac{\alpha}{\beta}\right)^2+\frac{\alpha}{\beta}+1=0$$

よって　$\frac{\alpha}{\beta}=\frac{-1\pm\sqrt{3}i}{2}=\boldsymbol{-\frac{1}{2}\pm\frac{\sqrt{3}}{2}i}$

(2) $\frac{\alpha}{\beta}=\cos\frac{2}{3}\pi+i\sin\frac{2}{3}\pi$

または　$\frac{\alpha}{\beta}=\cos\left(-\frac{2}{3}\pi\right)+i\sin\left(-\frac{2}{3}\pi\right)$

であるから

$$\left|\frac{\alpha}{\beta}\right|=1,\ \arg\frac{\alpha}{\beta}=\pm\frac{2}{3}\pi$$

よって，△OAB は

OA=OB，∠AOB=120° の二等辺三角形である。

教 p.98 章末A 6

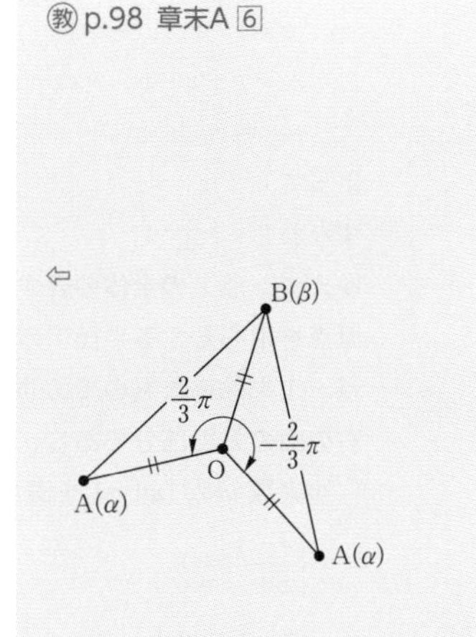

193 $z=\dfrac{1+w}{1-w}$ より　$(1-w)z=1+w$

$(1+z)w=z-1$ であるから　$w=\dfrac{z-1}{z+1}$ $(z \neq -1)$

⇦ $(1+z)w=z-1$ より，$z=-1$ では等式が成り立たない。

(1) 点 w が実軸上にあるとき　$\overline{w}=w$

⇦ w が実数 ⇔ $\overline{w}=w$

$$\overline{\left(\frac{z-1}{z+1}\right)}=\frac{z-1}{z+1}$$

$$\frac{\overline{z}-1}{\overline{z}+1}=\frac{z-1}{z+1}$$

$$(z+1)(\overline{z}-1)=(z-1)(\overline{z}+1)$$

$$z\overline{z}-z+\overline{z}-1=z\overline{z}+z-\overline{z}-1$$

よって　$\overline{z}=z$

ゆえに，点 z の全体の表す図形は，実軸から点 -1 を除いたものであり，右の図の太線部である。

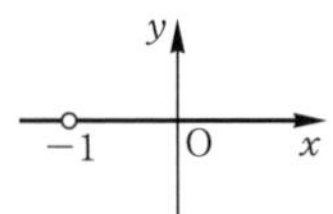

⇦ $z \neq -1$ に注意

(2) 点 w が虚軸上を動くとき，$\overline{w}=-w$

⇦ w が虚軸上 ⇔ $\overline{w}=-w$

$$\overline{\left(\frac{z-1}{z+1}\right)}=-\frac{z-1}{z+1}$$

$$\frac{\overline{z}-1}{\overline{z}+1}=-\frac{z-1}{z+1}$$

$$(z+1)(\overline{z}-1)=-(z-1)(\overline{z}+1)$$

$$z\overline{z}-z+\overline{z}-1=-z\overline{z}-z+\overline{z}+1$$

$$z\overline{z}=1$$

よって　$|z|^2=1$

すなわち　$|z|=1$

ゆえに，点 z の全体の表す図形は，原点を中心とする半径 1 の円から点 -1 を除いたものであり，右の図の太線部分である。

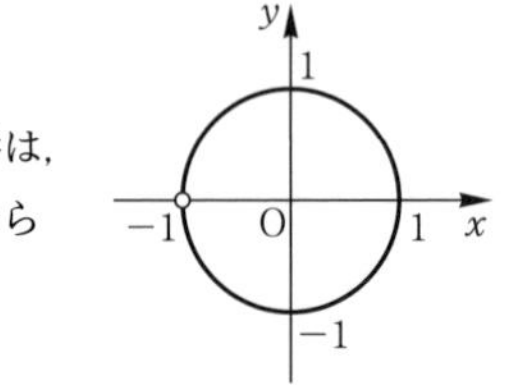

⇦ $z \neq -1$ に注意

(3) 複素数 w が $|w|=1$ を満たすとき

$$\left|\frac{z-1}{z+1}\right|=1$$

$$|z-1|=|z+1|$$

⇦ $|z-1|^2=|z+1|^2$ より $(z-1)(\overline{z}-1)=(z+1)(\overline{z}+1)$ から　$\overline{z}=-z$ としてもよい。

複素数平面において，z，1，-1 を表す点をそれぞれ P，A，B とすると，AP=BP であるから，点 z の全体の表す図形は，点 1 と点 -1 を結ぶ線分の垂直二等分線，すなわち虚軸であり，右の図の太線部分である。

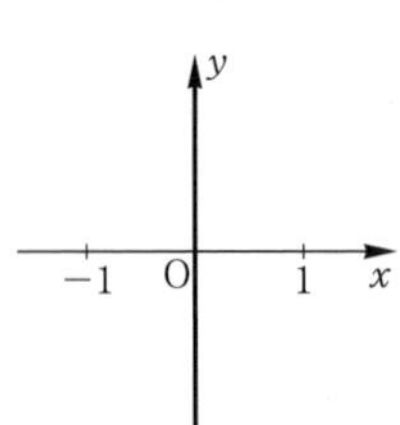

(4) 複素数 w が $|w|=2$ を満たすとき

$$\left|\frac{z-1}{z+1}\right|=2$$

$$|z-1|=2|z+1|$$

⇦点 z は 2 点 -1，1 からの距離の比が $1:2$ となる点の軌跡（アポロニウスの円）

両辺を 2 乗して

$$|z-1|^2=4|z+1|^2$$

$$(z-1)\overline{(z-1)}=4(z+1)\overline{(z+1)}$$

$$(z-1)(\overline{z}-1)=4(z+1)(\overline{z}+1)$$

$$z\overline{z}-z-\overline{z}+1=4(z\overline{z}+z+\overline{z}+1)$$

$$3z\overline{z}+5z+5\overline{z}+3=0$$

$$z\overline{z}+\frac{5}{3}z+\frac{5}{3}\overline{z}+1=0$$

$$\left(\overline{z}+\frac{5}{3}\right)z+\frac{5}{3}\left(\overline{z}+\frac{5}{3}\right)-\frac{25}{9}+1=0$$

$$\left(z+\frac{5}{3}\right)\left(\overline{z}+\frac{5}{3}\right)=\frac{16}{9}$$

$$\left(z+\frac{5}{3}\right)\overline{\left(z+\frac{5}{3}\right)}=\frac{16}{9}$$

$\left|z+\dfrac{5}{3}\right|^2=\dfrac{16}{9}$ より　$\left|z+\dfrac{5}{3}\right|=\dfrac{4}{3}$

よって，点 z の全体の表す図形は，点 $-\dfrac{5}{3}$ を中心とする半径 $\dfrac{4}{3}$ の円であり，右の図のようになる。

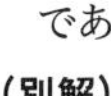

(別解)

$z=x+yi$（x，y は実数）とおくと，

$|z-1|=2|z+1|$ より　$|z-1|^2=4|z+1|^2$

$$|x+yi-1|^2=4|x+yi+1|^2$$

⇦$z-1=(x-1)+yi$
　$z+1=(x+1)+yi$

$$(x-1)^2+y^2=4\{(x+1)^2+y^2\}$$

$$x^2-2x+1+y^2=4x^2+8x+4+4y^2$$

$$3x^2+10x+3y^2+3=0$$

$$\left(x+\frac{5}{3}\right)^2+y^2=\frac{16}{9}$$

よって，点 z の全体の表す図形は，点 $-\dfrac{5}{3}$ を中心とする半径 $\dfrac{4}{3}$ の円であり，上の図のようになる。

194 $z=\dfrac{w-i}{w-1-i}$ より　$z(w-1-i)=w-i$

$(z-1)w=(1+i)z-i$ であるから　$w=\dfrac{(1+i)z-i}{z-1}$ $(z\neq 1)$

⇦ $z=1$ とすると
$(z-1)w=0$
$(1+i)z-i=1$
より，等号が成り立たない。

点 w が複素数平面で原点を中心とする半径 1 の円上を動くとき，$|w|=1$ であるから

$$\left|\frac{(1+i)z-i}{z-1}\right|=1$$
$$|(1+i)z-i|=|z-1|$$
$$|(1+i)z-i|^2=|z-1|^2$$
$$\{(1+i)z-i\}\overline{\{(1+i)z-i\}}=(z-1)\overline{(z-1)}$$
$$\{(1+i)z-i\}\{(1-i)\overline{z}+i\}=(z-1)(\overline{z}-1)$$
$$(1+i)(1-i)z\overline{z}+i(1+i)z-i(1-i)\overline{z}-i^2=z\overline{z}-z-\overline{z}+1$$
$$2z\overline{z}+(i-1)z+(-i-1)\overline{z}+1=z\overline{z}-z-\overline{z}+1$$
$$z\overline{z}+iz-i\overline{z}=0$$
$$(\overline{z}+i)z-i(\overline{z}+i)+i^2=0$$
$$(z-i)(\overline{z}+i)=1$$
$$(z-i)\overline{(z-i)}=1$$

⇦ i の符号に注意
$\overline{(1+i)z-i}=\overline{(1+i)}\,\overline{z}-\overline{i}$
$=(1-i)\overline{z}+i$

⇦左辺を z について整理したときの z の係数 $\overline{z}+i$ のまとまりを作る。

よって　$|z-i|^2=1$ より　$|z-i|=1$
ゆえに，点 z の全体の表す図形は，点 i を中心とする半径 1 の円であり，右の図の太線部分である。

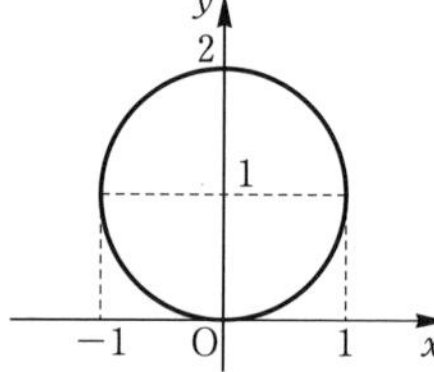

195 $\dfrac{iz^2}{z+i}$ が実数のとき　$\overline{\left(\dfrac{iz^2}{z+i}\right)}=\dfrac{iz^2}{z+i}$

$$\frac{-i\overline{z^2}}{\overline{z}-i}=\frac{iz^2}{z+i}$$
$$-\overline{z}^2(z+i)=z^2(\overline{z}-i)$$
$$-\overline{z}^2z-i\overline{z}^2=z^2\overline{z}-iz^2$$
$$-\overline{z}|z|^2-i\overline{z}^2=z|z|^2-iz^2$$
$$(z+\overline{z})|z|^2-i(z^2-\overline{z}^2)=0$$
$$(z+\overline{z})|z|^2-i(z-\overline{z})(z+\overline{z})=0$$
$$(z+\overline{z})\{|z|^2-i(z-\overline{z})\}=0$$

⇦ $i\neq 0$ より，両辺を i で割る。

⇦ $\overline{z^2}=\overline{z\cdot z}=\overline{z}\cdot\overline{z}=\overline{z}^2$

⇦ $\overline{z}^2z=\overline{z}\cdot\overline{z}z=\overline{z}|z|^2$，
$z^2\overline{z}=z\cdot z\overline{z}=z|z|^2$

よって　$z+\overline{z}=0$ または $|z|^2-i(z-\overline{z})=0$

$z+\overline{z}=0$ のとき

$\overline{z}=-z$ より，点 $\mathrm{P}(z)$ は虚軸上を動く。
ただし，点 $-i$ を除く。

⇦ $z\neq -i$ に注意

$|z|^2-i(z-\overline{z})=0$ のとき

$$z\overline{z}-iz+i\overline{z}=0$$

$$z(\overline{z}-i)+i(\overline{z}-i)=-i^2$$

$$(z+i)(\overline{z}-i)=1$$

$$(z+i)\overline{(z+i)}=1$$

$|z+i|^2=1$ より　$|z+i|=1$

ゆえに，点 P(z) は点 $-i$ を中心とする半径 1 の円上を動く。

以上より，点 P の全体の表す図形は，次の図の太線部分である。

ただし，点 $-i$ は除く。

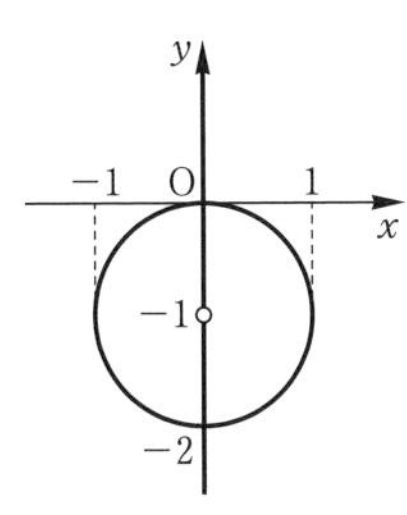

⇦**(別解)**

$z=x+yi$（x，y は実数）とおくと

$x^2+y^2-i\{(x+yi)-(x-yi)\}$

$=x^2+y^2+2y=0$

より　$x^2+(y+1)^2=1$

発展　図形の回転移動

本編 p.047

B

196 与えられた図形上の点を P$(s,\ t)$ とし，P を原点のまわりに $\frac{2}{3}\pi$ だけ回転した点を Q$(x,\ y)$ とすると，点 P は点 Q を原点のまわりに $-\frac{2}{3}\pi$ だけ回転した点となるから

$$s=x\cos\left(-\frac{2}{3}\pi\right)-y\sin\left(-\frac{2}{3}\pi\right)$$

$$t=x\sin\left(-\frac{2}{3}\pi\right)+y\cos\left(-\frac{2}{3}\pi\right)$$

すなわち

$$s=-\frac{1}{2}x+\frac{\sqrt{3}}{2}y \quad \cdots\cdots①$$

$$t=-\frac{\sqrt{3}}{2}x-\frac{1}{2}y \quad \cdots\cdots②$$

(1)　P$(s,\ t)$ は円 $(x-2)^2+(y-\sqrt{3})^2=1$ 上の点であるから

$$(s-2)^2+(t-\sqrt{3})^2=1$$

これに①，②を代入して

$$\left(-\frac{1}{2}x+\frac{\sqrt{3}}{2}y-2\right)^2+\left(-\frac{\sqrt{3}}{2}x-\frac{1}{2}y-\sqrt{3}\right)^2=1$$

整理すると，求める方程式は

$$\boldsymbol{\left(x+\frac{5}{2}\right)^2+\left(y-\frac{\sqrt{3}}{2}\right)^2=1}$$

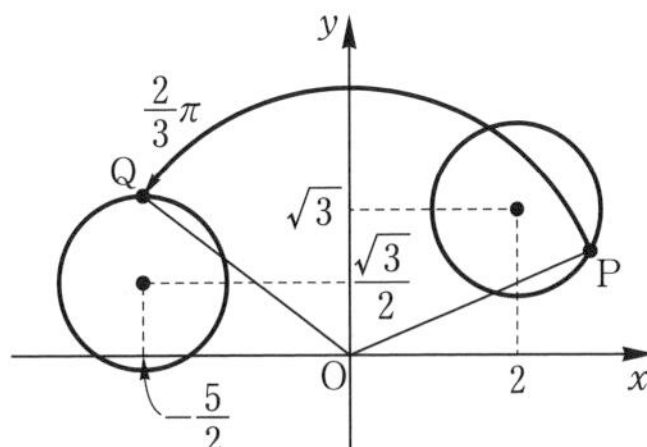

(別解)

円 $(x-2)^2+(y-\sqrt{3})^2=1$ の中心 $(2,\ \sqrt{3})$ を原点のまわりに $\frac{2}{3}\pi$ だけ回転した点の座標を $(a,\ b)$ とすると

$$a=2\cos\frac{2}{3}\pi-\sqrt{3}\sin\frac{2}{3}\pi$$

$$=2\cdot\left(-\frac{1}{2}\right)-\sqrt{3}\cdot\frac{\sqrt{3}}{2}=-\frac{5}{2}$$

$$b=2\sin\frac{2}{3}\pi+\sqrt{3}\cos\frac{2}{3}\pi$$

$$=2\cdot\frac{\sqrt{3}}{2}+\sqrt{3}\cdot\left(-\frac{1}{2}\right)=\frac{\sqrt{3}}{2}$$

この回転移動によって円の半径は変わらないから，円 $(x-2)^2+(y-\sqrt{3})^2=1$ は中心が点 $\left(-\frac{5}{2},\ \frac{\sqrt{3}}{2}\right)$，半径 1 の円に移る。

よって，その方程式は

$$\left(\boldsymbol{x}+\frac{5}{2}\right)^2+\left(\boldsymbol{y}-\frac{\sqrt{3}}{2}\right)^2=1$$

(2)　P$(s,\ t)$ は直線 $x+y-2=0$ 上の点であるから

$s+t-2=0$

これに①，②を代入して

$$\left(-\frac{1}{2}x+\frac{\sqrt{3}}{2}y\right)+\left(-\frac{\sqrt{3}}{2}x-\frac{1}{2}y\right)-2=0$$

整理すると，求める方程式は

$$(\sqrt{3}+1)\boldsymbol{x}-(\sqrt{3}-1)\boldsymbol{y}+4=0$$

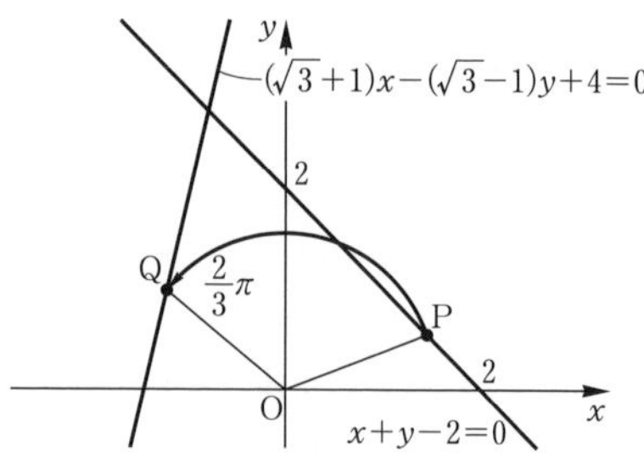

研究 不等式の表す領域

本編 p.047

B

197 (1)　領域は，原点を中心とする半径 1 の円の外部で，次の図の斜線部分である。
ただし，境界線を含まない。

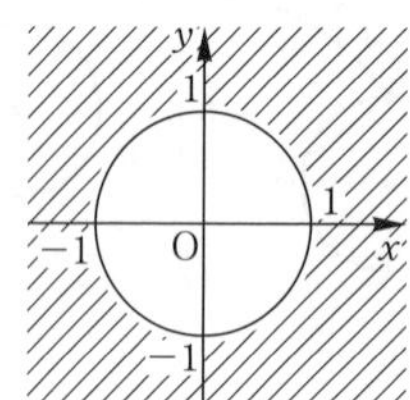

(2)　領域は，点 $2i$ を中心とする半径 $\frac{3}{2}$ の円の周および内部で，次の図の斜線部分である。ただし，境界線を含む。

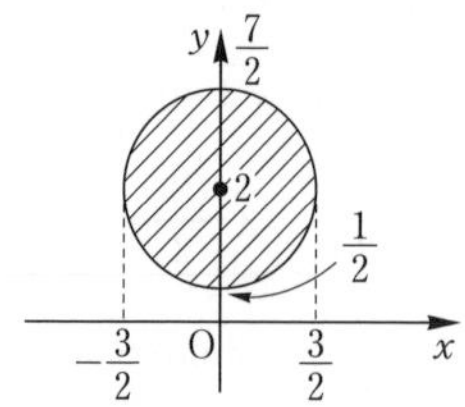

(3)　$|z-(1-3i)|<4$ より，領域は，点 $1-3i$ を中心とする半径 4 の円の内部で，次の図の斜線部分である。
ただし，境界線を含まない。

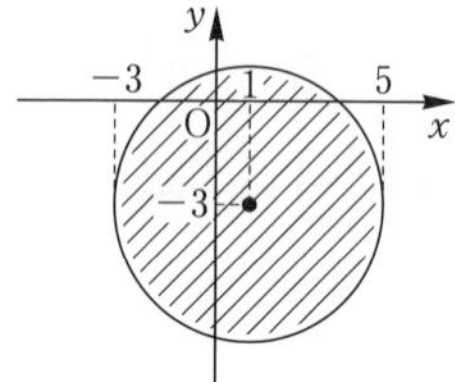

(4)　$\left|z-\frac{-1-i}{2}\right|>\frac{\sqrt{3}}{2}$ より，領域は，点 $-\frac{1}{2}-\frac{1}{2}i$ を中心とする半径 $\frac{\sqrt{3}}{2}$ の円の外部で，次の図の斜線部分である。ただし，境界線を含まない。

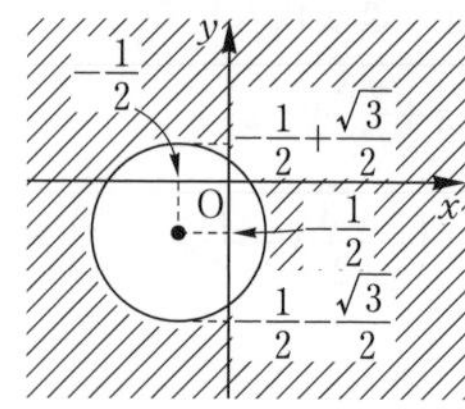

198 $z=\dfrac{w+1}{w-1}$ より　$z(w-1)=w+1$

$(z-1)w=z+1$

$z \neq 1$ であるから　$w=\dfrac{z+1}{z-1}$

⇦ $(z-1)w=z+1$ より，$z=1$ では等式が成り立たない。

$|w| \leqq 1$ より　$\left|\dfrac{z+1}{z-1}\right| \leqq 1$

$|z+1| \leqq |z-1|$

⇦

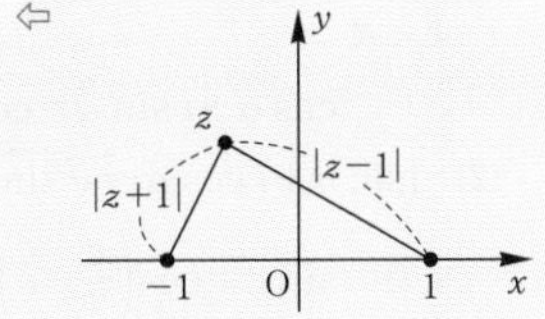

この不等式の表す領域は，点 -1 と点 1 を結ぶ線分の垂直二等分線，すなわち虚軸と，その左側の領域である。

また，$|w-1| \leqq 1$ より　$\left|\dfrac{z+1}{z-1}-1\right| \leqq 1$ から

$\left|\dfrac{2}{z-1}\right| \leqq 1$ より　$|z-1| \geqq 2$

この不等式が表す領域は，点 1 を中心とする半径 2 の円の周および外部である。

よって，点 z の存在範囲は，これらの共通部分であるから，次の図の斜線部分で，境界線を含む。

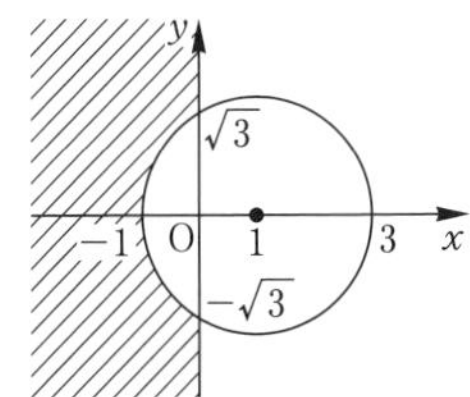

(別解)　直交座標で表して考える。

上の解答と同様に　$w=\dfrac{z+1}{z-1}$

$|w| \leqq 1$ より　$\left|\dfrac{z+1}{z-1}\right| \leqq 1$

$|z+1| \leqq |z-1|$

$z=x+yi$ とおくと

$|(x+1)+yi| \leqq |(x-1)+yi|$

$\sqrt{(x+1)^2+y^2} \leqq \sqrt{(x-1)^2+y^2}$

両辺を 2 乗して整理すると　$x \leqq 0$　……①

また，$|w-1| \leqq 1$ より　$|z-1| \geqq 2$

$|z-1| \geqq 0$ であるから　$|z-1|^2 \geqq 4$

$(x-1)^2+y^2 \geqq 4$　……②

①，②の共通部分をとると，上の図のようになる。

《章末問題》

本編 p.048～049

199 $z=a+bi$ より　$\overline{z}=a-bi$

(1)　$z+\overline{z}=2a$ であるから　$a=\dfrac{z+\overline{z}}{2}$ 終

(2)　$z-\overline{z}=2bi$ であるから　$b=\dfrac{z-\overline{z}}{2i}$ 終

⇦(参考)
複素数 z の実部は $\dfrac{z+\overline{z}}{2}$
虚部は $\dfrac{z-\overline{z}}{2i}$
と表される。

200 (1)　$|-\cos\alpha+i\sin\alpha|=\sqrt{(-\cos\alpha)^2+\sin^2\alpha}=1$

また　$-\cos\alpha=\cos(\pi-\alpha)$，$\sin\alpha=\sin(\pi-\alpha)$

よって

$$-\cos\alpha+i\sin\alpha=\boldsymbol{\cos(\pi-\alpha)+i\sin(\pi-\alpha)}$$

⇦ $-\cos\alpha=\cos\theta$，$\sin\alpha=\sin\theta$ を満たす θ を考える。

(2)　$|\sin\alpha+i\cos\alpha|=\sqrt{\sin^2\alpha+\cos^2\alpha}=1$

また　$\sin\alpha=\cos\left(\dfrac{\pi}{2}-\alpha\right)$，$\cos\alpha=\sin\left(\dfrac{\pi}{2}-\alpha\right)$

よって

$$\sin\alpha+i\cos\alpha=\boldsymbol{\cos\left(\frac{\pi}{2}-\alpha\right)+i\sin\left(\frac{\pi}{2}-\alpha\right)}$$

⇦ $\sin\alpha=\cos\theta$，$\cos\alpha=\sin\theta$ を満たす θ を考える。

(3)　$|1+\cos\alpha+i\sin\alpha|=\sqrt{(1+\cos\alpha)^2+\sin^2\alpha}$

$$=\sqrt{2+2\cos\alpha}$$

$$=\sqrt{2+2\left(2\cos^2\frac{\alpha}{2}-1\right)}$$

$$=2\left|\cos\frac{\alpha}{2}\right|$$

⇦ $\cos^2\dfrac{\alpha}{2}=\dfrac{1+\cos\alpha}{2}$（半角の公式）より $\cos\alpha=2\cos^2\dfrac{\alpha}{2}-1$

また　$1+\cos\alpha+i\sin\alpha=2\cos^2\dfrac{\alpha}{2}+2i\sin\dfrac{\alpha}{2}\cos\dfrac{\alpha}{2}$

⇦ $1+\cos\alpha$，$\sin\alpha$ を $\cos\dfrac{\alpha}{2}$ を含む式で表す。

$0<\dfrac{\alpha}{2}<\dfrac{\pi}{2}$ より，$\cos\dfrac{\alpha}{2}>0$ であるから

$$1+\cos\alpha+i\sin\alpha=\boldsymbol{2\cos\frac{\alpha}{2}\left(\cos\frac{\alpha}{2}+i\sin\frac{\alpha}{2}\right)}$$

201 $z+\dfrac{1}{z}$ が実数であるから　$\overline{\left(z+\dfrac{1}{z}\right)}=z+\dfrac{1}{z}$

⇦ α が実数 ⇔ $\overline{\alpha}=\alpha$

$$\overline{z}+\frac{1}{\overline{z}}=z+\frac{1}{z}$$

両辺に $z\overline{z}$ を掛けて

$$z\overline{z}^2+z=z^2\overline{z}+\overline{z}$$

$$z\overline{z}(z-\overline{z})-(z-\overline{z})=0$$

$$(z-\overline{z})(z\overline{z}-1)=0$$

よって　$z-\overline{z}=0$ または $z\overline{z}-1=0$

$z=\overline{z}$ のとき

z は実数であるから，$z^n+\dfrac{1}{z^n}$ も実数である。

$z\overline{z}=1$ のとき，$z=\dfrac{1}{\overline{z}}$，$\dfrac{1}{z}=\overline{z}$ であるから

$$z^n+\frac{1}{z^n}=\left(\frac{1}{\overline{z}}\right)^n+(\overline{z})^n=\overline{z^n}+\frac{1}{\overline{z^n}}=\overline{\left(z^n+\frac{1}{z^n}\right)}$$

⇦ $\overline{z}^n=\overline{z}\cdot\overline{z}\cdots\cdots\overline{z}$
$=\overline{z\cdot z\cdots\cdots z}$
$=\overline{z^n}$

ゆえに，$z^n+\dfrac{1}{z^n}$ も実数である。 終

202 与式より $|z-2i|=|1+2iz|$ であるから

$$|z-2i|^2=|1+2iz|^2$$
$$(z-2i)(\overline{z-2i})=(1+2iz)(\overline{1+2iz})$$
$$(z-2i)(\overline{z}+2i)=(1+2iz)(1-2i\overline{z})$$

⇦ i の符号に注意

$$z\overline{z}+4+2(z-\overline{z})i=1+4z\overline{z}+2(z-\overline{z})i$$

整理して　$z\overline{z}=1$

$$|z|^2=1$$

よって　$|z|=1$ 終

203 $|\alpha-\beta|=2$ より　$|\alpha-\beta|^2=4$ であるから

⇦ 教 p.99 章末B 8

$$(\alpha-\beta)(\overline{\alpha-\beta})=4$$
$$(\alpha-\beta)(\overline{\alpha}-\overline{\beta})=4$$
$$\alpha\overline{\alpha}-\alpha\overline{\beta}-\overline{\alpha}\beta+\beta\overline{\beta}=4$$

$\alpha\overline{\alpha}=|\alpha|^2=4$，$\beta\overline{\beta}=|\beta|^2=4$ であるから　$\alpha\overline{\beta}+\overline{\alpha}\beta=4$

(1)　$|\alpha+\beta|^2=(\alpha+\beta)(\overline{\alpha+\beta})=(\alpha+\beta)(\overline{\alpha}+\overline{\beta})$
$=\alpha\overline{\alpha}+\alpha\overline{\beta}+\overline{\alpha}\beta+\beta\overline{\beta}$
$=4+4+4=12$

⇦ $\alpha\overline{\alpha}+(\alpha\overline{\beta}+\overline{\alpha}\beta)+\beta\overline{\beta}$
$=4+4+4=12$

よって　$|\alpha+\beta|=\sqrt{12}=\mathbf{2\sqrt{3}}$

(2)　$|\alpha^2+\beta^2|^2=(\alpha^2+\beta^2)(\overline{\alpha^2+\beta^2})$
$=(\alpha^2+\beta^2)(\overline{\alpha}^2+\overline{\beta}^2)$
$=(\alpha\overline{\alpha})^2+(\alpha\overline{\beta})^2+(\overline{\alpha}\beta)^2+(\beta\overline{\beta})^2$
$=4^2+(\alpha\overline{\beta})^2+(\overline{\alpha}\beta)^2+4^2$
$=(\alpha\overline{\beta}+\overline{\alpha}\beta)^2-2\alpha\overline{\alpha}\beta\overline{\beta}+32$
$=4^2-2\cdot4\cdot4+32=16$

⇦ $A^2+B^2=(A+B)^2-2AB$

よって　$|\alpha^2+\beta^2|=\mathbf{4}$

204

$$\sqrt{3}+i=2\left(\cos\frac{\pi}{6}+i\sin\frac{\pi}{6}\right)$$

⇦各辺を極形式で表す。

$$1+i=\sqrt{2}\left(\cos\frac{\pi}{4}+i\sin\frac{\pi}{4}\right)$$

であるから

$$(\sqrt{3}+i)^m=(1+i)^n$$
$$2^m\left(\cos\frac{\pi}{6}+i\sin\frac{\pi}{6}\right)^m=(\sqrt{2})^n\left(\cos\frac{\pi}{4}+i\sin\frac{\pi}{4}\right)^n$$
$$2^m\left(\cos\frac{m}{6}\pi+i\sin\frac{m}{6}\pi\right)=(\sqrt{2})^n\left(\cos\frac{n}{4}\pi+i\sin\frac{n}{4}\pi\right)$$

これが成り立つのは

$$2^m=(\sqrt{2})^n,\ \frac{m}{6}\pi=\frac{n}{4}\pi+2k\pi \quad (k\text{ は整数})$$

のときである。

⇦両辺の絶対値と偏角を比較する。

$2^m=(\sqrt{2})^n=2^{\frac{n}{2}}$ より　$m=\dfrac{n}{2}$　……①

$\dfrac{m}{6}\pi=\dfrac{n}{4}\pi+2k\pi$ より　$2m=3n+24k$　……②

①，②より　$m=-6k$，$n=-12k$（k は整数）

よって，m，n が最小の正の整数となるのは $k=-1$ のときで

$m=6$，$n=12$

205 3 次方程式が虚数解 α をもつから

$$a\alpha^3+b\alpha^2+c\alpha+d=0$$

よって　$\overline{a\alpha^3+b\alpha^2+c\alpha+d}=0$

$$\overline{a}\,\overline{\alpha}^3+\overline{b}\,\overline{\alpha}^2+\overline{c}\,\overline{\alpha}+\overline{d}=0$$

⇦$\overline{\alpha+\beta}=\overline{\alpha}+\overline{\beta}$
$\overline{\alpha\beta}=\overline{\alpha}\,\overline{\beta}$

a，b，c，d は実数であるから

$$\overline{a}=a,\ \overline{b}=b,\ \overline{c}=c,\ \overline{d}=d$$

ゆえに　$a\overline{\alpha}^3+b\overline{\alpha}^2+c\overline{\alpha}+d=0$

したがって，$\overline{\alpha}$ も 3 次方程式 $ax^3+bx^2+cx+d=0$ の解である。 終

⇦同様にして，$n\geqq2$ のとき，係数がすべて実数である n 次方程式が虚数解 α をもつとき，それと共役な複素数 $\overline{\alpha}$ もこの方程式の解であることが示せる。

206 複素数 z は $|z|=1$ を満たすから

$z=\cos\theta+i\sin\theta$ とおける。

(1)　$|z-2|=|\cos\theta+i\sin\theta-2|$

$$=\sqrt{(\cos\theta-2)^2+\sin^2\theta}$$

$$=\sqrt{\cos^2\theta-4\cos\theta+4+\sin^2\theta}=\sqrt{5-4\cos\theta}$$

$-1\leqq\cos\theta\leqq1$ であるから　$1\leqq5-4\cos\theta\leqq9$

よって，$|z-2|$ の**最大値は $\sqrt{9}=3$，最小値は $\sqrt{1}=1$**

⇦$\cos\theta=-1$ のとき最大，$\cos\theta=1$ のとき最小となる。

(別解)

⇦円 $|z|=1$ 上の点 z と点 2 の距離とみて，図形的に処理する。

$|z|=1$ を満たす点 z の全体は，原点を中心とする半径 1 の円を表す。
また，$|z-2|$ は点 z と点 2 との距離を表す。

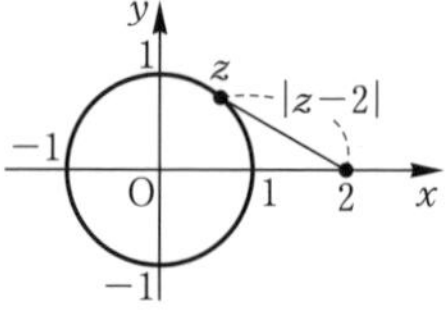

よって，$|z-2|$ が最大となるのは $z=-1$ のときで，

最大値は $|-1-2|=3$

また，$|z-2|$ が最小となるのは $z=1$ のときで，

最小値は $|1-2|=1$

(2) $\dfrac{1}{z}=\cos(-\theta)+i\sin(-\theta)=\cos\theta-i\sin\theta$ であるから

$$\left|z+\frac{1}{z}+2\right|=|\cos\theta+i\sin\theta+\cos\theta-i\sin\theta+2|$$
$$=|2\cos\theta+2|=2|\cos\theta+1|$$

$-1\leqq\cos\theta\leqq1$ より　$0\leqq\cos\theta+1\leqq2$

⇦ $\cos\theta=1$ のとき最大，$\cos\theta=-1$ のとき最小となる。

よって，$\left|z+\dfrac{1}{z}+2\right|$ の**最大値は** $2\cdot2=4$，**最小値は** $2\cdot0=0$

（別解）

$|z|=1$ より

$$\left|z+\frac{1}{z}+2\right|=\left|\frac{z^2+2z+1}{z}\right|=\left|\frac{(z+1)^2}{z}\right|=\frac{|z+1|^2}{|z|}=|z+1|^2$$

⇦ $|z+1|$ を点 z と点 -1 の距離とみて，図形的に処理する。

$|z|=1$ を満たす点 z の全体は，原点を中心とする半径 1 の円を表す。

また，$|z+1|$ は点 z と点 -1 との距離を表す。

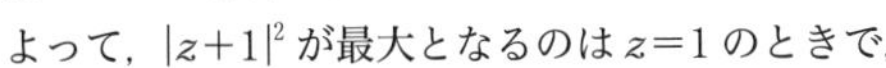

よって，$|z+1|^2$ が最大となるのは $z=1$ のときで，

最大値は $|1+1|^2=4$

また，$|z+1|^2$ が最小となるのは $z=-1$ のときで，

最小値は $|-1+1|^2=0$

207 $|\alpha|=|\beta|$，$\arg\dfrac{\beta}{\alpha}=\dfrac{\pi}{2}$ より

⇦極形式から $\dfrac{\beta}{\alpha}$ を求める。

$$\frac{\beta}{\alpha}=\left|\frac{\beta}{\alpha}\right|\left(\cos\frac{\pi}{2}+i\sin\frac{\pi}{2}\right)=\frac{|\beta|}{|\alpha|}i=i$$

よって　$\beta=i\alpha$

$$\sqrt{3}q-1+(\sqrt{3}-q)i=i(2-\sqrt{3}p+pi)$$
$$=-p+(2-\sqrt{3}p)i$$

⇦ $\alpha=2-\sqrt{3}p+pi$
$\beta=\sqrt{3}q-1+(\sqrt{3}-q)i$
を代入する。

p，q は実数であるから

$$\sqrt{3}q-1=-p,\ \sqrt{3}-q=2-\sqrt{3}p$$

これを解いて　$\boldsymbol{p=\dfrac{\sqrt{3}-1}{2}}$，$\boldsymbol{q=\dfrac{\sqrt{3}-1}{2}}$

208 3 点 α，β，γ が一直線上にあるとき，$\dfrac{\gamma-\alpha}{\beta-\alpha}$ は実数であるから

$$\overline{\left(\frac{\gamma-\alpha}{\beta-\alpha}\right)}=\frac{\gamma-\alpha}{\beta-\alpha}\ \text{すなわち}\ \frac{\overline{\gamma}-\overline{\alpha}}{\overline{\beta}-\overline{\alpha}}=\frac{\gamma-\alpha}{\beta-\alpha}$$

$$(\beta-\alpha)(\overline{\gamma}-\overline{\alpha})=(\overline{\beta}-\overline{\alpha})(\gamma-\alpha)$$
$$\beta\overline{\gamma}-\beta\overline{\alpha}-\alpha\overline{\gamma}+\alpha\overline{\alpha}=\overline{\beta}(\gamma-\alpha)-\overline{\alpha}\gamma+\overline{\alpha}\alpha$$
$$\gamma\overline{\alpha}-\beta\overline{\alpha}-\overline{\beta}(\gamma-\alpha)+\beta\overline{\gamma}-\alpha\overline{\gamma}=0$$

⇦示す等式は $\overline{\alpha}$，$\overline{\beta}$，$\overline{\gamma}$ でまとめられていることに注目する。

よって　$\overline{\alpha}(\beta-\gamma)+\overline{\beta}(\gamma-\alpha)+\overline{\gamma}(\alpha-\beta)=0$　終

209 (1) $\mathrm{PQ}=|-i-(-1+i)|=|1-2i|=\boldsymbol{\sqrt{5}}$

$\mathrm{QR}=|(2+5i)-(-i)|=|2+6i|=\boldsymbol{2\sqrt{10}}$

(2) $\angle\mathrm{PQR}=\arg\dfrac{(2+5i)-(-i)}{(-1+i)-(-i)}$

$=\arg\dfrac{2+6i}{-1+2i}=\arg(2-2i)$

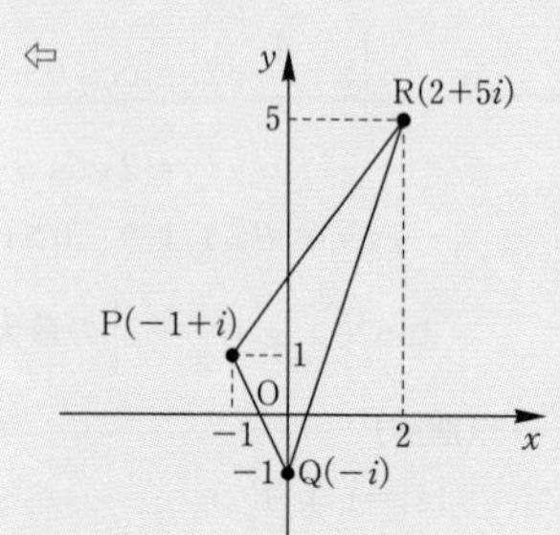

ここで，$2-2i=2\sqrt{2}\left\{\cos\left(-\dfrac{\pi}{4}\right)+i\sin\left(-\dfrac{\pi}{4}\right)\right\}$ であるから

$\arg(2-2i)=-\dfrac{\pi}{4}$

よって　$\angle\mathrm{PQR}=\boldsymbol{\dfrac{\pi}{4}}$

(3) $\triangle\mathrm{PQR}=\dfrac{1}{2}\mathrm{PQ}\cdot\mathrm{QR}\cdot\sin\angle\mathrm{PQR}$

$=\dfrac{1}{2}\cdot\sqrt{5}\cdot2\sqrt{10}\cdot\dfrac{1}{\sqrt{2}}=\boldsymbol{5}$

210 点 P を表す複素数を z とする。P(z) を原点のまわりに 60° 回転した点 P′ を表す複素数は

⇦回転移動を考えるために，複素数平面上で考える。

$z\left(\cos\dfrac{\pi}{3}+i\sin\dfrac{\pi}{3}\right)=\dfrac{1+\sqrt{3}i}{2}z$

点 P と点 P′ が虚軸に関して対称であるから

$\dfrac{1+\sqrt{3}i}{2}z=-\bar{z}$

$z=x+yi$（x，y は実数）とおくと

$(1+\sqrt{3}i)(x+yi)=-2(x-yi)$

$3x-\sqrt{3}y+(\sqrt{3}x-y)i=0$

$(\sqrt{3}x-y)(\sqrt{3}+i)=0$

よって　$\sqrt{3}x-y=0$　ただし　$(x,\ y)\neq(0,\ 0)$

⇦点 P は原点と一致しないことに注意する。

ゆえに，点 P 全体のなす図形は

直線 $\boldsymbol{y=\sqrt{3}x}$　ただし，原点を除く。

211 (1) 与式を変形すると

⇦与式を $\gamma-\alpha$ と $\beta-\alpha$ で表すことを考える。

$(\beta^2-2\alpha\beta+\alpha^2)+(\gamma^2-2\alpha\gamma+\alpha^2)=0$

$(\beta-\alpha)^2+(\gamma-\alpha)^2=0$

よって　$(\gamma-\alpha)^2=-(\beta-\alpha)^2$

ここで $\beta\neq\alpha$ より　$\left(\dfrac{\gamma-\alpha}{\beta-\alpha}\right)^2=-1$

ゆえに　$\dfrac{\gamma-\alpha}{\beta-\alpha}=\boldsymbol{\pm i}$

(2) (1)より

$$\left|\frac{\gamma-\alpha}{\beta-\alpha}\right|=1,\ \arg\frac{\gamma-\alpha}{\beta-\alpha}=\pm\frac{\pi}{2}$$

であるから，△ABC は

AB＝AC，∠BAC＝90° の直角二等辺三角形

212 (1) 条件から

$$\left|\frac{\gamma-\alpha}{\beta-\alpha}\right|=1$$

$$\arg\frac{\gamma-\alpha}{\beta-\alpha}=\frac{\pi}{3}$$

であるから

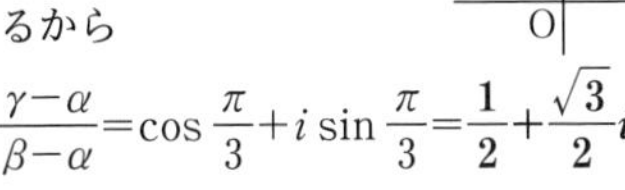

$$\frac{\gamma-\alpha}{\beta-\alpha}=\cos\frac{\pi}{3}+i\sin\frac{\pi}{3}=\boldsymbol{\frac{1}{2}+\frac{\sqrt{3}}{2}i}$$

⇦ 3 点 α，β，γ の位置関係から，$\arg\dfrac{\gamma-\alpha}{\beta-\alpha}\neq-\dfrac{\pi}{3}$

(2) (1)より

$$\gamma=\frac{1+\sqrt{3}i}{2}(\beta-\alpha)+\alpha$$

$\alpha=ti$，$\beta=1$ を代入して

$$\gamma=\frac{1+\sqrt{3}i}{2}(1-ti)+ti$$

整理して

$$\gamma=\frac{1+\sqrt{3}t}{2}+\frac{\sqrt{3}+t}{2}i$$

ここで，$\gamma=x+yi$（x，y は実数）とおくと

$$x=\frac{1+\sqrt{3}t}{2},\ y=\frac{\sqrt{3}+t}{2}$$

⇦点 γ の全体がどのような図形を表すか，座標平面上で考える。

$t=\dfrac{2x-1}{\sqrt{3}}$ より，t を消去すると

$$y=\frac{1}{2}\left(\sqrt{3}+\frac{2x-1}{\sqrt{3}}\right)=\frac{\sqrt{3}}{3}x+\frac{\sqrt{3}}{3}$$

⇦ $t=2y-\sqrt{3}$ より

$x=\dfrac{1}{2}\{1+\sqrt{3}(2y-\sqrt{3})\}$

$=\sqrt{3}y-1$

よって　$y=\dfrac{1}{\sqrt{3}}x+\dfrac{1}{\sqrt{3}}$

としてもよい。

また，$0\leqq t\leqq 1$ より

$$\frac{1}{2}\leqq x\leqq\frac{1+\sqrt{3}}{2}$$

よって，点 γ の全体の表す図形は，座標平面における

直線 $y=\dfrac{\sqrt{3}}{3}x+\dfrac{\sqrt{3}}{3}$ の $\dfrac{1}{2}\leqq x\leqq\dfrac{1+\sqrt{3}}{2}$ の部分で，

次の図のようになる。

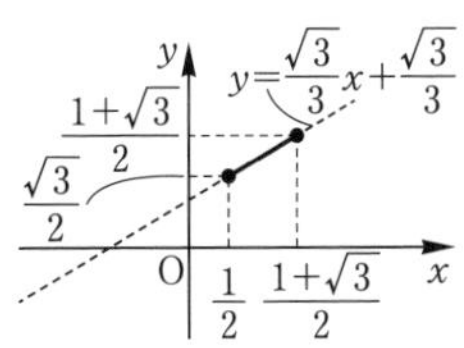

2 章末問題

213 (1) $\dfrac{1}{z+i}+\dfrac{1}{z-i}=\dfrac{2z}{z^2+1}$ が実数であるから

$\overline{\left(\dfrac{2z}{z^2+1}\right)}=\dfrac{2z}{z^2+1}$ より　$\dfrac{2z}{z^2+1}=\dfrac{2\overline{z}}{\overline{z}^2+1}$

$2z(\overline{z}^2+1)=2\overline{z}(z^2+1)$

$z\overline{z}^2+z=\overline{z}z^2+\overline{z}$

$|z|^2\overline{z}+z=|z|^2z+\overline{z}$

$|z|^2(z-\overline{z})-(z-\overline{z})=0$

$(|z|^2-1)(z-\overline{z})=0$

よって　$|z|^2=1$ または $z=\overline{z}$

$|z|^2=1$ のとき　$|z|=1$

$z=\overline{z}$ のとき　z は実数

ゆえに，図形 F は

中心が原点で半径 1 の円と実軸から，$z\neq\pm i$ より 2 点 i，$-i$ を除いた，右の図の太線部分である。

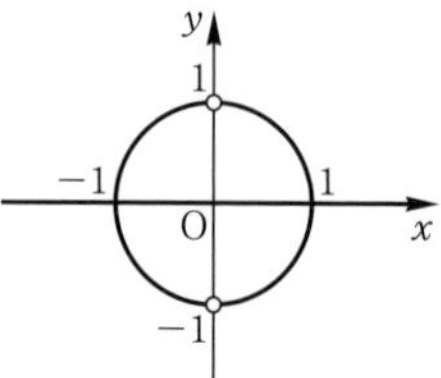

⇦ α が実数 ⇔ $\alpha=\overline{\alpha}$

⇦ (分母)$\neq0$ より　$z\neq\pm i$

(2)　$w=\dfrac{z+i}{z-i}$ より　$wz-iw=z+i$

$z(w-1)=i(w+1)$ より　$z=\dfrac{w+1}{w-1}i$　$(w\neq1)$

⇦ $w=1$ とすると
$z(w-1)=0$
$i(w+1)=2i$
より等号が成り立たない。

(i)　$|z|=1$ のとき

$\left|\dfrac{w+1}{w-1}i\right|=1$ より　$|w+1|=|w-1|$

よって，点 w の全体は 1 と -1 の 2 点を結ぶ線分の垂直二等分線，すなわち虚軸を表す。

(ii)　z が実数のとき

$\overline{\left(\dfrac{w+1}{w-1}i\right)}=\dfrac{w+1}{w-1}i$ より　$-\dfrac{\overline{w}+1}{\overline{w}-1}=\dfrac{w+1}{w-1}$

$(w+1)(\overline{w}-1)=-(w-1)(\overline{w}+1)$

$w\overline{w}-w+\overline{w}-1=-w\overline{w}-w+\overline{w}+1$

$2w\overline{w}=2$

$|w|^2=1$ より　$|w|=1$

よって，点 w の全体は中心が原点で半径 1 の円を表す。

ところで，$z\neq\pm i$ より　$w\neq0$

また，$w\neq1$ であるから，

点 w 全体の表す図形は，

(i)，(ii)の和集合から

2 点 0，1 を除いた

右の図の太線部分である。

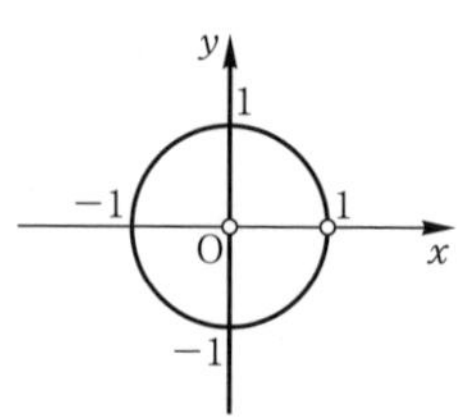

⇦ $z=-i$ のとき
$w=\dfrac{-i+i}{-i-i}=0$

214 (1)　$z^2=-3+4i$ より

$$|z^2|=\sqrt{(-3)^2+4^2}=5$$

$|z^2|=|z|^2$ より　$|z|^2=5$

$|z|\geqq 0$ であるから　$|\boldsymbol{z}|=\sqrt{\mathbf{5}}$

(別解 1)

$z^2=-3+4i$ より　$\overline{z^2}=-3-4i$

$$z^2\overline{z^2}=(-3+4i)(-3-4i)=(-3)^2-(4i)^2=25$$

$z^2\overline{z^2}=(z\overline{z})^2=(|z|^2)^2$，$|z|^2\geqq 0$ より　$|z|^2=5$

$|z|\geqq 0$ より　$|\boldsymbol{z}|=\sqrt{\mathbf{5}}$

(別解 2)

$z=a+bi$（a，b は実数）とおくと

$$z^2=(a+bi)^2=a^2-b^2+2abi$$

より　$a^2-b^2+2abi=-3+4i$

a^2-b^2，$2ab$ は実数であるから，

$$a^2-b^2=-3,\ 2ab=4$$

これを解いて　$(a,\ b)=(1,\ 2),\ (-1,\ -2)$

いずれの場合も　$|z|=\sqrt{a^2+b^2}=\sqrt{1+4}=\sqrt{\mathbf{5}}$

⇦ z を具体的に求める。

(2)　(1)より　$z\overline{z}=5$

よって　$\overline{\boldsymbol{z}}=\dfrac{\mathbf{5}}{\boldsymbol{z}}$

(3)　$\overline{z}^2=\overline{z^2}=-3-4i$ より

$$(z+\overline{z})^2=z^2+2z\overline{z}+\overline{z}^2$$
$$=(-3+4i)+2\cdot 5+(-3-4i)=\mathbf{4}$$

(別解)

(1)**(別解 2)** より $z=1+2i$ または $z=-1-2i$

$z=1+2i$ のとき，$\overline{z}=1-2i$ より

$$(z+\overline{z})^2=2^2=4$$

$z=-1-2i$ のとき，$\overline{z}=-1+2i$ より

$$(z+\overline{z})^2=(-2)^2=4$$

以上より　$(\boldsymbol{z}+\overline{\boldsymbol{z}})^2=\mathbf{4}$

⇦具体的な z の値を求め，直接計算する。

3章 平面上の曲線

1節 2次曲線

1 放物線

本編 p.050～051

A

215 (1) $y^2=4\cdot1\cdot x$ ← 焦点が x 軸上，$p=1$

よって　$\boldsymbol{y^2=4x}$

(2) $y^2=4\cdot\left(-\dfrac{1}{2}\right)\cdot x$ ← 焦点が x 軸上，$p=-\dfrac{1}{2}$

よって　$\boldsymbol{y^2=-2x}$

216 (1) $y^2=2x=4\cdot\dfrac{1}{2}\cdot x$ → $p=\dfrac{1}{2}$

であるから，

焦点は $\boldsymbol{\left(\dfrac{1}{2},\ 0\right)}$，準線は $\boldsymbol{x=-\dfrac{1}{2}}$

また，概形は次の図のようになる。

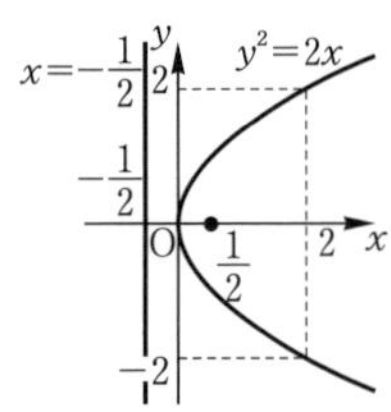

(2) $y^2=-8x=4\cdot(-2)\cdot x$ → $p=-2$

であるから，

焦点は $\boldsymbol{(-2,\ 0)}$，準線は $\boldsymbol{x=2}$

また，概形は次の図のようになる。

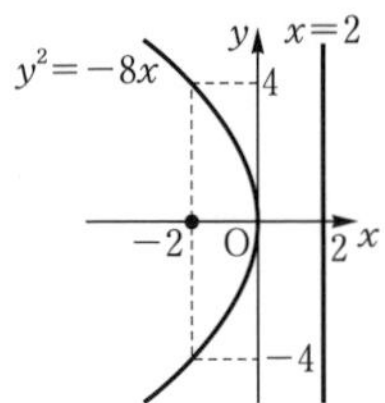

(3) $y^2=\dfrac{1}{2}x=4\cdot\dfrac{1}{8}\cdot x$ → $p=\dfrac{1}{8}$

であるから，

焦点は $\boldsymbol{\left(\dfrac{1}{8},\ 0\right)}$，準線は $\boldsymbol{x=-\dfrac{1}{8}}$

また，概形は次の図のようになる。

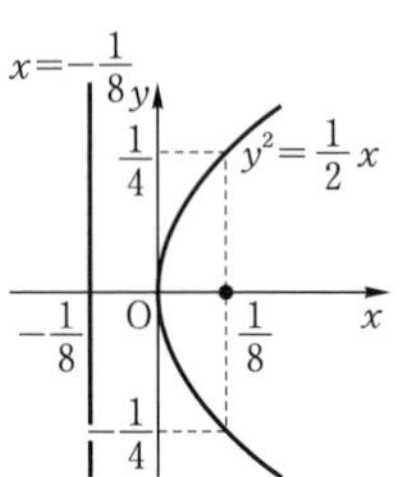

217 (1) $x^2=4\cdot3\cdot y$ ← 焦点が y 軸上，$p=3$

よって　$\boldsymbol{x^2=12y}$

(2) $x^2=4\cdot\left(-\dfrac{3}{2}\right)\cdot y$ ← 焦点が y 軸上，$p=-\dfrac{3}{2}$

よって　$\boldsymbol{x^2=-6y}$

218 (1) $x^2=4y=4\cdot1\cdot y$ → $p=1$

と変形できるから，

焦点は $\boldsymbol{(0,\ 1)}$，準線は $\boldsymbol{y=-1}$

また，概形は次の図のようになる。

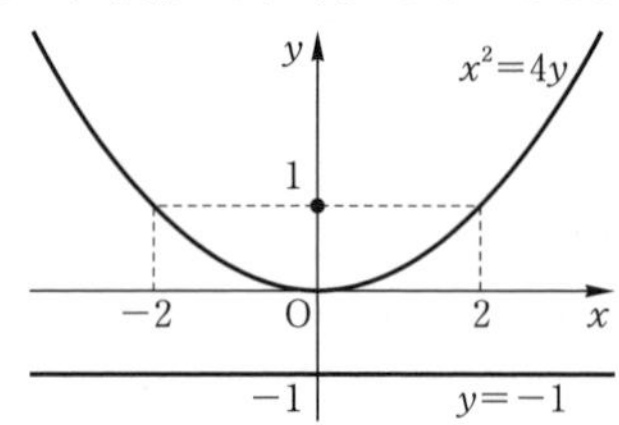

(2) $x^2=-2y=4\cdot\left(-\dfrac{1}{2}\right)\cdot y$ → $p=-\dfrac{1}{2}$

と変形できるから，

焦点は $\boldsymbol{\left(0,\ -\dfrac{1}{2}\right)}$，準線は $\boldsymbol{y=\dfrac{1}{2}}$

また，概形は次の図のようになる。

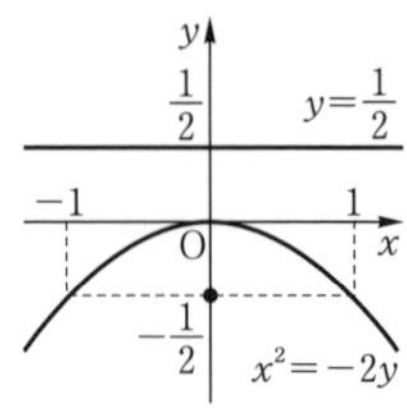

(3) $x^2=-y=4\cdot\left(-\frac{1}{4}\right)y \longrightarrow p=-\frac{1}{4}$

と変形できるから，

焦点は $\left(0,\ -\frac{1}{4}\right)$，準線は $\boldsymbol{y=\frac{1}{4}}$

また，概形は次の図のようになる。

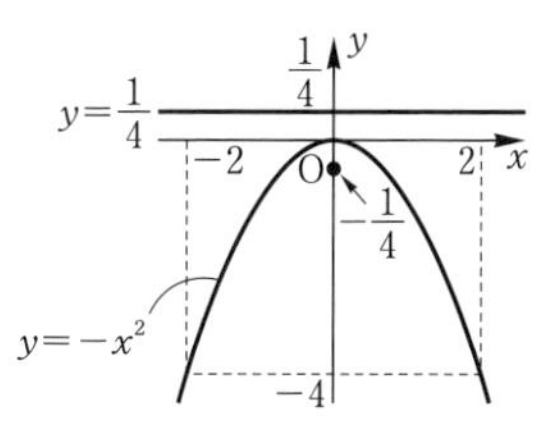

B

219 (1) 頂点が原点で，準線が $x=3$ であるから，

焦点の座標は $(-3,\ 0)$ である。

よって　$y^2=4\cdot(-3)\cdot x \longleftarrow p=-3$

すなわち　$\boldsymbol{y^2=-12x}$

(2) 頂点が原点で，x 軸を軸とするから，

放物線の方程式は $y^2=4px$ とおける。

この放物線が点 $(3,\ 2)$ を通るから

$2^2=4p\cdot 3$

よって　$p=\frac{1}{3}$

ゆえに　$\boldsymbol{y^2=\frac{4}{3}x}$

(3) 頂点が原点で，y 軸を軸とするから，

放物線の方程式は $x^2=4py$ とおける。

この放物線が点 $(-1,\ -2)$ を通るから

$(-1)^2=4p\cdot(-2)$

よって　$p=-\frac{1}{8}$

ゆえに　$\boldsymbol{x^2=-\frac{1}{2}y}$

C

220 (1) 円の中心 P から直線 $x=-2$ に垂線 PH を引く。

F(2, 0) とすると，条件より

PF=PH がつねに成り立つ。

よって，求める点 P の軌跡は，

点 F(2, 0) を焦点，

直線 $x=-2$ を準線とする放物線である。

$y^2=4\cdot 2\cdot x$ より，求める軌跡の方程式は　$\boldsymbol{y^2=8x}$

放物線の定義

平面上で，定点 F からの距離と，F を通らない定直線 l からの距離が等しい点の軌跡

(別解)

点 P の座標を P$(x,\ y)$ とし，点 P から直線 $x=-2$ に垂線 PH を引く。また，F(2, 0) とする。

$x>-2$ より，PH=PF であるから

⇦点 P は直線 $x=-2$ よりも点 F(2, 0) のある側，すなわち右側にある。

$x-(-2)=\sqrt{(x-2)^2+y^2}$

すなわち　$x+2=\sqrt{(x-2)^2+y^2}$

両辺を 2 乗して　$(x+2)^2=(x-2)^2+y^2$

整理して　$y^2=8x$　……①

逆に，①上の任意の点は，はじめの条件を満たす。

よって，求める軌跡の方程式は　$\boldsymbol{y^2=8x}$

(2) 円 $x^2+\left(y-\frac{3}{4}\right)^2=\frac{1}{4}$ の中心を $F\left(0,\ \frac{3}{4}\right)$，条件を満たす円の半径を r とし，点Pから直線 $y=-\frac{1}{4}$，$y=-\frac{3}{4}$ に垂線PH，PH′をそれぞれ引くと

⇦Fを中心とする円の半径は $\frac{1}{2}$

⇦直線 $y=-\frac{1}{4}$ から，Fを中心とする円の半径と等しい $\frac{1}{2}$ だけ離れた直線が準線となる。

$PF=\frac{1}{2}+r$

$PH'=PH+HH'$

$=r+\frac{1}{2}$

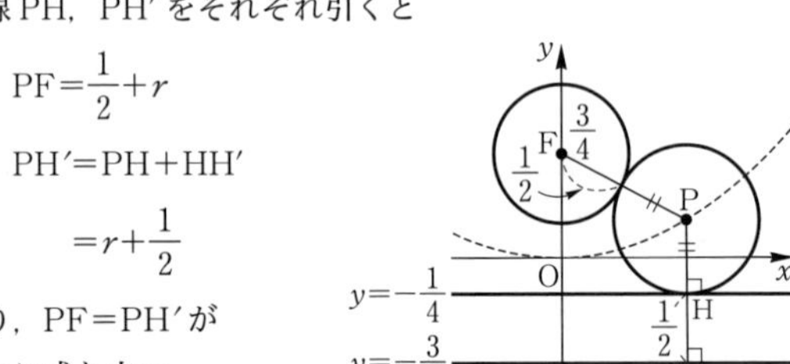

より，PF＝PH′がつねに成り立つ。

よって，点Pの軌跡は点 $F\left(0,\ \frac{3}{4}\right)$ を焦点，直線 $y=-\frac{3}{4}$ を準線とする放物線である。

$x^2=4\cdot\frac{3}{4}\cdot y$ より，求める軌跡の方程式は　$\boldsymbol{x^2=3y}$

(別解)

点Pの座標を $P(x,\ y)$ とし，点Pから直線 $y=-\frac{1}{4}$ に垂線PHを引く。また，$F\left(0,\ \frac{3}{4}\right)$ とする。

$PF-\frac{1}{2}=PH$ であるから，$y>-\frac{1}{4}$ より

⇦点Pは直線 $y=-\frac{1}{4}$ よりも点 $F\left(0,\ \frac{3}{4}\right)$ のある側，すなわち上側にある。

$$\sqrt{x^2+\left(y-\frac{3}{4}\right)^2}-\frac{1}{2}=y-\left(-\frac{1}{4}\right)$$

すなわち　$\sqrt{x^2+\left(y-\frac{3}{4}\right)^2}=y+\frac{3}{4}$

両辺を2乗して　$x^2+\left(y-\frac{3}{4}\right)^2=\left(y+\frac{3}{4}\right)^2$

整理して　$x^2=3y$　……①

逆に，①上の任意の点は，はじめの条件を満たす。

よって，求める軌跡の方程式は　$\boldsymbol{x^2=3y}$

(3) $x^2+y^2+4x=0$ を変形すると

$(x+2)^2+y^2=4$

より，この円の半径は2であり，中心は $F(-2,\ 0)$ である。

2円の接点をAとし，点Pから直線 $x=4$，$x=2$ に垂線PH，PH′をそれぞれ引くと

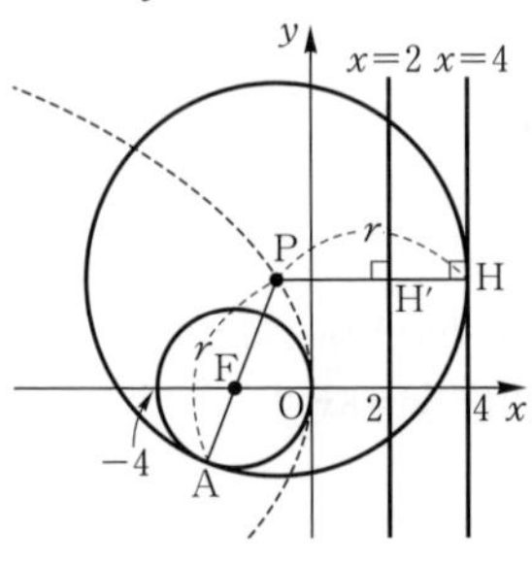

⇦直線 $x=4$ から，Fを中心とする円の半径と等しい2だけ近づいた直線が準線となる。

$PF=PA-2=r-2$

$PH'=PH-HH'=r-2$

より，$PF=PH'$ がつねに成り立つ。

よって，点Pの軌跡は点F$(-2,\ 0)$ を焦点，直線 $x=2$ を準線とする放物線である。

$y^2=4\cdot(-2)\cdot x$ より，求める軌跡の方程式は　$\boldsymbol{y^2=-8x}$

(別解)

$x^2+y^2+4x=0$ を変形して　$(x+2)^2+y^2=4$

よって，円 $x^2+y^2+4x=0$ の中心の座標は　$(-2,\ 0)$

点Pの座標を $P(x,\ y)$ とし，点Pから直線 $x=4$ に垂線PHを引く。

また，F$(-2,\ 0)$ とおく。

$PF=PH-2$ であるから，$x<4$ より

⇦点Pは直線 $x=4$ よりも点F$(-2,\ 0)$ のある側，すなわち左側にある。

$$\sqrt{\{x-(-2)\}^2+y^2}=(4-x)-2$$

すなわち　$\sqrt{(x+2)^2+y^2}=2-x$

両辺を2乗して　$(x+2)^2+y^2=(2-x)^2$

整理して　$y^2=-8x$　……①

逆に，①上の任意の点は，はじめの条件を満たす。

よって，求める軌跡の方程式は　$\boldsymbol{y^2=-8x}$

221 A，Bから放物線の準線に垂線AH，BIをそれぞれ引くと，放物線の定義より

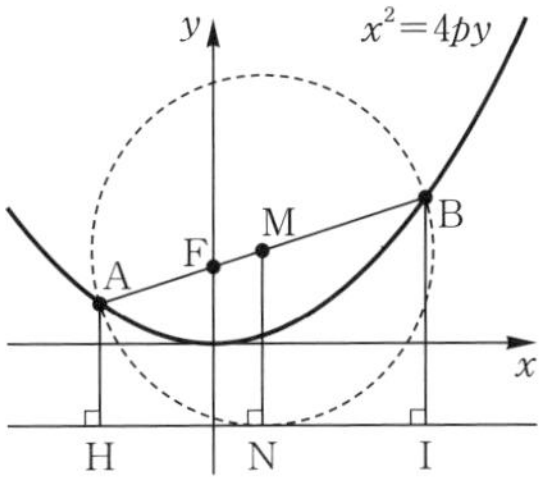

放物線の定義

平面上で，定点Fからの距離と，Fを通らない定直線 l からの距離が等しい点の軌跡

$AH=AF,\ BI=BF$

よって

$AH+BI$

$=AF+BF$

$=AB=2AM$

また，$AH\,/\!/\,MN\,/\!/\,BI$，$AM=BM$ より

⇦中点Mは円の中心

$$\frac{AH+BI}{2}=MN$$

ゆえに　$AM=MN$　**終**

(参考)

$AM=BM=MN$ より，3点A，B，Nは点Mを中心とする同一円周上にある。

また，$MN\perp$(準線) より，この円は放物線の準線に接する。

(別解)

焦点Fの座標はF$(0,\ p)$であるから，点Fを通る傾きmの直線の方程式は

$$y=mx+p$$

これと放物線$x^2=4py$との交点について考えると

$$x^2=4p(mx+p)$$

これを解いて

$$x=2mp\pm 2p\sqrt{m^2+1}$$

よって，点A，Bの座標は

$$\mathrm{A}(2mp-2p\sqrt{m^2+1},\ 2m^2p-2mp\sqrt{m^2+1}+p)$$

$$\mathrm{B}(2mp+2p\sqrt{m^2+1},\ 2m^2p+2mp\sqrt{m^2+1}+p)$$

と表せる。

⇦y座標は，$y=mx+p$に$x=2mp\pm 2p\sqrt{m^2+1}$を代入して求める。

ゆえに，線分ABの中点Mの座標は

$$\mathrm{M}(2mp,\ 2m^2p+p)$$

また，直線ABの傾きがmであることから

$$\mathrm{AM}=\{2mp-(2mp-2p\sqrt{m^2+1})\}\cdot\sqrt{m^2+1}$$

$$=2p\sqrt{m^2+1}\cdot\sqrt{m^2+1}$$

$$=2p(m^2+1)$$

⇦相似の利用

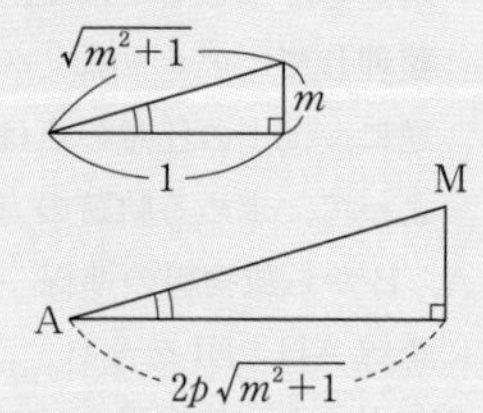

一方，放物線の準線の方程式は$y=-p$であるから

$$\mathrm{MN}=(2m^2p+p)-(-p)$$

$$=2m^2p+2p=2p(m^2+1)$$

したがって　AM=MN　終

2 楕円

本編 p.052～053

A

222 求める楕円の方程式を

$\dfrac{x^2}{a^2}+\dfrac{y^2}{b^2}=1$ $(a>b>0)$ とおくと

$2a=6,\ \sqrt{a^2-b^2}=2$ ←― 焦点がx軸上

より　$a=3,\ b=\sqrt{5}$

よって，この楕円の方程式は

$$\boldsymbol{\frac{x^2}{9}+\frac{y^2}{5}=1}$$

また，長軸の長さは6，短軸の長さは4

よって，概形は次の図のようになる。

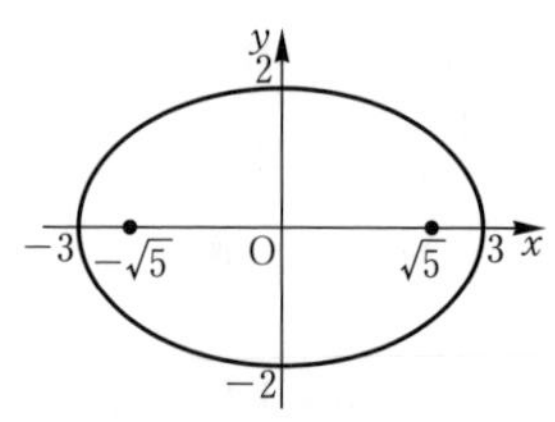

223 (1) $\sqrt{9-4}=\sqrt{5}$ より ←― $a=3,\ b=2$

焦点の座標は $\boldsymbol{(\sqrt{5},\ 0),\ (-\sqrt{5},\ 0)}$

頂点の座標は $\boldsymbol{(3,\ 0),\ (-3,\ 0),\ (0,\ 2),\ (0,\ -2)}$

(2) $\sqrt{4-1}=\sqrt{3}$ より ←― $a=2,\ b=1$

焦点の座標は $\boldsymbol{(\sqrt{3},\ 0),\ (-\sqrt{3},\ 0)}$

頂点の座標は $\boldsymbol{(2,\ 0),\ (-2,\ 0),\ (0,\ 1),\ (0,\ -1)}$

また，長軸の長さは **4**，
短軸の長さは **2**

よって，概形は次の図のようになる。

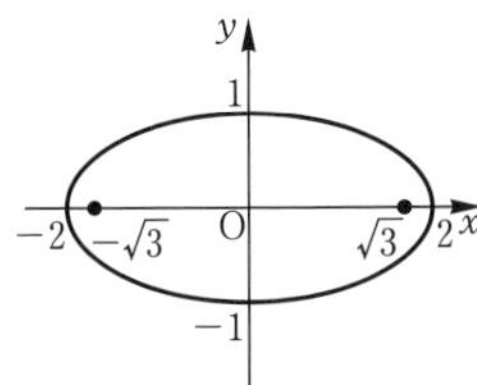

(3)　$3x^2+4y^2=48$ を変形して

$\dfrac{x^2}{16}+\dfrac{y^2}{12}=1$ ← 48 で割って右辺を 1 に

$\sqrt{16-12}=\sqrt{4}=2$ より ← $a=4,\ b=\sqrt{12}$

焦点の座標は **(2, 0)，(−2, 0)**

頂点の座標は **(4, 0)，(−4, 0)，**
$(0,\ 2\sqrt{3})$，$(0,\ -2\sqrt{3})$

また，長軸の長さは **8**，
短軸の長さは **$4\sqrt{3}$**

よって，概形は次の図のようになる。

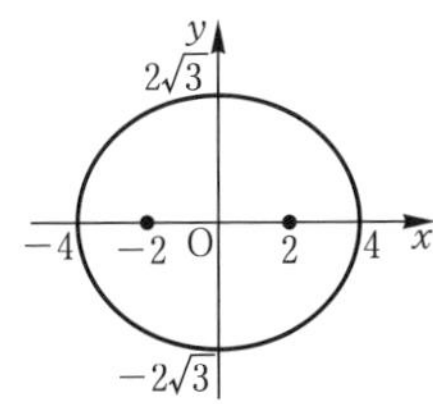

224 (1)　$\sqrt{25-9}=\sqrt{16}=4$ より ← $a=3,\ b=5$

焦点の座標は **(0, 4)，(0, −4)**

頂点の座標は **(3, 0)，(−3, 0)，**
(0, 5)，(0, −5)

また，長軸の長さは **10**，
短軸の長さは **6**

よって，概形は次の図のようになる。

← $a<b$ より焦点は y 軸上

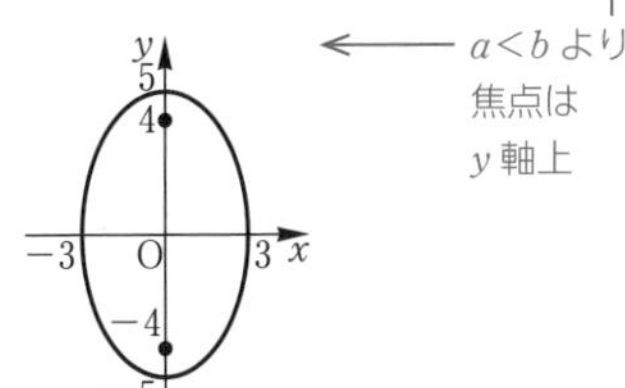

(2)　$\sqrt{16-1}=\sqrt{15}$ より ← $a=1,\ b=4$

焦点の座標は **$(0,\ \sqrt{15})$，$(0,\ -\sqrt{15})$**

頂点の座標は **(1, 0)，(−1, 0)，**
(0, 4)，(0, −4)

また，長軸の長さは **8**，
短軸の長さは **2**

よって，概形は次の図のようになる。

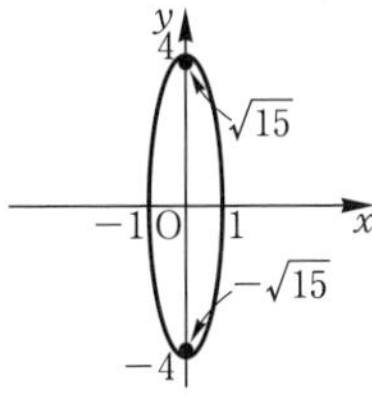

(3)　$3x^2+y^2=6$ を変形して　$\dfrac{x^2}{2}+\dfrac{y^2}{6}=1$

$\sqrt{6-2}=\sqrt{4}=2$ より ← $a=\sqrt{2},\ b=\sqrt{6}$

焦点の座標は **(0, 2)，(0, −2)**

頂点の座標は **$(\sqrt{2},\ 0)$，$(-\sqrt{2},\ 0)$，**
$(0,\ \sqrt{6})$，$(0,\ -\sqrt{6})$

また，長軸の長さは **$2\sqrt{6}$**，
短軸の長さは **$2\sqrt{2}$**

よって，概形は次の図のようになる。

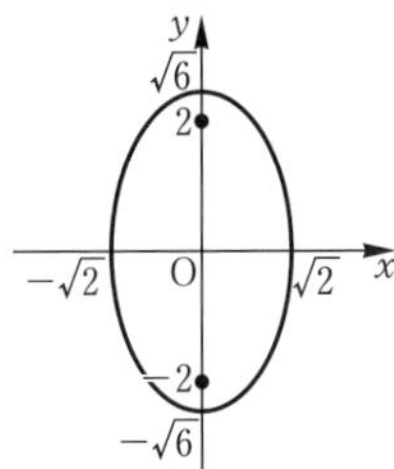

225 (1)　円上の点 P$(s,\ t)$ の y 座標を $\dfrac{7}{5}$ 倍して得られる点を Q$(x,\ y)$ とすると

$x=s,\ y=\dfrac{7}{5}t$

すなわち　$s=x,\ t=\dfrac{5}{7}y$

3　1節　2次曲線

点Pは円上の点であるから

$s^2+t^2=25$

よって　$x^2+\left(\frac{5}{7}y\right)^2=25$

ゆえに，**楕円** $\boldsymbol{\frac{x^2}{25}+\frac{y^2}{49}=1}$ となる。

(2)　円上の点 $P(s,\ t)$ の x 座標を2倍して得られる点を $Q(x,\ y)$ とすると

$x=2s,\ y=t$

すなわち　$s=\frac{1}{2}x,\ t=y$

点Pは円上の点であるから

$s^2+t^2=25$

よって　$\left(\frac{1}{2}x\right)^2+y^2=25$

ゆえに，**楕円** $\boldsymbol{\frac{x^2}{100}+\frac{y^2}{25}=1}$ となる。

B

226 (1)　求める楕円の方程式を

$\frac{x^2}{a^2}+\frac{y^2}{b^2}=1$ $(a>b>0)$ とおくと　← 焦点が x 軸上

$2a=8,\ \sqrt{a^2-b^2}=3$

より　$a=4,\ b=\sqrt{7}$

よって，求める方程式は　$\boldsymbol{\frac{x^2}{16}+\frac{y^2}{7}=1}$

(2)　求める楕円の方程式を

$\frac{x^2}{a^2}+\frac{y^2}{b^2}=1$ $(a>0,\ b>0)$ とおくと　← 焦点の位置はわからない。

楕円が点 $(-1,\ \sqrt{6})$ を通るから

$\frac{(-1)^2}{a^2}+\frac{(\sqrt{6})^2}{b^2}=1$

すなわち　$\frac{1}{a^2}+\frac{6}{b^2}=1$　……①

楕円が点 $(\sqrt{2},\ 2)$ を通るから

$\frac{(\sqrt{2})^2}{a^2}+\frac{2^2}{b^2}=1$

すなわち　$\frac{2}{a^2}+\frac{4}{b^2}=1$　……②

①×2−②より　$\frac{8}{b^2}=1$

よって　$b^2=8$

これと①より　$\frac{1}{a^2}+\frac{6}{8}=1$

ゆえに　$a^2=4$

したがって，求める方程式は　$\boldsymbol{\frac{x^2}{4}+\frac{y^2}{8}=1}$

(3)　求める楕円の方程式を

$\frac{x^2}{a^2}+\frac{y^2}{b^2}=1$ $(b>a>0)$ とおくと　← 焦点が y 軸上

$2b-2a=4,\ \sqrt{b^2-a^2}=4$

すなわち

$b=a+2,\ b^2-a^2=16$

$(a+2)^2-a^2=16$ より　$a=3$

このとき　$b=3+2=5$

よって，求める方程式は　$\boldsymbol{\frac{x^2}{9}+\frac{y^2}{25}=1}$

(4)　求める楕円の方程式を

$\frac{x^2}{a^2}+\frac{y^2}{b^2}=1$ $(a>b>0)$ とおくと　← 焦点が x 軸上

$\sqrt{a^2-b^2}=\sqrt{3},\ \frac{2^2}{a^2}+\frac{1^2}{b^2}=1$

すなわち

$a^2-b^2=3$　……①

$4b^2+a^2=a^2b^2$　……②

①より $a^2=b^2+3$ を②に代入して

$4b^2+(b^2+3)=(b^2+3)b^2$

$b^4-2b^2-3=0$

$(b^2-3)(b^2+1)=0$

$b^2>0$ より　$b^2=3$

このとき　$a^2=b^2+3=6$

よって，求める方程式は　$\boldsymbol{\frac{x^2}{6}+\frac{y^2}{3}=1}$

227 点 P の座標を $(s,\ t)$ とする。

点 P は楕円上の点であるから $\dfrac{s^2}{9}+\dfrac{t^2}{4}=1$ ……①

また $d^2=(s-1)^2+t^2$

①より $t^2=4\left(1-\dfrac{s^2}{9}\right)=\dfrac{4}{9}(9-s^2)$

であるから

$$d^2=(s-1)^2+\frac{4}{9}(9-s^2)$$

$$=\frac{5}{9}s^2-2s+5$$

$$=\frac{5}{9}\left(s-\frac{9}{5}\right)^2+\frac{16}{5}$$

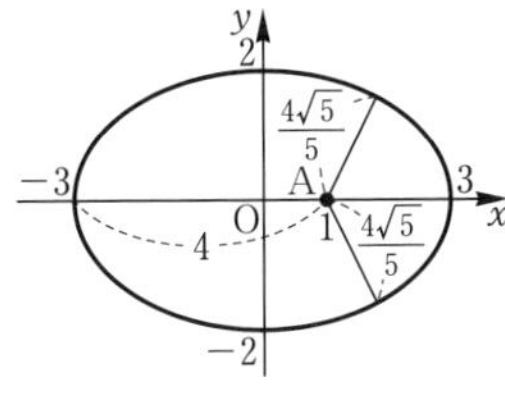

⇦①を用いて t を消去する。

ここで，$t^2=\dfrac{4}{9}(9-s^2)\geqq 0$ より $-3\leqq s\leqq 3$

⇦s の値の範囲に注意

この範囲において，d^2 は

$s=-3$ のとき 最大値 16,

$s=\dfrac{9}{5}$ のとき 最小値 $\dfrac{16}{5}$ をとる。

$d>0$ であるから，d は

P$(-3,\ 0)$ のとき **最大値 4**

P$\left(\dfrac{9}{5},\ -\dfrac{8}{5}\right)$ または P$\left(\dfrac{9}{5},\ \dfrac{8}{5}\right)$ のとき **最小値** $\dfrac{4}{\sqrt{5}}=\dfrac{4\sqrt{5}}{5}$

⇦$s=\dfrac{9}{5}$ のとき

$$t^2=4\left(1-\frac{1}{9}\cdot\frac{9^2}{5^2}\right)=4\cdot\frac{16}{25}=\frac{64}{25}$$

228 円 C_1 は，中心が A$(2,\ 0)$ で半径が 3 の円，

円 C_2 は，中心が B$(-2,\ 0)$ で半径が 9 の円である。

円 C の半径を r とすると，

円 C は円 C_1 に外接するから

PA$=r+3$ ……①

円 C は円 C_2 に内接するから

PB$=9-r$ $(r<9)$ ……②

①，②の辺々を加えると

PA+PB$=12$ (一定)

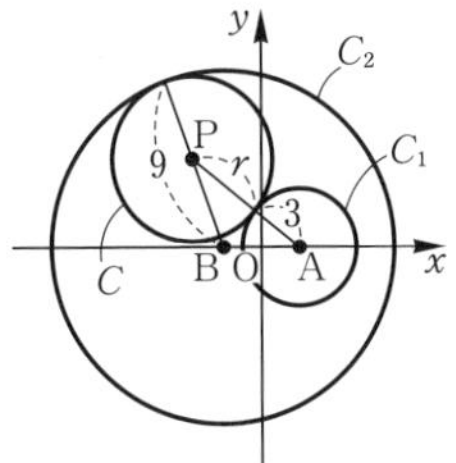

よって，点 P は 2 点 A，B を焦点として，2 点からの距離の和が 12 の楕円上にあることがわかる。

楕円の定義
平面上で，2 定点 F，F′ からの和が一定である点の軌跡

線分 AB の中点が原点であるから，この楕円の方程式は

$$\frac{x^2}{a^2}+\frac{y^2}{b^2}=1 \ (a>b>0)$$

⇦楕円の焦点 A，B は x 軸上の点

と表すことができる。A$(2,\ 0)$ であることから

$$\sqrt{a^2-b^2}=2$$

両辺を2乗すると　$a^2-b^2=2^2$　……③

また，長軸の長さが12であるから　$2a=12$　……④

③，④と $b>0$ より　$a=6$，$b=4\sqrt{2}$

ゆえに，求める点Pの軌跡は　**楕円 $\boldsymbol{\frac{x^2}{36}+\frac{y^2}{32}=1}$**

(別解)

$\mathrm{P}(x,\ y)$ とする。また，円 C の半径を r とする。

⇦座標を文字で表し，計算で処理する。

円 C は円 C_1 に外接するから

$r+3=\sqrt{(x-2)^2+y^2}$　……①

⇦ $\mathrm{PA}=\sqrt{(x-2)^2+y^2}$

円 C は円 C_2 に内接するから

$9-r=\sqrt{(x+2)^2+y^2}$　……②

⇦ $\mathrm{PB}=\sqrt{(x+2)^2+y^2}$

①，②の両辺を足して

$12=\sqrt{(x-2)^2+y^2}+\sqrt{(x+2)^2+y^2}$

$\sqrt{(x-2)^2+y^2}=12-\sqrt{(x+2)^2+y^2}$

両辺を2乗して

⇦根号を含む項を減らす。

$(x-2)^2+y^2=144-24\sqrt{(x+2)^2+y^2}+(x+2)^2+y^2$

整理して

$3\sqrt{(x+2)^2+y^2}=18+x$

さらに両辺を2乗して

$9\{(x+2)^2+y^2\}=324+36x+x^2$

$8x^2+9y^2=288$

よって，求める点Pの軌跡は　**楕円 $\boldsymbol{\frac{x^2}{36}+\frac{y^2}{32}=1}$**

3 双曲線

本編 p.054～055

A

229 求める双曲線の方程式を

$\frac{x^2}{a^2}-\frac{y^2}{b^2}=1$ $(a>0,\ b>0)$ とおくと　←焦点が x 軸上

$2a=4$，$\sqrt{a^2+b^2}=3$

よって　$a=2$，$b=\sqrt{5}$

ゆえに，この双曲線の方程式は

$\boldsymbol{\frac{x^2}{4}-\frac{y^2}{5}=1}$

230 (1)　$\sqrt{9+16}=\sqrt{25}=5$ より　←$a=3$，$b=4$

焦点の座標は (5，0)，(−5，0)

頂点の座標は (3，0)，(−3，0)

(2)　$\sqrt{4+1}=\sqrt{5}$ より　←$a=2$，$b=1$

焦点の座標は ($\sqrt{5}$，0)，($-\sqrt{5}$，0)

頂点の座標は (2，0)，(−2，0)

231 (1)　$\sqrt{9+4}=\sqrt{13}$ より　←$a=3$，$b=2$

焦点の座標は ($\sqrt{13}$，0)，($-\sqrt{13}$，0)

頂点の座標は (3，0)，(−3，0)

漸近線の方程式は

$\boldsymbol{y=\frac{2}{3}x,\ y=-\frac{2}{3}x}$　←$y=\pm\frac{b}{a}x$

よって，概形は次の図のようになる。

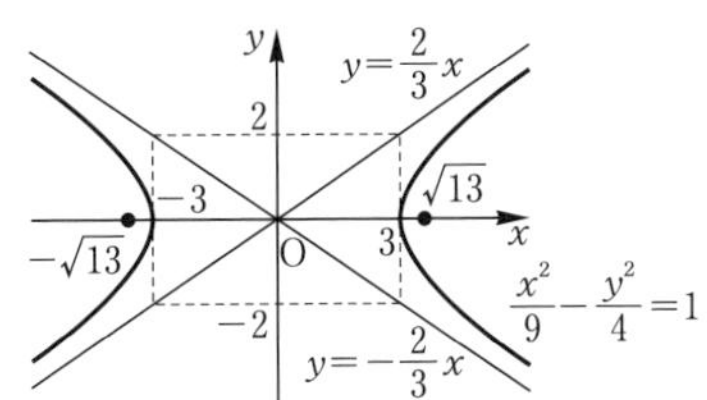

(2)　$2x^2-y^2=8$ より　$\frac{x^2}{4}-\frac{y^2}{8}=1$

$\sqrt{4+8}=\sqrt{12}=2\sqrt{3}$ より ←$a=2$，$b=\sqrt{8}$

焦点の座標は $(2\sqrt{3},\ 0)$，$(-2\sqrt{3},\ 0)$

頂点の座標は $(2,\ 0)$，$(-2,\ 0)$

漸近線の方程式は

$\boldsymbol{y=\sqrt{2}x}$，$\boldsymbol{y=-\sqrt{2}x}$ ←$y=\pm\frac{b}{a}x$

よって，概形は次の図のようになる。

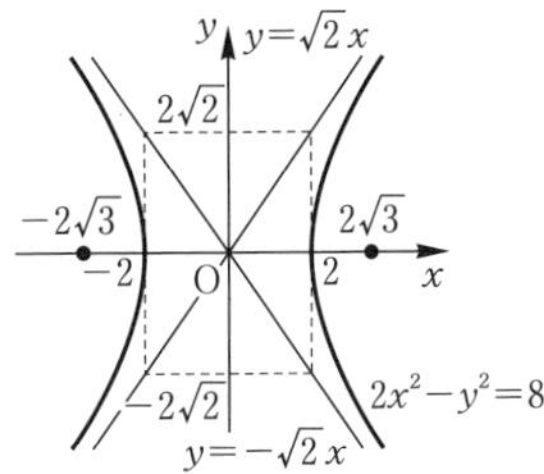

(3)　$x^2-y^2=4$ より　$\frac{x^2}{4}-\frac{y^2}{4}=1$

$\sqrt{4+4}=2\sqrt{2}$ より ←$a=2$，$b=2$

焦点の座標は $(2\sqrt{2},\ 0)$，$(-2\sqrt{2},\ 0)$

頂点の座標は $(2,\ 0)$，$(-2,\ 0)$

漸近線の方程式は

$\boldsymbol{y=x}$，$\boldsymbol{y=-x}$ ←$y=\pm\frac{b}{a}x$

よって，概形は次の図のようになる。

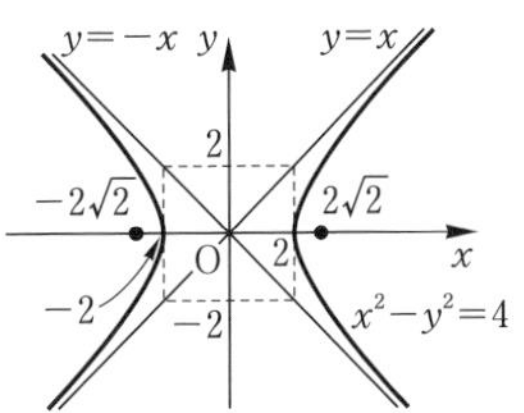

232 求める直角双曲線の方程式を

$\frac{x^2}{a^2}-\frac{y^2}{a^2}=1$ $(a>0)$ とおく。←直角双曲線なので $a=b$

(1)　頂点が 2 点 $(2,\ 0)$，$(-2,\ 0)$ であるから

$a=2$

よって　$\boldsymbol{\frac{x^2}{4}-\frac{y^2}{4}=1}$

(2)　焦点が 2 点 $(\sqrt{6},\ 0)$，$(-\sqrt{6},\ 0)$ であるから

$\sqrt{a^2+a^2}=\sqrt{6}$

すなわち　$a^2=3$

よって　$\boldsymbol{\frac{x^2}{3}-\frac{y^2}{3}=1}$

233 (1)　$\sqrt{16+9}=\sqrt{25}=5$ より ←$a=4$，$b=3$

焦点の座標は $(0,\ 5)$，$(0,\ -5)$

頂点の座標は $(0,\ 3)$，$(0,\ -3)$

漸近線の方程式は

$\boldsymbol{y=\frac{3}{4}x}$，$\boldsymbol{y=-\frac{3}{4}x}$ ←$y=\pm\frac{b}{a}x$

よって，概形は次の図のようになる。

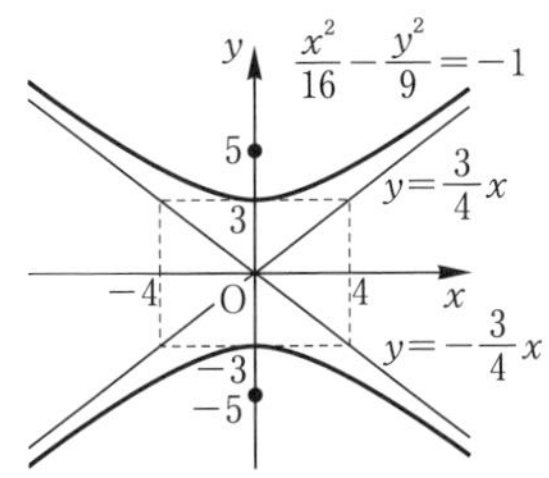

(2)　$x^2-y^2=-2$ より　$\frac{x^2}{2}-\frac{y^2}{2}=-1$

$\sqrt{2+2}=\sqrt{4}=2$ より ←$a=\sqrt{2}$，$b=\sqrt{2}$

焦点の座標は $(0,\ 2)$，$(0,\ -2)$

頂点の座標は $(0,\ \sqrt{2})$，$(0,\ -\sqrt{2})$

漸近線の方程式は

$\boldsymbol{y=x}$，$\boldsymbol{y=-x}$ ←$y=\pm\frac{b}{a}x$

よって，概形は次の図のようになる。

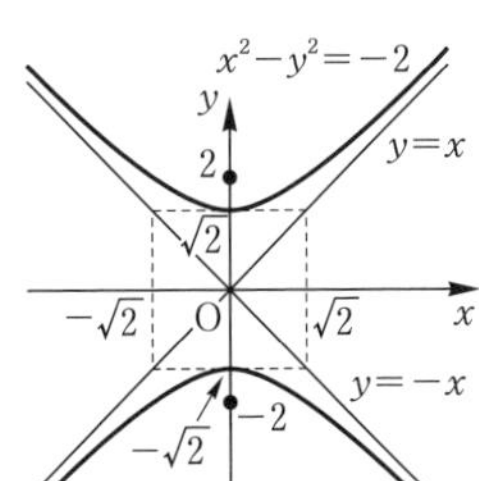

3

1節　2次曲線

B

234 (1)　焦点が x 軸上にあることから，求める双曲線の方程式は

$\dfrac{x^2}{a^2}-\dfrac{y^2}{b^2}=1$ $(a>0,\ b>0)$ とおける。　← 焦点が x 軸上

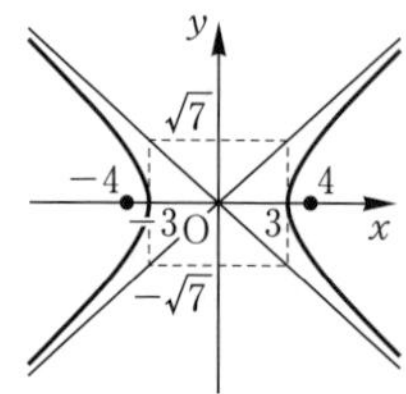

焦点が 2 点 $(4,\ 0)$，$(-4,\ 0)$ であるから

$\sqrt{a^2+b^2}=4$

すなわち　$a^2+b^2=16$　……①

頂点が 2 点 $(3,\ 0)$，$(-3,\ 0)$ であるから

$a=3$　……②

①，②より　$a=3,\ b=\sqrt{7}$

よって，求める方程式は　$\boldsymbol{\dfrac{x^2}{9}-\dfrac{y^2}{7}=1}$

(2)　点 $(1,\ 2\sqrt{3})$ は 2 直線 $y=2x$，$y=-2x$ の上側にあるから，求める双曲線の方程式は $\dfrac{x^2}{a^2}-\dfrac{y^2}{b^2}=-1$ $(a>0,\ b>0)$ とおける。

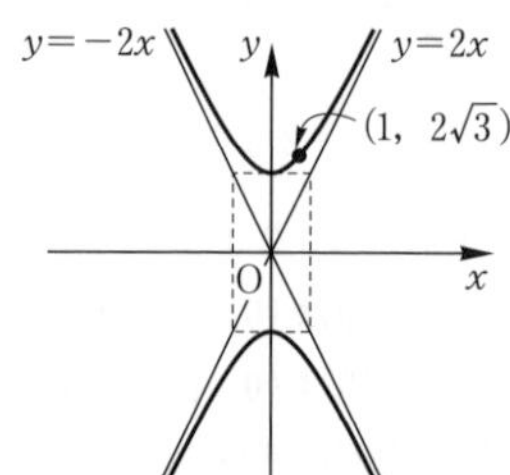

漸近線が 2 直線 $y=2x$，$y=-2x$ であるから　← $y=\pm\dfrac{b}{a}x$

$\dfrac{b}{a}=2$　すなわち　$b=2a$　……①

双曲線が点 $(1,\ 2\sqrt{3})$ を通るから

$\dfrac{1^2}{a^2}-\dfrac{(2\sqrt{3})^2}{b^2}=-1$

すなわち　$\dfrac{1}{a^2}-\dfrac{12}{b^2}=-1$　……②

①を②に代入して　$\dfrac{1}{a^2}-\dfrac{12}{4a^2}=-1$

$-\dfrac{2}{a^2}=-1$ より　$a^2=2$

これと①より　$b^2=4a^2=8$

よって，求める方程式は　$\boldsymbol{\dfrac{x^2}{2}-\dfrac{y^2}{8}=-1}$

(3)　焦点が x 軸上にあることから，求める双曲線の方程式は

$\dfrac{x^2}{a^2}-\dfrac{y^2}{b^2}=1$ $(a>0,\ b>0)$ とおける。　← 焦点が x 軸上

焦点が 2 点 $(\sqrt{5},\ 0)$，$(-\sqrt{5},\ 0)$ であるから

$\sqrt{a^2+b^2}=\sqrt{5}$

すなわち　$a^2+b^2=5$　……①

双曲線が点 $(3,\ 2)$ を通るから

$\dfrac{3^2}{a^2}-\dfrac{2^2}{b^2}=1$

すなわち　$9b^2-4a^2=a^2b^2$　……②

①より，$b^2=5-a^2$ を②に代入して

$9(5-a^2)-4a^2=a^2(5-a^2)$

$a^4-18a^2+45=0$

$(a^2-3)(a^2-15)=0$

ここで，$b^2=5-a^2>0$ より

$0<a^2<5$ であるから　$a^2=3$

このとき　$b^2=5-a^2=2$

よって，求める方程式は　$\boldsymbol{\dfrac{x^2}{3}-\dfrac{y^2}{2}=1}$

(4)　焦点が y 軸上にあることから，求める双曲線の方程式は

$\dfrac{x^2}{a^2}-\dfrac{y^2}{b^2}=-1$ $(a>0,\ b>0)$ とおける。　← 焦点が y 軸上

焦点が 2 点 $(0,\ 4)$，$(0,\ -4)$ であるから

$\sqrt{a^2+b^2}=4$

すなわち　$a^2+b^2=16$　……①

双曲線が点 $(2,\ 2\sqrt{6})$ を通るから

$\dfrac{2^2}{a^2}-\dfrac{(2\sqrt{6})^2}{b^2}=-1$

すなわち　$4b^2-24a^2=-a^2b^2$　……②

①より，$b^2=16-a^2$ を②に代入して

$$4(16-a^2)-24a^2=-a^2(16-a^2)$$

$$a^4+12a^2-64=0$$

$$(a^2+16)(a^2-4)=0$$

ここで，$b^2=16-a^2>0$ より

$0<a^2<16$ であるから　$a^2=4$

このとき　$b^2=16-a^2=12$

よって，求める方程式は　$\boldsymbol{\dfrac{x^2}{4}-\dfrac{y^2}{12}=-1}$

C

235 (1)　円 C_1 の中心をB，円 C の半径を r とおくと，PA$=r$，PB$=r+4$ であるから

PB$-$PA$=4$（一定）

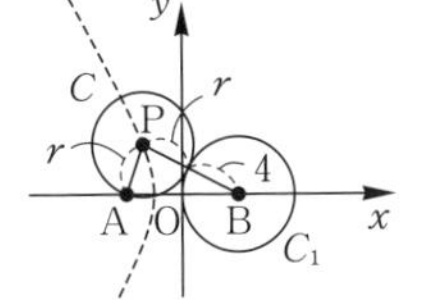

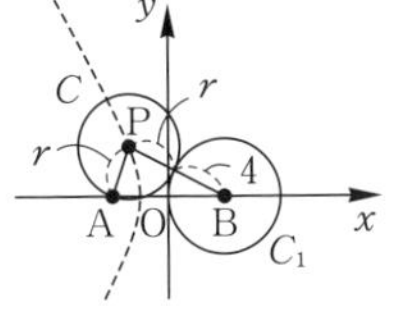

よって，求める軌跡は 2 点 A，B を焦点とし，焦点からの距離の差が 4 である双曲線であり，PB>PA より，点 A 側の左半分である。

双曲線の定義

平面上で，2 定点 F，F′ からの距離の差が一定である点の軌跡

線分 AB の中点は原点であるから，求める双曲線の方程式は

$\dfrac{x^2}{a^2}-\dfrac{y^2}{b^2}=1$（$a>0$，$b>0$）と表せて

⇦焦点 A，B が x 軸上にあるから $\dfrac{x^2}{a^2}-\dfrac{y^2}{b^2}=1$ とおく。

$$\sqrt{a^2+b^2}=4,\ 2a=4$$

これより　$a=2$，$b=2\sqrt{3}$

ゆえに，求める点 P の軌跡は

双曲線 $\boldsymbol{\dfrac{x^2}{4}-\dfrac{y^2}{12}=1}$ の左半分である。

(2)　2 つの円 C_1，C_2 の中心をそれぞれ A，B，円 C の半径を r とおくと，PA$=r+2$，PB$=r+4$ であるから

PB$-$PA$=2$（一定）

よって，求める軌跡は 2 点 A，B を焦点とし，焦点からの距離の差が 2 である双曲線であり，PB>PA より，点 A 側の上半分である。

線分 AB の中点は原点であるから，求める双曲線の方程式は

$\dfrac{x^2}{a^2}-\dfrac{y^2}{b^2}=-1$（$a>0$，$b>0$）と表せて

⇦焦点 A，B が y 軸上にあるから $\dfrac{x^2}{a^2}-\dfrac{y^2}{b^2}=-1$ とおく。

$$\sqrt{a^2+b^2}=4,\ 2b=2$$

これより　$a=\sqrt{15}$，$b=1$

ゆえに，求める点 P の軌跡は

双曲線 $\boldsymbol{\dfrac{x^2}{15}-y^2=-1}$ の上半分である。

236 点 P の座標を $P(a,\ b)$ とおくと

$a^2-4b^2=4$ ……①

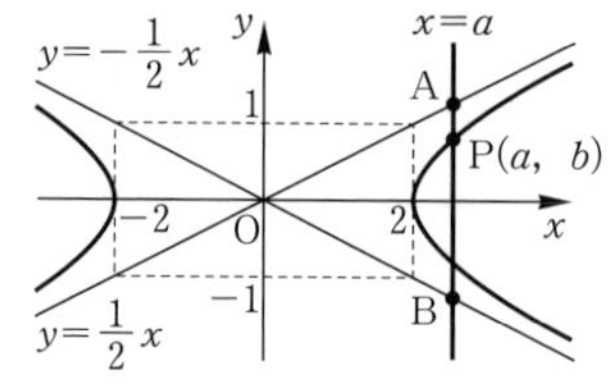

⇦ $a^2=4b^2+4\geqq4$ より $a\leqq-2,\ 2\leqq a$

このとき，点 P を通り y 軸に平行な直線 $x=a$ と 2 つの漸近線 $y=\frac{1}{2}x$, $y=-\frac{1}{2}x$ との交点はそれぞれ

$$A\left(a,\ \frac{1}{2}a\right),\ B\left(a,\ -\frac{1}{2}a\right)$$

となる。このとき，①より

$$PA\cdot PB=\left|\frac{1}{2}a-b\right|\cdot\left|b-\left(-\frac{1}{2}a\right)\right|$$

$$=\left|\frac{1}{2}a-b\right|\cdot\left|\frac{1}{2}a+b\right|$$

$$=\left|\left(\frac{1}{2}a\right)^2-b^2\right|$$

$$=\left|\frac{1}{4}a^2-b^2\right|=\frac{1}{4}|a^2-4b^2|=\frac{1}{4}\cdot4=1$$

⇦ $|A|\cdot|B|=|AB|$

⇦ $a^2-4b^2=4$ ……①を代入

となり，PA・PB は一定である。 終

4 2 次曲線の平行移動

本編 p.056

A

237 (1) $\{y-(-1)\}^2=-3(x-2)$

すなわち $\boldsymbol{(y+1)^2=-3(x-2)}$

(2) $\dfrac{(x-2)^2}{4}+\dfrac{\{y-(-1)\}^2}{9}=1$

すなわち $\boldsymbol{\dfrac{(x-2)^2}{4}+\dfrac{(y+1)^2}{9}=1}$

(3) $\dfrac{(x-2)^2}{3}-\dfrac{\{y-(-1)\}^2}{4}=-1$

すなわち $\boldsymbol{\dfrac{(x-2)^2}{3}-\dfrac{(y+1)^2}{4}=-1}$

238 (1) $y^2+4x-4y=0$ を変形すると

$(y-2)^2=-4(x-1)$

よって，この方程式が表す図形は

放物線 $y^2=-4x$ を x 軸方向に 1，y 軸方向に 2 だけ平行移動したものである。

また，概形は次の図のようになる。

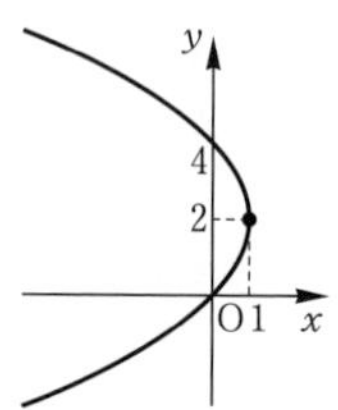

(2) $9x^2+4y^2+36x-24y+36=0$ を変形すると

$9(x+2)^2+4(y-3)^2=36$

よって $\dfrac{(x+2)^2}{4}+\dfrac{(y-3)^2}{9}=1$

ゆえに，この方程式が表す図形は

楕円 $\dfrac{x^2}{4}+\dfrac{y^2}{9}=1$ を x 軸方向に -2，y 軸方向に 3 だけ平行移動したものである。

また，概形は次の図のようになる。

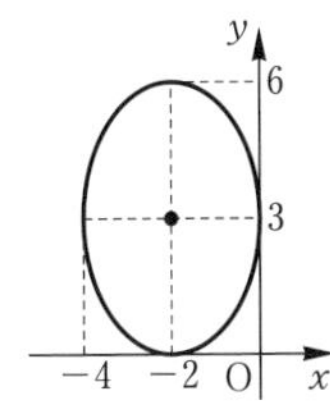

(3)　$4x^2-y^2+16x+2y+19=0$ を変形すると

$4(x+2)^2-(y-1)^2=-4$

よって　$(x+2)^2-\dfrac{(y-1)^2}{4}=-1$

ゆえに，この方程式が表す図形は

双曲線 $x^2-\dfrac{y^2}{4}=-1$ を x 軸方向に -2，y 軸方向に 1 だけ平行移動したもの

である。

また，概形は次の図のようになる。

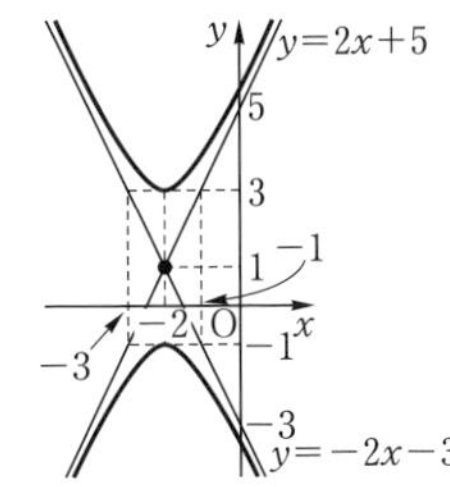

B

239 (1)　放物線の頂点の y 座標は

$\dfrac{3+(-1)}{2}=1$

よって，この放物線の頂点は点 (1，1)

頂点が原点に移るように，x 軸方向に -1，y 軸方向に -1 だけ平行移動すると，焦点が点 (0，2)，準線が直線 $y=-2$ である放物線となり，その方程式は

$x^2=4\cdot2\cdot y$

すなわち　$x^2=8y$　……①

求める放物線は放物線①を x 軸方向に 1，y 軸方向に 1 だけ平行移動したものであるから，その方程式は

$\boldsymbol{(x-1)^2=8(y-1)}$

(2)　この楕円の中心の座標は

$\left(\dfrac{-1+3}{2},\ \dfrac{2+2}{2}\right)$ すなわち　(1，2)　（2つの焦点を結ぶ線分の中点）

中心が原点に移るように，x 軸方向に -1，y 軸方向に -2 だけ平行移動すると，焦点は $(-2,\ 0)$，$(2,\ 0)$ に移る。

2焦点からの距離の和が6であるから，楕円の方程式を

$\dfrac{x^2}{3^2}+\dfrac{y^2}{b^2}=1$　（$2a=6$ より $a=3$）

とおくと　$3^2-b^2=2^2$

よって　$b^2=5$

求める楕円は，楕円 $\dfrac{x^2}{9}+\dfrac{y^2}{5}=1$ を x 軸方向に 1，y 軸方向に 2 だけ平行移動したものであるから，その方程式は

$$\boldsymbol{\frac{(x-1)^2}{9}+\frac{(y-2)^2}{5}=1}$$

(3)　この双曲線の中心の座標は

$\left(\dfrac{2+8}{2},\ \dfrac{-3+(-3)}{2}\right)$ すなわち　$(5,\ -3)$　（2つの焦点を結ぶ線分の中点）

中心が原点に移るように，x 軸方向に -5，y 軸方向に 3 だけ平行移動すると，焦点は $(-3,\ 0)$，$(3,\ 0)$ に移る。

2頂点間の距離が2であるから，双曲線の方程式を

$\dfrac{x^2}{1^2}-\dfrac{y^2}{b^2}=1$　（$2a=2$ より $a=1$）

とおくと　$1^2+b^2=3^2$

よって　$b^2=8$

求める双曲線は，双曲線 $x^2-\dfrac{y^2}{8}=1$ を x 軸方向に 5，y 軸方向に -3 だけ平行移動したのものであるから，その方程式は

$$\boldsymbol{(x-5)^2-\frac{(y+3)^2}{8}=1}$$

240 2本の漸近線 $x-y+3=0$，$x+y-1=0$ の交点 $(-1,\ 2)$ が双曲線の中心である。
この点が原点に移るように，x 軸方向に 1，y 軸方向に -2 だけ平行移動すると，
1つの焦点の座標は $(3,\ 0)$，
漸近線の方程式は $y=x$，$y=-x$ となる。
この双曲線の方程式を

$\dfrac{x^2}{a^2}-\dfrac{y^2}{b^2}=1$ $(a>0,\ b>0)$ とおくと

$$a^2+b^2=3^2,\quad \frac{b}{a}=1$$

よって　$a^2=b^2=\dfrac{9}{2}$

求める双曲線は，双曲線 $\dfrac{2}{9}x^2-\dfrac{2}{9}y^2=1$ を x 軸方向に -1，y 軸方向に 2 だけ平行移動したものであるから，その方程式は

$$\boldsymbol{\frac{2}{9}(x+1)^2-\frac{2}{9}(y-2)^2=1}$$

241 $x^2+2y^2-8x+12y+32=0$ を変形すると

$(x-4)^2+2(y+3)^2=2$

すなわち　$\dfrac{(x-4)^2}{2}+(y+3)^2=1$

もとの曲線はこの曲線を x 軸に関して対称移動し，x 軸方向に -4，y 軸方向に -3 だけ平行移動したものである。

曲線 $\dfrac{(x-4)^2}{2}+(y+3)^2=1$ を x 軸に関して対称移動した曲線の方程式は

$$\frac{(x-4)^2}{2}+(-y+3)^2=1$$

y を $-y$ に置き換える。

すなわち　$\dfrac{(x-4)^2}{2}+(y-3)^2=1$

この曲線を x 軸方向に -4，y 軸方向に -3 だけ平行移動した曲線の方程式は

$$\frac{\{(x+4)-4\}^2}{2}+\{(y+3)-3\}^2=1$$

よって，求める曲線は

楕円 $\boldsymbol{\dfrac{x^2}{2}+y^2=1}$

5　2次曲線と直線

本編 p.057

A

242 (1)　$y^2=4x$　……①

$2x-y=4$　……②

とおく。

②より，$y=2x-4$ を①に代入すると

$(2x-4)^2=4x$

整理すると　$x^2-5x+4=0$

この2次方程式の判別式を D とすると

$D=(-5)^2-4\cdot1\cdot4=9>0$

よって，共有点は **2個**

(2)　$\dfrac{x^2}{3}+\dfrac{y^2}{6}=1$　……①

$x+y=3$　……②

とおく。

②より，$y=-x+3$ を①に代入して

$\dfrac{x^2}{3}+\dfrac{1}{6}\cdot(-x+3)^2=1$

整理すると　$x^2-2x+1=0$

この2次方程式の判別式を D とすると

$\dfrac{D}{4}=(-1)^2-1\cdot1=0$

よって，共有点は **1個**

(3) $\dfrac{x^2}{4}-\dfrac{y^2}{9}=-1$ ……①

$x+y=-2$ ……②

とおく。

②より，$y=-x-2$ を①に代入して

$$\frac{x^2}{4}-\frac{(-x-2)^2}{9}=-1$$

整理すると　$5x^2-16x+20=0$

この 2 次方程式の判別式を D とすると

$$\frac{D}{4}=(-8)^2-5\cdot 20=-36<0$$

よって，共有点は **0 個**

243 (1) $y=-x+k$ を $2x^2+y^2=2$ に代入して

$2x^2+(-x+k)^2=2$

整理すると

$3x^2-2kx+k^2-2=0$ ……①

この 2 次方程式の判別式を D とすると

$$\frac{D}{4}=(-k)^2-3\cdot(k^2-2)$$

$$=-2k^2+6=-2(k+\sqrt{3})(k-\sqrt{3})$$

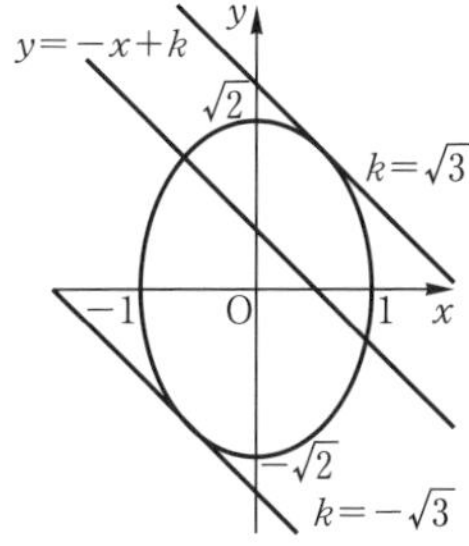

よって，楕円と直線の共有点の個数は

$D>0$　すなわち

$-\sqrt{3}<k<\sqrt{3}$ のとき　2 個

$D=0$　すなわち

$k=-\sqrt{3}$，$\sqrt{3}$ のとき　1 個

$D<0$　すなわち

$k<-\sqrt{3}$，$\sqrt{3}<k$ のとき　0 個

(2) 楕円と直線が接するとき　$k=\pm\sqrt{3}$

$k=\sqrt{3}$ のとき

直線の方程式は　$y=-x+\sqrt{3}$

また，2 次方程式①は

$3x^2-2\sqrt{3}x+1=0$

この方程式の重解は　$x=\dfrac{\sqrt{3}}{3}$

よって，接点は $\left(\dfrac{\sqrt{3}}{3},\ \dfrac{2\sqrt{3}}{3}\right)$

$y=-x+\sqrt{3}$ に代入

$k=-\sqrt{3}$ のとき

直線の方程式は　$y=-x-\sqrt{3}$

また，2 次方程式①は

$3x^2+2\sqrt{3}x+1=0$

この方程式の重解は　$x=-\dfrac{\sqrt{3}}{3}$

よって，接点は $\left(-\dfrac{\sqrt{3}}{3},\ -\dfrac{2\sqrt{3}}{3}\right)$

$y=-x-\sqrt{3}$ に代入

以上から

接線 $y=-x+\sqrt{3}$，接点 $\left(\dfrac{\sqrt{3}}{3},\ \dfrac{2\sqrt{3}}{3}\right)$

または

接線 $y=-x-\sqrt{3}$，接点 $\left(-\dfrac{\sqrt{3}}{3},\ -\dfrac{2\sqrt{3}}{3}\right)$

244 (1) $y^2=8x$ ……①

とする。点 $(-2,\ 0)$ を通る①の接線は y 軸に平行でないから，接線の傾きを m とすると，接線の方程式は

$y=m(x+2)$ ……②

とおける。

②を①に代入すると

$m^2(x+2)^2=8x$

よって　$m^2x^2+(4m^2-8)x+4m^2=0$

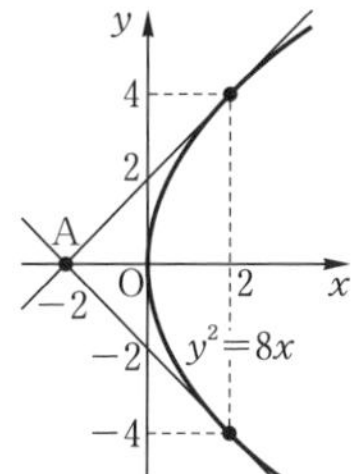

$m=0$ のとき，直線②は接線ではない。
ゆえに，$m \neq 0$ であるから，この 2 次方程式の判別式を D とすると，②が①に接するための必要十分条件は $D=0$ であるから

$$\frac{D}{4}=4(m^2-2)^2-m^2\cdot 4m^2=0$$

整理すると　$m^2=1$
すなわち　$m=\pm 1$
したがって，接線の方程式は

$\boldsymbol{y=x+2,\ y=-x-2}$

(2)　楕円の方程式を

$4x^2+y^2=8$　……①

とする。点 $(2,\ 0)$ を通る①の接線は y 軸に平行でないから，接線の傾きを m とすると，接線の方程式は

$y=m(x-2)$　……②

②を①に代入すると

$4x^2+m^2(x-2)^2=8$

よって

$(m^2+4)x^2-4m^2x+4m^2-8=0$

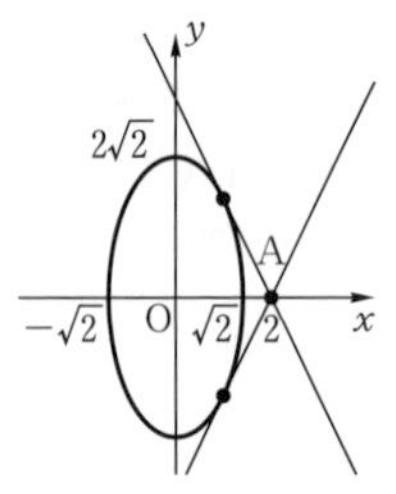

この 2 次方程式の判別式を D とすると，②が①に接するための必要十分条件は $D=0$ であるから

$$\frac{D}{4}=(-2m^2)^2-(m^2+4)\cdot(4m^2-8)=0$$

整理すると　$8m^2-32=0$
ゆえに　$m=\pm 2$
したがって，接線の方程式は

$\boldsymbol{y=2x-4,\ y=-2x+4}$

(3)　双曲線の方程式を

$4x^2-y^2=-4$　……①

とする。点 $(-2,\ -2)$ を通る①の接線は y 軸に平行でないから，接線の傾きを m とすると，接線の方程式は

$y+2=m(x+2)$

すなわち

$y=mx+(2m-2)$　……②

②を①に代入すると

$4x^2-\{mx+(2m-2)\}^2=-4$

よって

$$(m^2-4)x^2+4m(m-1)x+4m(m-2)=0$$

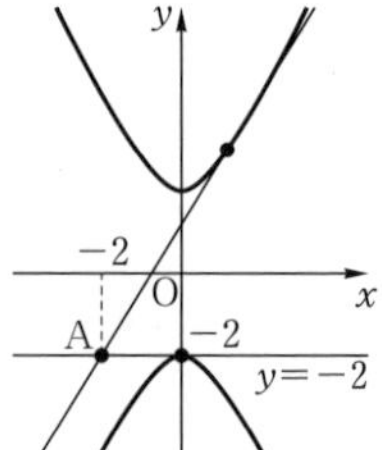

$m=\pm 2$ のとき，直線②は曲線 C の漸近線と平行であり，接線ではない。
ゆえに，$m \neq \pm 2$ であるから，この 2 次方程式の判別式を D とすると，②が①に接するための必要十分条件は $D=0$ であるから，

$$\frac{D}{4}=4m^2(m-1)^2-(m^2-4)\cdot 4m(m-2)=0$$

整理すると　$4m(5m-8)=0$
すなわち　$m=0,\ \dfrac{8}{5}$
したがって，接線の方程式は

$\boldsymbol{y=-2,\ y=\dfrac{8}{5}x+\dfrac{6}{5}}$

245 (1) $y^2=6x$ ……①

$y=-x+3$ ……②

とする。②を①に代入すると

$(-x+3)^2=6x$

整理すると

$x^2-12x+9=0$ ……③

2次方程式③の判別式を D とすると

$\frac{D}{4}=(-6)^2-1\cdot 9=27>0$ ← 2点で交わることを確認

であるから，放物線①と直線②は2つの交点をもつ。これを $P(x_1,\ y_1)$，$Q(x_2,\ y_2)$ とすると，x_1，x_2 は2次方程式③の異なる2つの実数解である。

解と係数の関係から

$x_1+x_2=-\frac{-12}{1}=12$

弦PQの中点の座標を $(x,\ y)$ とすると

$x=\frac{x_1+x_2}{2}=\frac{12}{2}=6$

$y=-x+3=-6+3=-3$ ← 弦PQの中点は直線②上にある。

よって，中点の座標は **(6, −3)**

(2) $4x^2+3y^2=12$ ……①

$y=2x+1$ ……②

とする。②を①に代入すると

$4x^2+3(2x+1)^2=12$

整理すると

$16x^2+12x-9=0$ ……③

2次方程式③の判別式を D とすると

$\frac{D}{4}=6^2-16\cdot(-9)=180>0$ ← 2点で交わることを確認

であるから，楕円①と直線②は2つの交点をもつ。これを $P(x_1,\ y_1)$，$Q(x_2,\ y_2)$ とすると，x_1，x_2 は2次方程式③の異なる2つの実数解である。

解と係数の関係から

$x_1+x_2=-\frac{12}{16}=-\frac{3}{4}$

弦PQの中点の座標を $(x,\ y)$ とすると

$x=\frac{x_1+x_2}{2}=\frac{1}{2}\cdot\left(-\frac{3}{4}\right)=-\frac{3}{8}$

$y=2x+1=2\cdot\left(-\frac{3}{8}\right)+1=\frac{1}{4}$ ← 直線②上にある。

よって，中点の座標は $\left(-\frac{3}{8},\ \frac{1}{4}\right)$

(3) $2x^2-3y^2=6$ ……①

$y=x-2$ ……②

とする。②を①に代入すると

$2x^2-3(x-2)^2=6$

整理すると

$x^2-12x+18=0$ ……③

2次方程式③の判別式を D とすると

$\frac{D}{4}=(-6)^2-1\cdot 18=18>0$ ← 2点で交わることを確認

であるから，双曲線①と直線②は2つの交点をもつ。これを $P(x_1,\ y_1)$，$Q(x_2,\ y_2)$ とすると，x_1，x_2 は2次方程式③の異なる2つの実数解である。

解と係数の関係から

$x_1+x_2=-\frac{-12}{1}=12$

弦PQの中点の座標を $(x,\ y)$ とすると

$x=\frac{x_1+x_2}{2}=\frac{12}{2}=6$

$y=x-2=6-2=4$ ← 直線②上にある。

よって，中点の座標は **(6, 4)**

研究 2次曲線上の点における接線の方程式

本編 p.058

A

246 (1) $y^2=4\cdot\frac{1}{2}x$ より $p=\frac{1}{2}$

$4\cdot y=2\cdot\frac{1}{2}\cdot(x+8)$ より $\boldsymbol{y=\frac{1}{4}x+2}$

(2) $\frac{1\cdot x}{3}+\frac{-2\cdot y}{6}=1$ より $\boldsymbol{x-y=3}$

(3) $\frac{3\cdot x}{6}-\frac{1\cdot y}{2}=1$ より $\boldsymbol{x-y=2}$

B

247 (1) 楕円の方程式は $\frac{x^2}{9}+\frac{y^2}{4}=1$

であるから，楕円上の点 $(x_1,\ y_1)$ における接線の方程式は

$\frac{x_1x}{9}+\frac{y_1y}{4}=1$

すなわち $\boldsymbol{4x_1x+9y_1y=36}$

(2) 求める接線と楕円の接点を点 $(x_1,\ y_1)$ とすると，(1)より，接線の方程式は

$4x_1x+9y_1y=36$

この直線が点 $(6,\ 2)$ を通るから

$24x_1+18y_1=36$

すなわち $4x_1+3y_1=6$ ……①

また，点 $(x_1,\ y_1)$ は楕円上にあるから

$4x_1{}^2+9y_1{}^2=36$ ……②

①より，$y_1=-\frac{4}{3}x_1+2$ を②に代入して整理すると

$20x_1{}^2-48x_1=0$

$x_1(5x_1-12)=0$

よって $x_1=0,\ \frac{12}{5}$

①より $x_1=0$ のとき $y_1=2$

$x_1=\frac{12}{5}$ のとき $y_1=-\frac{6}{5}$

よって，求める接線の方程式は

$18y=36,\ \frac{48}{5}x-\frac{54}{5}y=36$ ← $4x_1x+9y_1y=36$ に代入

すなわち

$\boldsymbol{y=2,\ 8x-9y=30}$

C

248 双曲線 $x^2-\frac{y^2}{9}=1$ ……①

上の点 $\mathrm{P}(p,\ q)$ における接線の方程式は

$px-\frac{qy}{9}=1$

すなわち

$9px-qy=9$ ……②

また，双曲線①の漸近線の方程式は

$y=3x$ ……③

$y=-3x$ ……④

②，③より $9px-3qx=9$

すなわち $(3p-q)x=3$

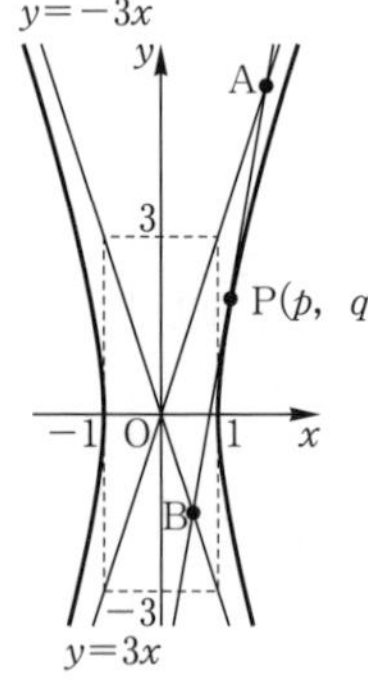

双曲線の接線

双曲線 $\frac{x^2}{a^2}-\frac{y^2}{b^2}=1$ 上の点 $(x_1,\ y_1)$ における接線の方程式は

$\frac{x_1x}{a^2}-\frac{y_1y}{b^2}=1$

点 P は直線③上の点でないから　$3p-q\neq0$

よって　$x=\dfrac{3}{3p-q}$

ゆえに，2 直線②，③の交点 A の座標は　$\left(\dfrac{3}{3p-q},\ \dfrac{9}{3p-q}\right)$

同様に，2 直線②，④の交点 B の座標は　$\left(\dfrac{3}{3p+q},\ -\dfrac{9}{3p+q}\right)$

したがって，線分 AB の中点の座標は

$$\left(\frac{\dfrac{3}{3p-q}+\dfrac{3}{3p+q}}{2},\ \frac{\dfrac{9}{3p-q}-\dfrac{9}{3p+q}}{2}\right)$$

すなわち　$\left(\dfrac{9p}{9p^2-q^2},\ \dfrac{9q}{9p^2-q^2}\right)$

ここで，点 P は①上の点であるから　$p^2-\dfrac{q^2}{9}=1$

すなわち　$9p^2-q^2=9$

以上から，線分 AB の中点は $(p,\ q)$ であり，

点 P と一致する。 終

⇦ 3 点 P，A，B は直線②上にあるので，x 座標のみで考えてもよい。

249 点 P における接線 l の方程式は

$$\frac{px}{2}+qy=1$$

点 P は第 1 象限の点であるから，$p>0$，$q>0$ より

$$\mathrm{A}\left(\frac{2}{p},\ 0\right),\ \mathrm{B}\left(0,\ \frac{1}{q}\right)$$

このとき，△OAB の面積 S は

$$S=\frac{1}{2}\cdot\mathrm{OA}\cdot\mathrm{OB}=\frac{1}{2}\cdot\frac{2}{p}\cdot\frac{1}{q}=\frac{1}{pq}$$

ところで，点 P は楕円 $\dfrac{x^2}{2}+y^2=1$ 上の点であるから

$$\frac{p^2}{2}+q^2=1$$

$\dfrac{p^2}{2}>0$，$q^2>0$ であるから，相加平均と相乗平均の関係より

$$\frac{p^2}{2}+q^2\geqq2\sqrt{\frac{p^2}{2}\cdot q^2}=\sqrt{2}|pq|=\sqrt{2}pq$$

よって　$1\geqq\sqrt{2}pq$　……①

すなわち　$S=\dfrac{1}{pq}\geqq\sqrt{2}$

楕円の接線

楕円 $\dfrac{x^2}{a^2}+\dfrac{y^2}{b^2}=1$ 上の点 $(x_1,\ y_1)$ における接線の方程式は

$$\frac{x_1x}{a^2}+\frac{y_1y}{b^2}=1$$

⇖ A，B の座標を p，q で表し，△OAB の面積が $\dfrac{1}{2}\cdot\mathrm{OA}\cdot\mathrm{OB}$ であることを利用する。

相加平均と相乗平均の関係

$a>0$，$b>0$ のとき

$a+b\geqq2\sqrt{ab}$

等号は，$a=b$ のとき成立

①の等号が成り立つのは $\frac{p^2}{2}=q^2$ のときで，

$\frac{p^2}{2}+q^2=1$，$p>0$，$q>0$ より

$p=1$，$q=\frac{1}{\sqrt{2}}$ のときである。

ゆえに，△OAB の面積は

P$\left(\mathbf{1},\ \frac{\mathbf{1}}{\sqrt{\mathbf{2}}}\right)$ のとき，**最小値** $\sqrt{2}$ をとる。

6 軌跡と 2 次曲線

本編 p.059～060

250 条件を満たす点 P の座標を $(x,\ y)$ とおく。

(1) $PF=\sqrt{(x-2)^2+y^2}$

$PH=|x-0|=|x|$

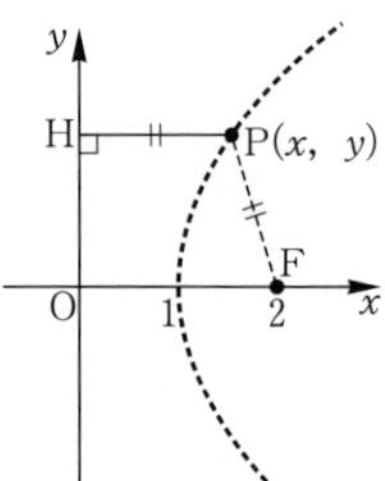

$e=1$ より，$PF=PH$ であるから

$\sqrt{(x-2)^2+y^2}=|x|$

両辺を 2 乗して

$(x-2)^2+y^2=x^2$

整理すると　$y^2=4x-4$

よって，求める軌跡は

放物線 $\boldsymbol{y^2=4x-4}$

(2) $PF=\sqrt{(x-1)^2+y^2}$

$PH=|x-4|$

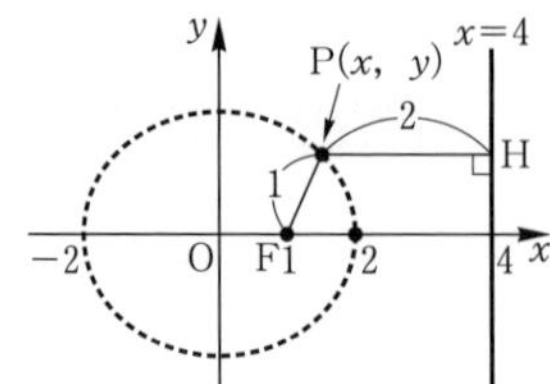

$e=\frac{1}{2}$ より，$2PF=PH$ であるから

$2\sqrt{(x-1)^2+y^2}=|x-4|$

両辺を 2 乗して

$4\{(x-1)^2+y^2\}=(x-4)^2$

整理すると　$3x^2+4y^2=12$

よって，求める軌跡は

楕円 $\boldsymbol{\frac{x^2}{4}+\frac{y^2}{3}=1}$

(3) $PF=\sqrt{x^2+(y+1)^2}$

$PH=|x-2|$

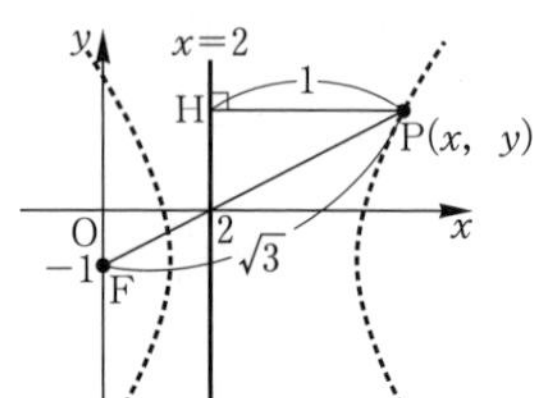

$e=\sqrt{3}$ より，$PF=\sqrt{3}PH$ であるから

$\sqrt{x^2+(y+1)^2}=\sqrt{3}|x-2|$

両辺を 2 乗して

$x^2+(y+1)^2=3(x-2)^2$

整理すると　$2(x-3)^2-(y+1)^2=6$

よって，求める軌跡は

双曲線 $\boldsymbol{\frac{(x-3)^2}{3}-\frac{(y+1)^2}{6}=1}$

251 点 A，B の座標を A$(s,\ 0)$，B$(0,\ t)$ とする。
AB$=4$ であるから

$$s^2+t^2=4^2 \quad \cdots\cdots①$$

(1) 点 P の座標を $(x,\ y)$ とおくと，点 P は線分 AB を $1:3$ に内分するから

$$x=\frac{3\cdot s+1\cdot 0}{1+3}=\frac{3}{4}s$$

$$y=\frac{3\cdot 0+1\cdot t}{1+3}=\frac{1}{4}t$$

よって　$s=\frac{4}{3}x,\ t=4y \quad \cdots\cdots②$

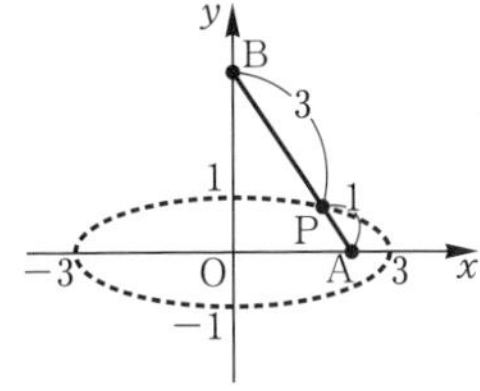

②を①に代入すると

$$\left(\frac{4}{3}x\right)^2+(4y)^2=4^2$$

整理すると　$\frac{x^2}{9}+y^2=1 \quad \cdots\cdots③$

逆に，③上の任意の点は，はじめの条件を満たす。
ゆえに，求める軌跡は

楕円 $\boldsymbol{\frac{x^2}{9}+y^2=1}$

(2) 点 Q の座標を $(x,\ y)$ とおくと，点 Q は線分 AB を $1:3$ に外分するから

$$x=\frac{-3s+1\cdot 0}{1-3}=\frac{3}{2}s$$

$$y=\frac{-3\cdot 0+1\cdot t}{1-3}=-\frac{1}{2}t$$

よって　$s=\frac{2}{3}x,\ t=-2y \quad \cdots\cdots②$

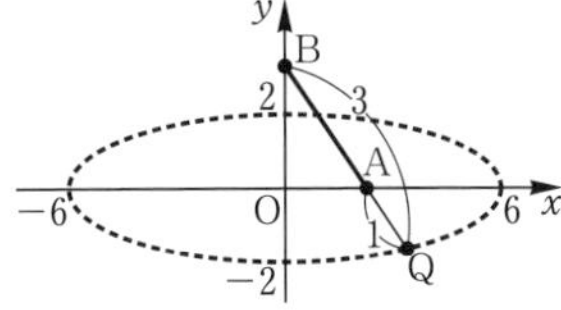

②を①に代入すると

$$\left(\frac{2}{3}x\right)^2+(-2y)^2=4^2$$

整理すると　$\frac{x^2}{36}+\frac{y^2}{4}=1 \quad \cdots\cdots③$

逆に，③上の任意の点は，はじめの条件を満たす。
ゆえに，求める軌跡は

楕円 $\boldsymbol{\frac{x^2}{36}+\frac{y^2}{4}=1}$

252 点 P の座標を P$(x,\ y)$ とし，点 P から直線 $y=2$ に引いた垂線を PH とする。

$$\mathrm{PF}=\sqrt{x^2+(y-4)^2}$$

$$\mathrm{PH}=|y-2|$$

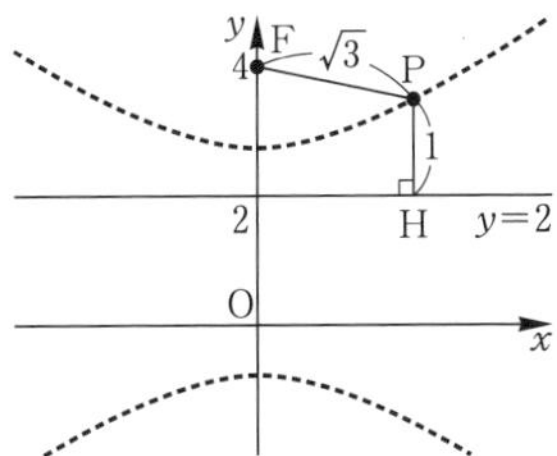

PF：PH$=\sqrt{3}:1$ より，PF$=\sqrt{3}$PH であるから

$$\sqrt{x^2+(y-4)^2}=\sqrt{3}|y-2|$$

両辺を 2 乗して

$$x^2+(y-4)^2=3(y-2)^2$$

整理すると　$x^2-2(y-1)^2=-6$

よって，求める軌跡は

双曲線 $\boldsymbol{\frac{x^2}{6}-\frac{(y-1)^2}{3}=-1}$

253 点 P の座標を $(x,\ y)$ とおく。

2 直線 $x-2y=0$, $x+2y=0$ までの距離の積が 4 であるから

$$\frac{|x-2y|}{\sqrt{1^2+(-2)^2}}\cdot\frac{|x+2y|}{\sqrt{1^2+2^2}}=4$$

整理して

$$|x^2-4y^2|=20$$

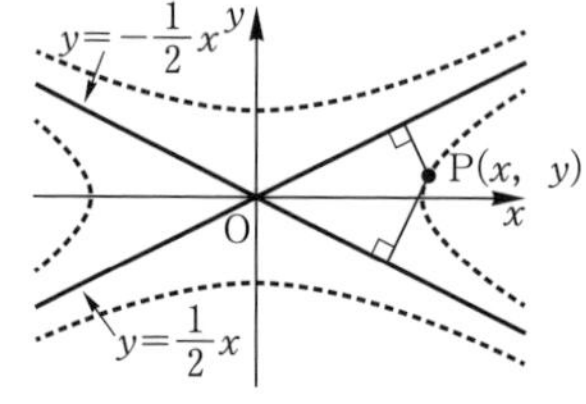

すなわち

$$x^2-4y^2=20$$

または

$$x^2-4y^2=-20$$

逆に，これらの曲線上の点はすべて条件を満たすから，

求める軌跡は

双曲線 $\boldsymbol{\frac{x^2}{20}-\frac{y^2}{5}=1}$ および $\boldsymbol{\frac{x^2}{20}-\frac{y^2}{5}=-1}$

点と直線の距離

点 $(x_1,\ y_1)$ と直線

$ax+by+c=0$ の距離 d は

$$d=\frac{|ax_1+by_1+c|}{\sqrt{a^2+b^2}}$$

254 点 $P(x,\ y)$ とおくと

$$PF=\sqrt{(x-c)^2+y^2}$$

$$PH=\left|x-\frac{a^2}{c}\right|$$

$e=\frac{c}{a}$ より

$a\cdot PF=c\cdot PH$ であるから

$$a^2\cdot PF^2=c^2\cdot PH^2$$

$$a^2\{(x-c)^2+y^2\}=c^2\left(x-\frac{a^2}{c}\right)^2$$

$$a^2(x-c)^2+a^2y^2=(cx-a^2)^2$$

$$a^2x^2-2a^2cx+a^2c^2+a^2y^2=c^2x^2-2a^2cx+a^4$$

$$(a^2-c^2)x^2+a^2y^2=a^2(a^2-c^2)$$

ここで，$a>c>0$ より $a^2-c^2>0$ であるから，

両辺を $a^2(a^2-c^2)$ で割って

$$\frac{x^2}{a^2}+\frac{y^2}{a^2-c^2}=1$$

よって，点 P の軌跡は

楕円 $\boldsymbol{\frac{x^2}{a^2}+\frac{y^2}{a^2-c^2}=1}$

⇦頂点の 1 つを $A(a,\ 0)$ とすると，

$e=\frac{OF}{OA}$ と表すことができる。

255 $x^2-y^2=1$ ……①

$y=-2x+k$ ……②

とおく。

①，②より

$$x^2-(-2x+k)^2=1$$

整理して

$$3x^2-4kx+k^2+1=0 \quad ……③$$

③の判別式を D とおくと，①，②が異なる 2 点で交わるための必要十分条件は $D>0$ であるから

$$\frac{D}{4}=(-2k)^2-3\cdot(k^2+1)=k^2-3>0$$

よって，k のとりうる値の範囲は

$$k<-\sqrt{3},\ \sqrt{3}<k \quad ……④$$

このとき，2 つの交点の x 座標を α，β とおくと，α，β は 2 次方程式③の 2 つの解である。

解と係数の関係から

$$\alpha+\beta=-\frac{-4k}{3}=\frac{4}{3}k$$

中点 P の座標を $(x,\ y)$ とおくと

$$x=\frac{\alpha+\beta}{2}=\frac{1}{2}\cdot\frac{4}{3}k=\frac{2}{3}k,\ y=-2x+k=-\frac{1}{3}k$$

k を消去して　$y=-\frac{1}{2}x$

また，④より　$x<-\frac{2\sqrt{3}}{3},\ \frac{2\sqrt{3}}{3}<x$

よって，求める軌跡は

直線 $y=-\frac{1}{2}x$ の $x<-\frac{2\sqrt{3}}{3},\ \frac{2\sqrt{3}}{3}<x$ の部分

2 次方程式の解と判別式

$ax^2+bx+c=0$ $(a\neq0)$ の判別式を D とするとき

$D>0 \Leftrightarrow$ 異なる 2 つの実数解

$D=0 \Leftrightarrow$ 重解 $x=-\frac{b}{2a}$

$D<0 \Leftrightarrow$ 異なる 2 つの虚数解

をもつ。

解と係数の関係

$ax^2+bx+c=0(a\neq0)$ の 2 つの解を α，β とすると

$$\alpha+\beta=-\frac{b}{a},\ \alpha\beta=\frac{c}{a}$$

2節　媒介変数表示と極座標

1　媒介変数表示

本編 p.061～063

256 (1)　$x=3-t$　……①

$y=t^2-6t$　……②

とおく。

①より　$t=3-x$

②に代入して

$y=(3-x)^2-6(3-x)$

$=x^2-9$

よって，**放物線 $y=x^2-9$** を表す。

(2)　$x=8t^2$　……①

$y=4t$　……②

とおく。

②より　$t=\dfrac{y}{4}$

①に代入して

$x=8\cdot\left(\dfrac{y}{4}\right)^2=\dfrac{1}{2}y^2$

よって，**放物線 $y^2=2x$** を表す。

257 (1)　$x^2+y^2=5^2$ より

$\boldsymbol{x=5\cos\theta,\ y=5\sin\theta}$

(2)　$\dfrac{x^2}{4^2}+\dfrac{y^2}{2^2}=1$ より

$\boldsymbol{x=4\cos\theta,\ y=2\sin\theta}$

(3)　$(x+3)^2+(y-4)^2=(\sqrt{2})^2$ より

$x+3=\sqrt{2}\cos\theta,\ y-4=\sqrt{2}\sin\theta$

よって

$\boldsymbol{x=\sqrt{2}\cos\theta-3,\ y=\sqrt{2}\sin\theta+4}$

258 (1)　与えられた式より

$\cos\theta=\dfrac{x+1}{4},\ \sin\theta=\dfrac{y}{4}$

これらを $\sin^2\theta+\cos^2\theta=1$ に代入して

$\left(\dfrac{x+1}{4}\right)^2+\left(\dfrac{y}{4}\right)^2=1$

すなわち　$(x+1)^2+y^2=16$

よって，**円 $x^2+y^2=16$ を x 軸方向に -1 だけ平行移動した円**を表す。

(2)　与えられた式より

$\cos\theta=\dfrac{x-2}{5},\ \sin\theta=\dfrac{y+3}{4}$

これらを $\sin^2\theta+\cos^2\theta=1$ に代入して

$\left(\dfrac{x-2}{5}\right)^2+\left(\dfrac{y+3}{4}\right)^2=1$

すなわち　$\dfrac{(x-2)^2}{25}+\dfrac{(y+3)^2}{16}=1$

よって，**楕円 $\dfrac{x^2}{25}+\dfrac{y^2}{16}=1$ を x 軸方向に 2，y 軸方向に -3 だけ平行移動した楕円**を表す。

259 (1)　与えられた式より

$\dfrac{1}{\cos\theta}=x,\ \tan\theta=\dfrac{y}{2}$

これらを $1+\tan^2\theta=\dfrac{1}{\cos^2\theta}$ に代入して

$1+\left(\dfrac{y}{2}\right)^2=x^2$

よって，**双曲線 $x^2-\dfrac{y^2}{4}=1$** を表す。

(2)　与えられた式より

$\tan\theta=\dfrac{x}{3},\ \dfrac{1}{\cos\theta}=\dfrac{y}{4}$

これらを $1+\tan^2\theta=\dfrac{1}{\cos^2\theta}$ に代入して

$1+\left(\dfrac{x}{3}\right)^2=\left(\dfrac{y}{4}\right)^2$

よって，**双曲線 $\dfrac{x^2}{9}-\dfrac{y^2}{16}=-1$** を表す。

260　$x^2+y^2=4$　……①

$y=t(x-2)$　……②

とおく。②に①を代入して

$x^2+\{t(x-2)\}^2=4$

$(x^2-4)+t^2(x-2)^2=0$

$(x-2)\{(x+2)+t^2(x-2)\}=0$ ←

$(x-2)\{(t^2+1)x-2(t^2-1)\}=0$

点 (2, 0) で交わるので，$(x-2)$ でくくり出せる。

$x \neq 2$ より　$(t^2+1)x-2(t^2-1)=0$

$t^2+1 \neq 0$ より　$x=\dfrac{2(t^2-1)}{t^2+1}$

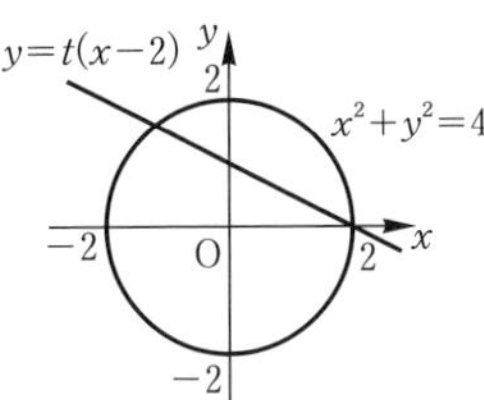

②より

$$y=t\left\{\frac{2(t^2-1)}{t^2+1}-2\right\}$$
$$=\frac{2(t^2-1)-2(t^2+1)}{t^2+1}t$$
$$=-\frac{4t}{t^2+1}$$

よって，求める媒介変数表示は

$$\boldsymbol{x=\frac{2(t^2-1)}{t^2+1},\ y=-\frac{4t}{t^2+1}}$$

261 (1)　$\theta=\dfrac{\pi}{6}$ のとき

$$x=2\left(\frac{\pi}{6}-\sin\frac{\pi}{6}\right)=\frac{\pi}{3}-1$$
$$y=2\left(1-\cos\frac{\pi}{6}\right)=2-\sqrt{3}$$

よって　$\mathbf{P}\left(\boldsymbol{\dfrac{\pi}{3}-1,\ 2-\sqrt{3}}\right)$

$\theta=\dfrac{\pi}{2}$ のとき

$$x=2\left(\frac{\pi}{2}-\sin\frac{\pi}{2}\right)=\pi-2$$
$$y=2\left(1-\cos\frac{\pi}{2}\right)=2$$

よって　$\mathbf{P}(\boldsymbol{\pi-2,\ 2})$

(2)　$y=3$ のとき

$3=2(1-\cos\theta)$

よって　$\cos\theta=-\dfrac{1}{2}$

$0 \leqq \theta < 2\pi$ より　$\boldsymbol{\theta=\dfrac{2}{3}\pi,\ \dfrac{4}{3}\pi}$

3
2節　媒介変数表示と極座標

B

262 (1)　$y=x^2-2tx+4t=(x-t)^2-t^2+4t$

より，放物線の頂点 P の座標を $(x,\ y)$ とすると

$x=t,\ y=-t^2+4t$

媒介変数 t を消去して　$y=-x^2+4x$

よって，頂点 P は**放物線 $\boldsymbol{y=-x^2+4x}$** 上を動く。

(2)　$x^2+y^2+2t^2x-2(t^2-1)y+2t^4-2t^2=0$

を変形すると

$(x+t^2)^2+\{y-(t^2-1)\}^2=1$

よって，円の中心 C の座標を $(x,\ y)$ とすると

$x=-t^2,\ y=t^2-1$

媒介変数 t を消去して　$y=(-x)-1$

すなわち　$y=-x-1$

ただし，$t^2=-x \geqq 0$ より　$x \leqq 0$

以上より，中心 C は

直線 $\boldsymbol{y=-x-1}$ の $\boldsymbol{x \leqq 0}$ の部分を動く。

263 $\mathrm{A}(\cos\theta,\ \sqrt{3}\sin\theta)$ とおくと，

頂点 A が第 1 象限にあるから　$0<\theta<\dfrac{\pi}{2}$

よって

$\mathrm{AB}=2\cos\theta,\ \mathrm{AD}=2\sqrt{3}\sin\theta$

このとき，長方形 ABCD の周の長さ l は

$$l=2(\mathrm{AB}+\mathrm{AD})$$
$$=4(\cos\theta+\sqrt{3}\sin\theta)$$
$$=4\cdot 2\sin\left(\theta+\frac{\pi}{6}\right)$$

三角関数の合成

$\dfrac{\pi}{6}<\theta+\dfrac{\pi}{6}<\dfrac{2}{3}\pi$ であるから

$$\frac{1}{2}<\sin\left(\theta+\frac{\pi}{6}\right)\leqq 1$$
$$4<8\sin\left(\theta+\frac{\pi}{6}\right)\leqq 8$$

ゆえに　$4<l \leqq 8$

したがって，周の長さ l の最大値は **8**

C

264 $x=t+\dfrac{1}{t}+3$，$y=2\left(t-\dfrac{1}{t}\right)-1$ より

$$x-3=t+\frac{1}{t}$$

$$\frac{y+1}{2}=t-\frac{1}{t}$$

それぞれの等式の両辺を2乗すると

$$(x-3)^2=\left(t+\frac{1}{t}\right)^2$$

$$\left(\frac{y+1}{2}\right)^2=\left(t-\frac{1}{t}\right)^2$$

すなわち

$$(x-3)^2=t^2+2+\frac{1}{t^2} \quad \cdots\cdots①$$

$$\frac{(y+1)^2}{4}=t^2-2+\frac{1}{t^2} \quad \cdots\cdots②$$

①−②より　$(x-3)^2-\dfrac{(y+1)^2}{4}=4$

よって，**双曲線 $\dfrac{(x-3)^2}{4}-\dfrac{(y+1)^2}{16}=1$** を表す。

⇦2式を足して

$$2t=x-3+\frac{y+1}{2}$$

より $t=\dfrac{2x+y-5}{4}$ として，どちらかの式に代入してもよい。

⇦$\left(\dfrac{y+1}{2}\right)^2=\dfrac{(y+1)^2}{2^2}=\dfrac{(y+1)^2}{4}$

⇦①，②から t を消去する。

265 (1)　$x=\cos t$

$y=\cos 2t=2\cos^2 t-1$

$\cos t$ を消去して　$y=2x^2-1$

ここで，$-1\leqq\cos\theta\leqq1$ より

$-1\leqq x\leqq1$

よって，**放物線 $y=2x^2-1$ の $-1\leqq x\leqq1$ の部分**を表す。

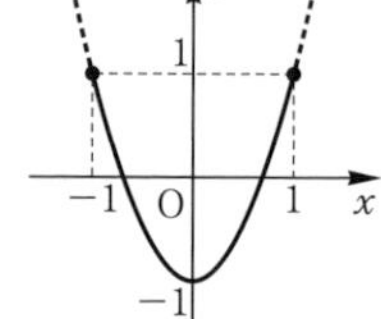

2倍角の公式

$\cos 2\theta=\cos^2\theta-\sin^2\theta$

$=2\cos^2\theta-1$

$=1-2\sin^2\theta$

⇦x の範囲に注意する。

(2)　$x=\sin t+2\cos t$，$y=2\sin t-\cos t$　……①

より　$\sin t=\dfrac{x+2y}{5}$，$\cos t=\dfrac{2x-y}{5}$

$\sin^2 t+\cos^2 t=1$ に代入して

$$\left(\frac{x+2y}{5}\right)^2+\left(\frac{2x-y}{5}\right)^2=1$$

整理して　$x^2+y^2=5$　……②

逆に，②上の任意の点 $(x,\ y)$ に対して，①を満たす実数 t が存在する。

よって，**円 $x^2+y^2=5$** を表す。

⇦$\sin t$，$\cos t$ を x，y で表し，t を消去する。

(3)　$x=\sin t+\cos t$ の両辺を 2 乗して

$$x^2=(\sin t+\cos t)^2$$
$$=\sin^2 t+2\sin t\cos t+\cos^2 t$$
$$=1+2\sin t\cos t=1+2y$$

ここで，$x=\sqrt{2}\sin\left(t+\dfrac{\pi}{4}\right)$

⇦ x の範囲に注意する。（三角関数の合成）

$-1\leqq\sin\left(t+\dfrac{\pi}{4}\right)\leqq1$ より

$$-\sqrt{2}\leqq x\leqq\sqrt{2}$$

よって，**放物線 $x^2=2y+1$ の $-\sqrt{2}\leqq x\leqq\sqrt{2}$ の部分**を表す。

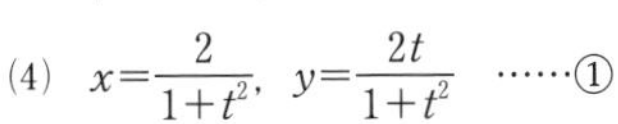

(4)　$x=\dfrac{2}{1+t^2}$，$y=\dfrac{2t}{1+t^2}$　……①

より　$y=\dfrac{2t}{1+t^2}=t\cdot\dfrac{2}{1+t^2}=tx$

$x=\dfrac{2}{1+t^2}\neq0$ より　$t=\dfrac{y}{x}$

これを $(1+t^2)x=2$ に代入すると

$$\left\{1+\left(\frac{y}{x}\right)^2\right\}x=2$$
$$x^2+y^2=2x$$

すなわち　$(x-1)^2+y^2=1$　……②

ここで $x\neq0$ より，原点を含まない。

⇦ $(x-1)^2+y^2=1$ において，$x=0$ のとき $y=0$

逆に，②上の原点を除く任意の点 P$(x,\ y)$ に対して，①を満たす実数 t が存在する。

よって，**円 $(x-1)^2+y^2=1$ の原点を除く部分**を表す。

266 (1)　$y-tx=0$　……①

$x+4ty=4$　……②

とおく。①より，$y=tx$ を②に代入して

⇦①，②から y を消去する。

$$x+4t\cdot tx=4$$
$$(4t^2+1)x=4$$

$4t^2+1\neq0$ より　$x=\dfrac{4}{4t^2+1}$

このとき　$y=t\cdot\dfrac{4}{4t^2+1}=\dfrac{4t}{4t^2+1}$

よって　$\mathbf{P\left(\dfrac{4}{4t^2+1},\ \dfrac{4t}{4t^2+1}\right)}$

(2) $P(x,\ y)$ とすると，(1)より　$y=tx$

$x=\dfrac{4}{4t^2+1}\neq 0$ より　$t=\dfrac{y}{x}$

これを $(4t^2+1)x=4$ に代入すると

$$\left\{4\left(\frac{y}{x}\right)^2+1\right\}x=4$$

$$4y^2+x^2=4x$$

整理して　$(x-2)^2+4y^2=4$　……③

ただし $x\neq 0$ より，原点を含まない。

逆に，③上の原点を除く任意の点に対して，①，②をともに満たす実数 t が存在する。

よって，交点Pの軌跡は

楕円 $\dfrac{(x-2)^2}{4}+y^2=1$ の原点を除く部分である。

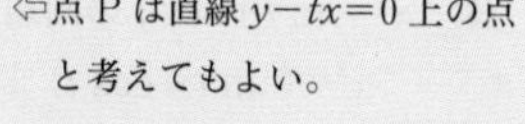
⇦点Pは直線 $y-tx=0$ 上の点と考えてもよい。

⇦ $t=\dfrac{y}{x}$ を $x+4ty=4$（②式）に代入してもよい。

2 極座標

本編 p.064

A

267

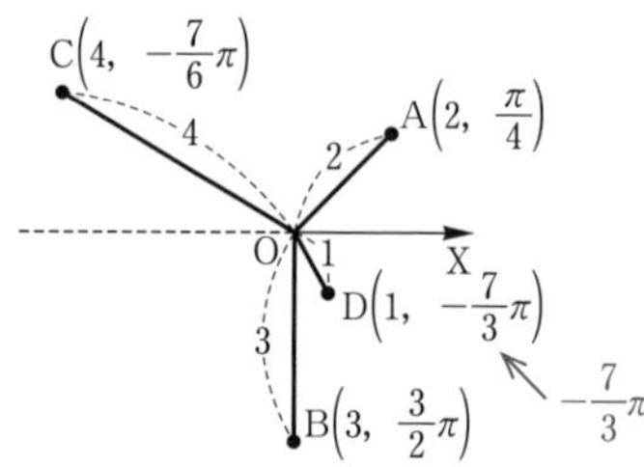

268 $\mathrm{A}\left(2,\ \dfrac{\pi}{4}\right)$，$\mathrm{D}(2,\ \pi)$，$\mathrm{E}\left(2,\ \dfrac{5}{4}\pi\right)$

269 (1)　$x=4\cos\dfrac{\pi}{3}=4\cdot\dfrac{1}{2}=2$

$y=4\sin\dfrac{\pi}{3}=4\cdot\dfrac{\sqrt{3}}{2}=2\sqrt{3}$

よって　$(2,\ 2\sqrt{3})$

(2)　$x=2\cos\dfrac{3}{4}\pi=2\cdot\left(-\dfrac{\sqrt{2}}{2}\right)=-\sqrt{2}$

$y=2\sin\dfrac{3}{4}\pi=2\cdot\dfrac{\sqrt{2}}{2}=\sqrt{2}$

よって　$(-\sqrt{2},\ \sqrt{2})$

(3)　$x=2\sqrt{3}\cos\left(-\dfrac{5}{6}\pi\right)$

$=2\sqrt{3}\cdot\left(-\dfrac{\sqrt{3}}{2}\right)=-3$

$y=2\sqrt{3}\sin\left(-\dfrac{5}{6}\pi\right)$

$=2\sqrt{3}\cdot\left(-\dfrac{1}{2}\right)=-\sqrt{3}$

よって　$(-3,\ -\sqrt{3})$

270 (1)　$r=\sqrt{1^2+1^2}=\sqrt{2}$

$\cos\theta=\dfrac{1}{\sqrt{2}}$，$\sin\theta=\dfrac{1}{\sqrt{2}}$

$0\leqq\theta<2\pi$ より　$\theta=\dfrac{\pi}{4}$

よって，求める極座標は $\left(\sqrt{2},\ \dfrac{\pi}{4}\right)$

(2) $r=\sqrt{(-1)^2+(\sqrt{3})^2}=2$

$\cos\theta=-\dfrac{1}{2}$, $\sin\theta=\dfrac{\sqrt{3}}{2}$

$0\leqq\theta<2\pi$ より　$\theta=\dfrac{2}{3}\pi$

よって，求める極座標は $\left(\mathbf{2},\ \dfrac{\mathbf{2}}{\mathbf{3}}\boldsymbol{\pi}\right)$

(3) $r=\sqrt{3^2+(-\sqrt{3})^2}=2\sqrt{3}$

$\cos\theta=\dfrac{3}{2\sqrt{3}}=\dfrac{\sqrt{3}}{2}$, $\sin\theta=-\dfrac{\sqrt{3}}{2\sqrt{3}}=-\dfrac{1}{2}$

$0\leqq\theta<2\pi$ より　$\theta=\dfrac{11}{6}\pi$

よって，求める極座標は $\left(\mathbf{2\sqrt{3}},\ \dfrac{\mathbf{11}}{\mathbf{6}}\boldsymbol{\pi}\right)$

B

271 (1)

余弦定理より

$$AB^2=2^2+5^2-2\cdot2\cdot5\cos\left(\frac{7}{12}\pi-\frac{\pi}{4}\right)$$

$$=4+25-20\cos\frac{\pi}{3}=19$$

$AB>0$ より　$\mathbf{AB=\sqrt{19}}$

△OAB の面積を S とすると

$$S=\frac{1}{2}\cdot2\cdot5\sin\frac{\pi}{3}=5\cdot\frac{\sqrt{3}}{2}=\mathbf{\frac{5\sqrt{3}}{2}}$$

(2)

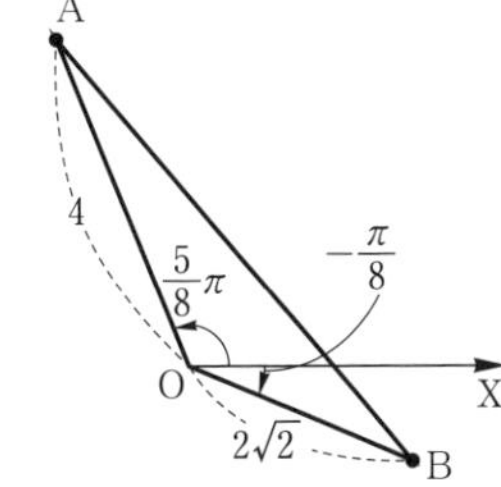

余弦定理より

$$AB^2=4^2+(2\sqrt{2})^2$$

$$-2\cdot4\cdot2\sqrt{2}\cos\left(\frac{5}{8}\pi+\frac{\pi}{8}\right)$$

$$=16+8-16\sqrt{2}\cos\frac{3}{4}\pi=40$$

$AB>0$ より　$\mathbf{AB=2\sqrt{10}}$

△OAB の面積を S とすると

$$S=\frac{1}{2}\cdot4\cdot2\sqrt{2}\sin\frac{3}{4}\pi=4\sqrt{2}\cdot\frac{1}{\sqrt{2}}=\mathbf{4}$$

3 極方程式

本編 p.065～066

A

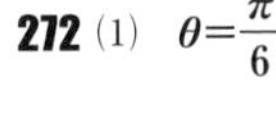

272 (1) $\boldsymbol{\theta=\dfrac{\pi}{6}}$

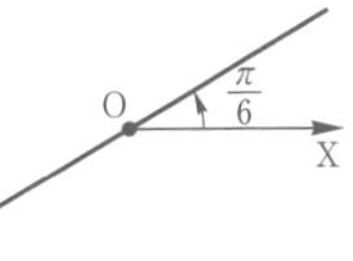

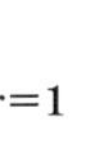

(2) $\boldsymbol{r=1}$

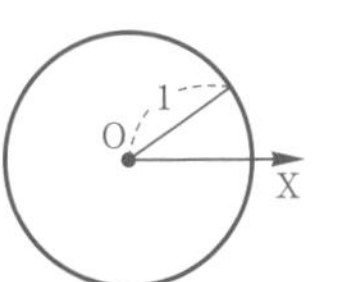

273

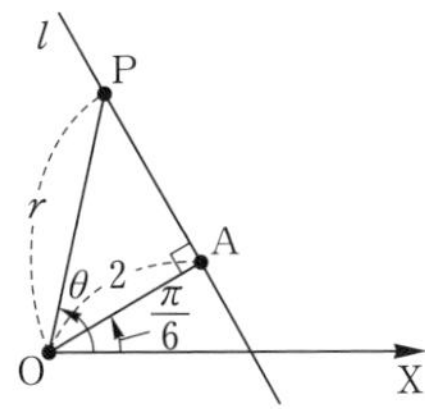

直線 l 上の任意の点 P の極座標を $(r,\ \theta)$ とすると

OP cos ∠POA＝OA

ここで

$OP=r$, $OA=2$,

$\cos\angle POA=\cos\left(\theta-\dfrac{\pi}{6}\right)$

であるから，極方程式は

$\boldsymbol{r\cos\left(\theta-\dfrac{\pi}{6}\right)=2}$

274 (1)　極座標が $\left(2,\ \dfrac{\pi}{4}\right)$ である点 A を通り，OA に垂直な直線を表すから，次の図の直線 l である。

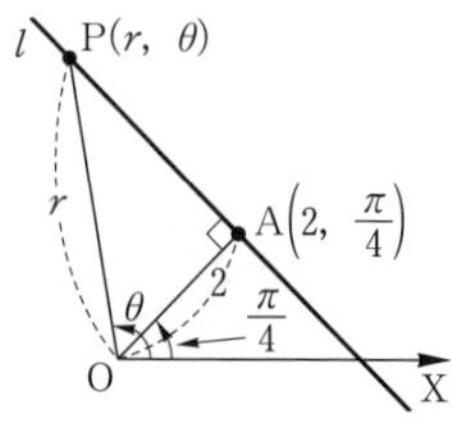

(2)　極座標が $\left(1,\ -\dfrac{\pi}{3}\right)$ である点 A を通り，OA に垂直な直線を表すから，次の図の直線 l である。

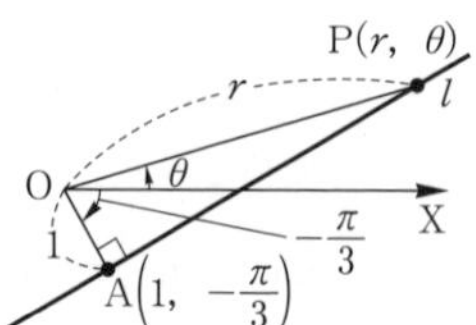

275

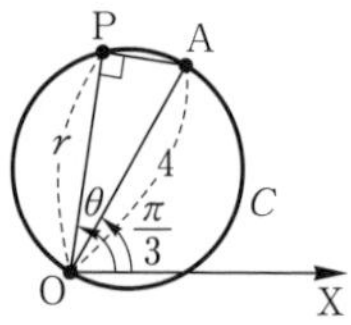

円 C 上の任意の点 P の極座標を $(r,\ \theta)$ とすると

$OP=OA\cos\angle POA$

ここで

$OP=r$, $OA=4$,

$\cos\angle POA=\cos\left(\theta-\dfrac{\pi}{3}\right)$

であるから，極方程式は

$\boldsymbol{r=4\cos\left(\theta-\dfrac{\pi}{3}\right)}$

276 (1)　極座標が $(2,\ 0)$ である点 A を中心とする半径 2 の円を表すから，次の図の円である。

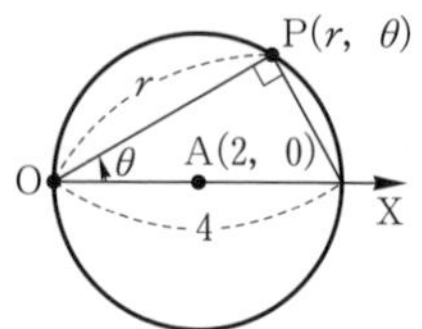

(2)　$r=2\sin\theta=2\cos\left(\theta-\dfrac{\pi}{2}\right)$ より

極座標が $\left(1,\ \dfrac{\pi}{2}\right)$ である点 A を中心とする半径 1 の円を表すから，次の図の円である。

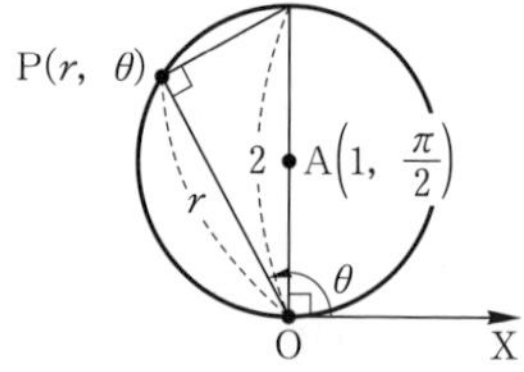

(3)　極座標が $\left(4,\ -\dfrac{\pi}{4}\right)$ である点 A を中心とする半径 4 の円を表すから，次の図の円である。

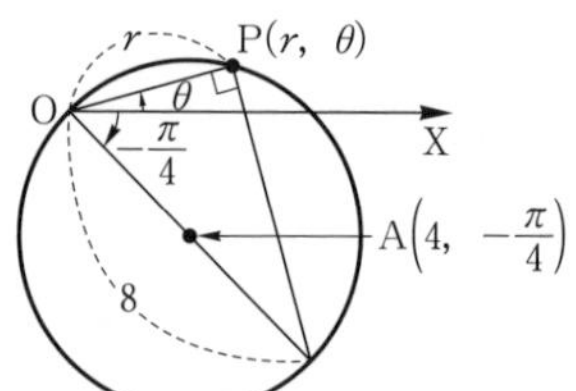

277 (1)　$r(2\cos\theta+\sin\theta)=2$

$2r\cos\theta+r\sin\theta=2$

この式に

$x=r\cos\theta$, $y=r\sin\theta$

を代入して

$\boldsymbol{2x+y=2}$

(2) $r=4\sin\left(\theta-\frac{\pi}{3}\right)$

両辺に r を掛けて

$r^2=4r\sin\left(\theta-\frac{\pi}{3}\right)$

$=4r\left(\sin\theta\cos\frac{\pi}{3}-\cos\theta\sin\frac{\pi}{3}\right)$

$=2r\sin\theta-2\sqrt{3}\,r\cos\theta$

この式に

$r^2=x^2+y^2$,

$x=r\cos\theta$, $y=r\sin\theta$

を代入して

$x^2+y^2=2y-2\sqrt{3}x$

よって　$\boldsymbol{x^2+y^2+2\sqrt{3}x-2y=0}$

($\boldsymbol{(x+\sqrt{3})^2+(y-1)^2=4}$ としてもよい。)

278 (1) $x-\sqrt{3}y=2$ に

$x=r\cos\theta$, $y=r\sin\theta$

を代入して

$r\cos\theta-\sqrt{3}r\sin\theta=2$

$r(-\sqrt{3}\sin\theta+\cos\theta)=2$

$r\cdot 2\sin\left(\theta+\frac{5}{6}\pi\right)=2$

よって　$\boldsymbol{r\sin\left(\theta+\frac{5}{6}\pi\right)=1}$

(2) $x^2-y^2=4$ に

$x=r\cos\theta$, $y=r\sin\theta$

を代入して

$r^2\cos^2\theta-r^2\sin^2\theta=4$

$r^2(\cos^2\theta-\sin^2\theta)=4$ ←2倍角の公式 $\cos^2\theta-\sin^2\theta=\cos 2\theta$

よって　$\boldsymbol{r^2\cos 2\theta=4}$

(3) $x^2+(y-2)^2=4$ に

$x=r\cos\theta$, $y=r\sin\theta$

を代入して

$(r\cos\theta)^2+(r\sin\theta-2)^2=4$

$r^2(\sin^2\theta+\cos^2\theta)-4r\sin\theta=0$

$r(r-4\sin\theta)=0$

よって　$r=0$ または $r=4\sin\theta$

ここで，$\theta=\frac{\pi}{2}$ のとき　$r=4\sin\frac{\pi}{2}=0$

であるから，

$r=0$ は $r=4\sin\theta$ に含まれる。

ゆえに　$\boldsymbol{r=4\sin\theta}$

B

279 放物線上の点 P$(r,\ \theta)$ から，準線 l に引いた垂線の足を H とすると，放物線の定義から

OP＝PH

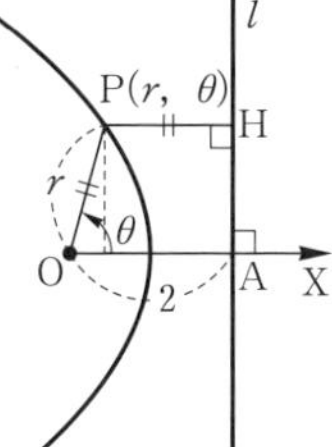

OP$=r$，PH$=2-r\cos\theta$ であるから

$r=2-r\cos\theta$

$(1+\cos\theta)r=2$

$1+\cos\theta\neq 0$ より　$\boldsymbol{r=\frac{2}{1+\cos\theta}}$

280 (1) $r=\frac{3}{2-\cos\theta}$ より　$2r-r\cos\theta=3$

$2r=r\cos\theta+3$

両辺を 2 乗して

$4r^2=(r\cos\theta+3)^2$

$r^2=x^2+y^2$，$r\cos\theta=x$ より

$4(x^2+y^2)=(x+3)^2$

整理して

$3x^2-6x+4y^2=9$

$3(x-1)^2+4y^2=12$

よって　$\boldsymbol{\frac{(x-1)^2}{4}+\frac{y^2}{3}=1}$

(2) $r=\frac{2}{1-\cos\theta}$ より　$r-r\cos\theta=2$

$r=r\cos\theta+2$

両辺を 2 乗して

$r^2=(r\cos\theta+2)^2$

$r^2=x^2+y^2$，$r\cos\theta=x$ より

$x^2+y^2=(x+2)^2$

よって　$\boldsymbol{y^2=4x+4}$

(3) $r=\dfrac{6}{1-2\cos\theta}$ より　$r-2r\cos\theta=6$

$r=2r\cos\theta+6$

両辺を 2 乗して

$r^2=(2r\cos\theta+6)^2$

$r^2=x^2+y^2$, $r\cos\theta=x$ より

$x^2+y^2=(2x+6)^2$

整理して

$3x^2+24x-y^2=-36$

$3(x+4)^2-y^2=12$

よって　$\boldsymbol{\dfrac{(x+4)^2}{4}-\dfrac{y^2}{12}=1}$

281 (1) 極 O から直線に下ろした垂線の足を H とすると

$\angle\mathrm{AOH}=\dfrac{\pi}{2}-\dfrac{\pi}{3}=\dfrac{\pi}{6}$

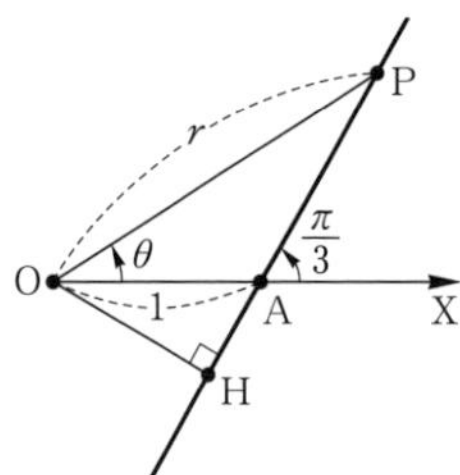

よって

$\mathrm{OH}=\mathrm{OA}\cdot\cos\dfrac{\pi}{6}=1\times\dfrac{\sqrt{3}}{2}=\dfrac{\sqrt{3}}{2}$

ゆえに，点 H の極座標は $\left(\dfrac{\sqrt{3}}{2},\ -\dfrac{\pi}{6}\right)$

したがって，求める極方程式は

$\boldsymbol{r\cos\left(\theta+\dfrac{\pi}{6}\right)=\dfrac{\sqrt{3}}{2}}$

(2) 極 O から直線に下ろした垂線の足を H とすると

$\angle\mathrm{XOH}=\dfrac{3}{4}\pi$, $\angle\mathrm{BOH}=\dfrac{\pi}{4}$

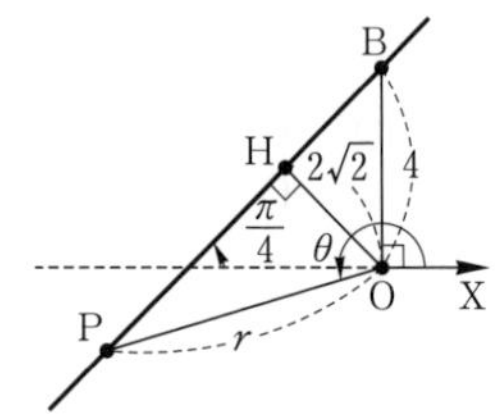

よって

$\mathrm{OH}=\mathrm{OB}\cdot\cos\dfrac{\pi}{4}=4\times\dfrac{\sqrt{2}}{2}=2\sqrt{2}$

ゆえに，点 H の極座標は $\left(2\sqrt{2},\ \dfrac{3}{4}\pi\right)$

したがって，求める極方程式は

$\boldsymbol{r\cos\left(\theta-\dfrac{3}{4}\pi\right)=2\sqrt{2}}$

C

282 (1) 極座標が $\left(6,\ \dfrac{\pi}{2}\right)$ である点 B と，円周上の任意の点 P$(r,\ \theta)$ をとると，線分 OB は円の直径であるから

$\mathrm{OP}=\mathrm{OB}\cos\angle\mathrm{BOP}$

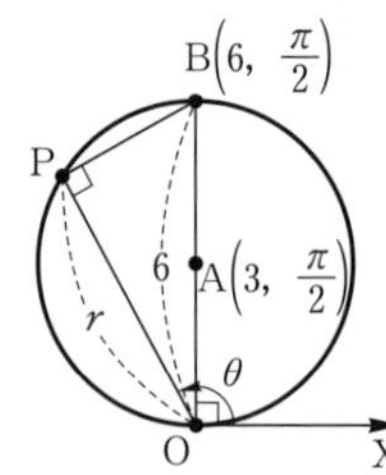

ここで　$\mathrm{OP}=r$, $\mathrm{OB}=6$,

$\cos\angle\mathrm{BOP}=\cos\left(\theta-\dfrac{\pi}{2}\right)$

であるから　$r=6\cos\left(\theta-\dfrac{\pi}{2}\right)$

よって，極方程式は　$\boldsymbol{r=6\cos\left(\theta-\dfrac{\pi}{2}\right)}$

(別解)

△OAP において，余弦定理より

$$3^2=3^2+r^2-2\cdot3\cdot r\cos\left(\theta-\frac{\pi}{2}\right)$$

整理して

$$r^2-6r\sin\theta=0 \quad \leftarrow \cos\left(\theta-\frac{\pi}{2}\right)=\sin\theta$$

$$r(r-6\sin\theta)=0$$

よって　$r=0$ または $r=6\sin\theta$

ここで，$\theta=0$ のとき，$r=0$ であるから

$r=0$ は $r=6\sin\theta$ に含まれる。

よって　$\boldsymbol{r=6\sin\theta}$

余弦定理

$a^2=b^2+c^2-2bc\cos A$

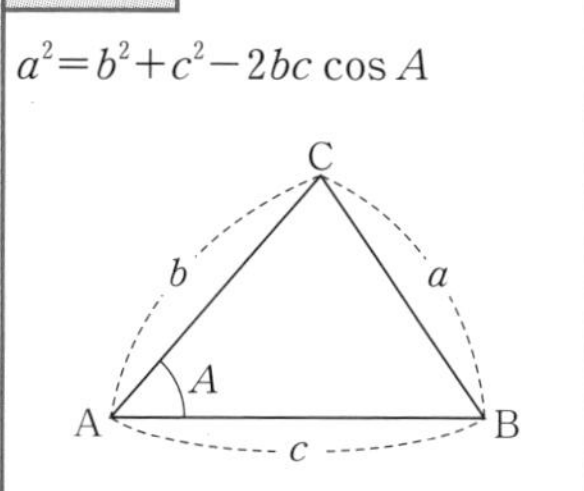

(2)　円周上の任意の点 $\mathrm{P}(r,\ \theta)$ をとる。

△OBP において，余弦定理より

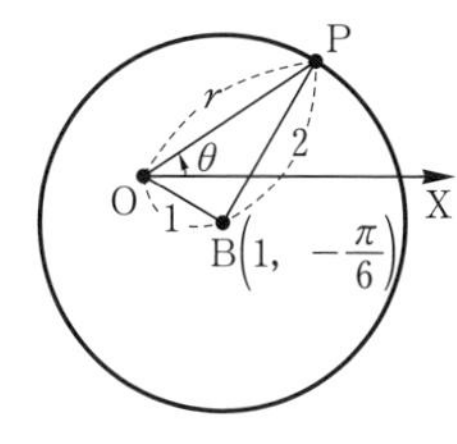

$$2^2=r^2+1^2-2\cdot r\cdot1\cos\left(\theta+\frac{\pi}{6}\right)$$

⇦ $\mathrm{PB}^2=\mathrm{OP}^2+\mathrm{OB}^2-2\mathrm{OP}\cdot\mathrm{OB}\cos\angle\mathrm{POB}$

整理して

$$\boldsymbol{r^2-2r\cos\left(\theta+\frac{\pi}{6}\right)-3=0}$$

《章末問題》

本編 p.067～068

283 右の図のように，条件を満たす長方形 ABCD で第 1 象限内にある頂点を $\mathrm{A}(p,\ q)$ $(p>0,\ q>0)$ とすると，長方形 ABCD の面積 S は

⇦第 1 象限にある頂点の座標を $(p,\ q)$ と表し，長方形の面積を考える。

$$S=2p\cdot2q=4pq$$

A は楕円上の点であるから

$$\frac{p^2}{4}+\frac{q^2}{3}=1 \quad \cdots\cdots①$$

$\dfrac{p^2}{4}>0$，$\dfrac{q^2}{3}>0$ であるから，相加平均と相乗平均の関係より

$$\frac{p^2}{4}+\frac{q^2}{3}\geqq2\sqrt{\frac{p^2}{4}\cdot\frac{q^2}{3}}=\frac{pq}{\sqrt{3}}$$

①より　$1\geqq\dfrac{pq}{\sqrt{3}}$

すなわち　$pq\leqq\sqrt{3}$

相加平均と相乗平均の関係

$a>0$，$b>0$ のとき

$$\frac{a+b}{2}\geqq\sqrt{ab}$$

等号は，$a=b$ のとき成立。

等号が成り立つのは，$\dfrac{p^2}{4}=\dfrac{q^2}{3}$ のときで，

これと①から　$p=\sqrt{2}$，$q=\dfrac{\sqrt{6}}{2}$ のときである。

⇦①より　$\dfrac{p^2}{4}=\dfrac{1}{2}$，$\dfrac{q^2}{3}=\dfrac{1}{2}$，
さらに　$p>0$，$q>0$

よって　$S \leqq 4\sqrt{3}$

ゆえに，長方形の面積は

2 辺の長さが $2\sqrt{2}$，$\sqrt{6}$ のとき，最大値 $4\sqrt{3}$ をとる。

(別解)

第 1 象限にある頂点 A は楕円 $\dfrac{x^2}{4}+\dfrac{y^2}{3}=1$ 上の点であるから，

$0<\theta<\dfrac{\pi}{2}$ である実数 θ を用いて A$(2\cos\theta,\ \sqrt{3}\sin\theta)$

⇦媒介変数表示の利用

とおける。

このとき，長方形 ABCD の面積 S は

$$S=2\cdot 2\cos\theta\times 2\cdot\sqrt{3}\sin\theta$$
$$=8\sqrt{3}\sin\theta\cos\theta=4\sqrt{3}\sin 2\theta$$

⇦ 2 倍角の公式
$2\sin\theta\cos\theta=\sin 2\theta$

$0<\theta<\dfrac{\pi}{2}$ より　$0<2\theta<\pi$ であるから

$$0<\sin 2\theta \leqq 1$$

よって　$S \leqq 4\sqrt{3}$

等号が成り立つのは $\sin 2\theta=1$，すなわち $\theta=\dfrac{\pi}{4}$ のときで，

このときの頂点 A の座標は　A$\left(\sqrt{2},\ \dfrac{\sqrt{6}}{2}\right)$

ゆえに，長方形の面積は

2 辺の長さが $2\sqrt{2}$, $\sqrt{6}$ のとき　最大値 $4\sqrt{3}$ をとる。

284 (1)　$\dfrac{x^2}{16}+\dfrac{y^2}{4}=1$　……①

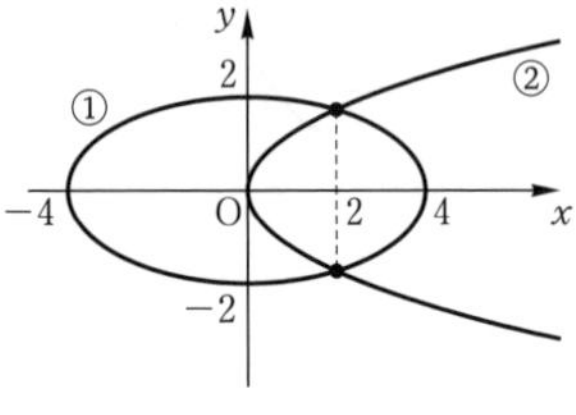

⇦共有点の座標は，①，②を連立して解いて求める。

$y^2=\dfrac{3}{2}x$　　……②

とおく。

①より　$x^2+4y^2=16$

②を代入して　$x^2+4\cdot\dfrac{3}{2}x=16$

$$x^2+6x-16=0$$
$$(x+8)(x-2)=0$$

$y^2 \geqq 0$ であるから，②より $x \geqq 0$

よって　$x=2$

②より　$y^2=\dfrac{3}{2}\cdot 2=3$

ゆえに　$y=\pm\sqrt{3}$

したがって，求める共有点の座標は　**$(2,\ \sqrt{3})$，$(2,\ -\sqrt{3})$**

(2)　$\dfrac{x^2}{4}+\dfrac{y^2}{9}=1$　……①

$(x-1)^2-\dfrac{y^2}{4}=1$　……②

とおく。

①より　$9x^2+4y^2=36$　……③

②より　$y^2=4(x-1)^2-4$

これを③に代入して

$$9x^2+4\{4(x-1)^2-4\}=36$$

整理して　$25x^2-32x-36=0$

$$(x-2)(25x+18)=0$$

ここで，①より　$\dfrac{y^2}{9}=1-\dfrac{x^2}{4}\geqq 0$

⇦ $1-\dfrac{x^2}{4}\geqq 0$ より　$x^2\leqq 4$

であるから　$-2\leqq x\leqq 2$

よって　$x=2$ または $x=-\dfrac{18}{25}$

$x=2$ のとき

$$y^2=4(2-1)^2-4=0$$

より　$y=0$

$x=-\dfrac{18}{25}$ のとき

$$y^2=4\left(-\frac{18}{25}-1\right)^2-4=4\left\{\left(\frac{43}{25}\right)^2-1\right\}$$

$$=4\cdot\left(\frac{43}{25}+1\right)\left(\frac{43}{25}-1\right)=4\cdot\frac{68}{25}\cdot\frac{18}{25}$$

より　$y=\pm\sqrt{4\cdot\dfrac{68}{25}\cdot\dfrac{18}{25}}=\pm\dfrac{12\sqrt{34}}{25}$

ゆえに，求める共有点の座標は

$(2,\ 0)$，$\left(-\dfrac{18}{25},\ \dfrac{12\sqrt{34}}{25}\right)$，$\left(-\dfrac{18}{25},\ -\dfrac{12\sqrt{34}}{25}\right)$

285　$y^2=4x$　……①

$x^2+4y^2=8$　……②

とおく。

放物線①上の点 $\mathrm{P}(x_1,\ y_1)$ における接線の方程式は

$$y_1y=2(x+x_1)$$

変形して

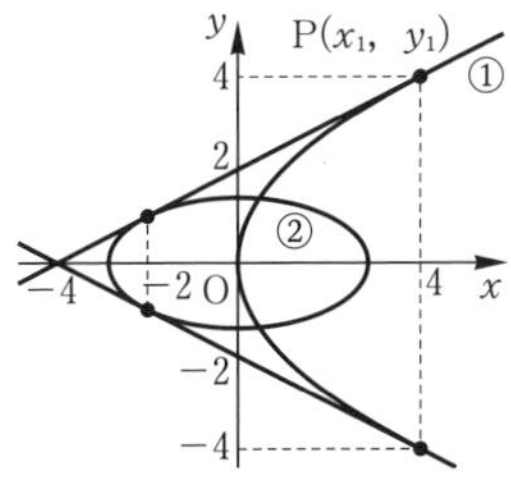

放物線の接線

放物線 $y^2=4px$ 上の点 $(x_1,\ y_1)$ における接線の方程式は

$y_1y=2p(x+x_1)$

$$x=\frac{y_1y}{2}-x_1$$

これを②に代入して

$$\left(\frac{y_1y}{2}-x_1\right)^2+4y^2=8$$

整理して

$$\left(4+\frac{{y_1}^2}{4}\right)y^2-x_1y_1y+{x_1}^2-8=0$$

この y についての2次方程式の判別式を D とおくと，

②に接するための必要十分条件は $D=0$ であるから

⇦2次方程式が重解をもつときであるから　$D=0$

$$D=(-x_1y_1)^2-4\left(4+\frac{{y_1}^2}{4}\right)({x_1}^2-8)=0$$

整理して　$2{x_1}^2-{y_1}^2=16$　……③

また，点Pは放物線①上の点であることから

$${y_1}^2=4x_1 \quad \cdots\cdots ④$$

③，④より　$2{x_1}^2-4x_1=16$

$$(x_1-4)(x_1+2)=0$$

⇦③に④を代入して y_1 を消去する。

ここで，④より $x_1\geqq 0$ であるから　$x_1=4$

このとき，④より　${y_1}^2=16$

すなわち　$y_1=\pm 4$

よって，求める接線の方程式は

$$\pm 4y=2(x+4)$$

すなわち　$\boldsymbol{x-2y+4=0,\ x+2y+4=0}$

⇦（別解）
接線の方程式を
$y=mx+n$ とおいて，
①，②の両方の曲線と
接する場合を考えてもよい。

286 (1)　放物線 $y^2=4px$ の焦点は　F$(p,\ 0)$ である。

点Fと点P$(a,\ b)$ との距離は

$$\mathrm{PF}=\sqrt{(a-p)^2+b^2}$$

ここで，点Pは放物線 $y^2=4px$ 上の点であるから

$$b^2=4ap \quad \cdots\cdots ①$$

よって　$\mathbf{PF}=\sqrt{(a-p)^2+4ap}$

$$=\sqrt{a^2-2ap+p^2+4ap}$$

$$=\sqrt{a^2+2ap+p^2}$$

$$=\sqrt{(a+p)^2}=|a+p|=\boldsymbol{a+p}$$

⇦$p>0$ と①より　$a>0$

また，放物線上の点P$(a,\ b)$ における接線 l の方程式は

$$by=2p(x+a)$$

直線 l と x 軸との共有点Qの x 座標は

$0=2p(x+a)$ より　$x=-a$

ゆえに　$\mathbf{FQ}=p-(-a)=\boldsymbol{a+p}$

放物線の接線

放物線 $y^2=4px$ 上の
点 $(x_1,\ y_1)$ における
接線の方程式は
$y_1y=2(x+x_1)$

(2) HP は x 軸，すなわち FQ と平行であり，同位角が等しいから

$\angle HPR=\angle FQP$ ……②

(1)より，△PQF は PF＝FQ の二等辺三角形であるから

$\angle FPQ=\angle FQP$ ……③

②，③より　$\angle HPR=\angle FPQ$ 終

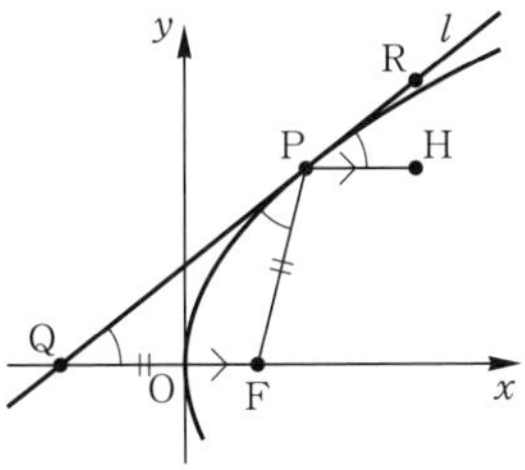

⇦角の大きさを求めるのは手間がかかるので，図形の性質を利用する。

(参考)

(2)で示したことから，次のことがいえる。

・放物線の焦点から出た光は，放物線上のどの点で反射しても，反射した後は放物線の軸と平行に進む。

・放物線の軸と平行に進む光は，放物線上のどの点で反射しても，必ず焦点を通る。

287 Q$(X,\ Y)$ とおくと

$X=x+2y,\ Y=4xy$

すなわち　$x+2y=X,\ x\cdot 2y=\frac{1}{2}Y$

よって，x，$2y$ を 2 つの解とする 2 次方程式は

$t^2-Xt+\frac{1}{2}Y=0$

この 2 次方程式の判別式を D とおくと，x，$2y$ は実数であるから，この 2 次方程式は実数解をもつので

$D=(-X)^2-4\cdot 1\cdot\frac{1}{2}Y\geqq 0$

すなわち　$Y\leqq\frac{1}{2}X^2$ ……①

また，楕円 $x^2+4y^2=4$ の周および内部は

$x^2+4y^2\leqq 4$

と表される。これを変形して

$(x+2y)^2-4xy\leqq 4$

$x+2y=X,\ 4xy=Y$ を代入して

$X^2-Y\leqq 4$

すなわち　$Y\geqq X^2-4$ ……②

⇦X と Y の関係式を求める。また，X は和，Y は積の形なので，2 次方程式の解と係数の関係を利用し，条件を考える。

⇦$t^2-(x+2y)t+x\cdot 2y=0$ の解は　$t=x,\ 2y$

⇦x，$2y$ が実数であることから得られる X，Y の条件があることに注意する。

求める範囲は①，②の表す領域の共通部分であるから，点 Q$(X,\ Y)$ の存在する範囲は，右の図の斜線部分となる。ただし，境界線を含む。

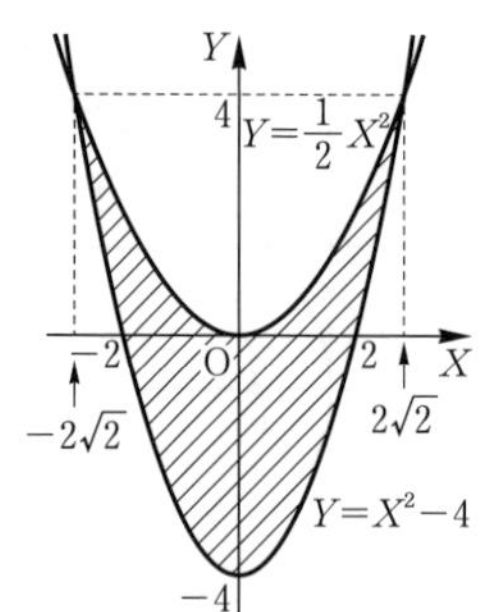

288 (1) $x-y+2=0$ ……①

$x+y-2=0$ ……②

$y=tx$ ……③

とおく。

①，③より $(t-1)x=2$

$t=1$ とすると，

2 直線①，③は平行となり，

共有点をもたないので $t\neq1$

よって $x=\dfrac{2}{t-1},\ y=\dfrac{2t}{t-1}$

すなわち $\mathbf{A}\left(\dfrac{\mathbf{2}}{\boldsymbol{t}\mathbf{-1}},\ \dfrac{\mathbf{2}\boldsymbol{t}}{\boldsymbol{t}\mathbf{-1}}\right)$

⇦ 2 直線①，③が交点をもたない（平行となる）場合に注意する。

また，②，③より $(t+1)x=2$

$t=-1$ とすると，2 直線②，③は平行となり，

共有点をもたないので $t\neq-1$

よって $x=\dfrac{2}{t+1},\ y=\dfrac{2t}{t+1}$

すなわち $\mathbf{B}\left(\dfrac{\mathbf{2}}{\boldsymbol{t}\mathbf{+1}},\ \dfrac{\mathbf{2}\boldsymbol{t}}{\boldsymbol{t}\mathbf{+1}}\right)$

⇦ 2 直線②，③が交点をもたない（平行となる）場合に注意する。

(2) 線分 AB の中点 P の座標を $(x,\ y)$ とおくと

$$x=\frac{1}{2}\left(\frac{2}{t-1}+\frac{2}{t+1}\right)=\frac{2t}{t^2-1}$$

$$y=\frac{1}{2}\left(\frac{2t}{t-1}+\frac{2t}{t+1}\right)=\frac{2t^2}{t^2-1}$$

$y=t\cdot\dfrac{2t}{t^2-1}=tx$ より，$x\neq0$ のとき $t=\dfrac{y}{x}$

⇦ t を消去する。点 P が直線 $y=tx$ 上にあると考えてもよい。

これを $2t=x(t^2-1)$ に代入して

$$2\cdot\frac{y}{x}=x\left\{\left(\frac{y}{x}\right)^2-1\right\}$$

整理して $2y=y^2-x^2$

すなわち $x^2-(y-1)^2=-1$

この式において，$x=0$ とすると　$y=0,\ 2$

$x=0$ のとき，$t=0$ より　$y=0$

よって，点Pの軌跡は

双曲線 $x^2-(y-1)^2=-1$

の点 (0，2) を除く部分

である。

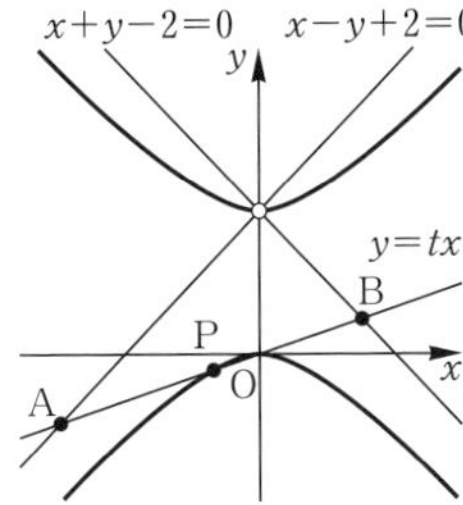

⇦ $x=0$ として点Pがとれる点を考える。

289 点Pから直線 $x-2\sqrt{3}y+8=0$ に引いた垂線の長さが最大，または最小となるのは，点Pにおける楕円の接線がこの直線と平行となるときである。

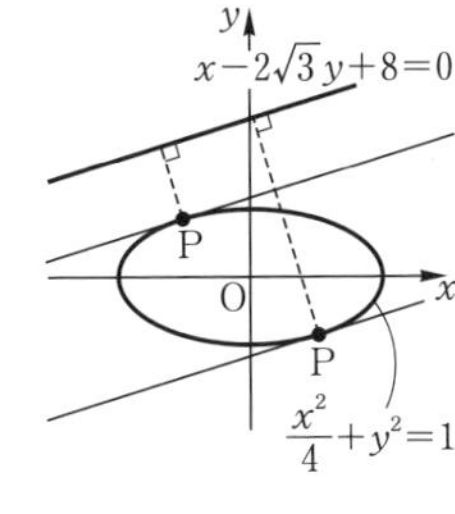

$x-2\sqrt{3}y+8=0$ を変形すると

$$y=\frac{1}{2\sqrt{3}}x+\frac{4}{\sqrt{3}}$$

これと平行な接線の方程式を $y=\frac{1}{2\sqrt{3}}x+k$ とおく。

$\frac{x^2}{4}+y^2=1$ に代入して

$$\frac{x^2}{4}+\left(\frac{1}{2\sqrt{3}}x+k\right)^2=1$$

整理して

$$\frac{1}{3}x^2+\frac{1}{\sqrt{3}}kx+k^2-1=0$$

$$x^2+\sqrt{3}kx+3(k^2-1)=0 \quad \cdots\cdots ①$$

2次方程式①の判別式を D とすると　$D=0$

$$D=(\sqrt{3}k)^2-4\cdot1\cdot3(k^2-1)=-9k^2+12=0$$

これを解いて　$k=\pm\frac{2}{\sqrt{3}}$

$D=0$ のとき，2次方程式①の重解は　$x=-\frac{\sqrt{3}k}{2}$

$k=\frac{2}{\sqrt{3}}$ のとき　$x=-1$

$$y=\frac{1}{2\sqrt{3}}x+k=-\frac{1}{2\sqrt{3}}+\frac{2}{\sqrt{3}}=\frac{\sqrt{3}}{2}$$

⇦ $x=2\sqrt{3}y-8$ を　$x^2+4y^2=4$ に代入すると

$(2\sqrt{3}y-8)^2+4y^2=4$

整理して

$4y^2-8\sqrt{3}y+15=0$

判別式を D とすると

$\frac{D}{4}=(-4\sqrt{3})^2-4\cdot15$

$=48-60=-12<0$

よって，直線 $x-2\sqrt{3}y+8=0$ と楕円 $\frac{x^2}{4}+y^2=1$ は共有点をもたない。

(別解)

楕円上の点 $(p,\ q)$ における接線 $\frac{px}{4}+qy=1$ が直線 $x-2\sqrt{3}y+8=0$ と平行であると考えてもよい。

⇦①の解は　$x=\frac{-\sqrt{3}k\pm\sqrt{D}}{2}$

$D=0$ のとき　$x=-\frac{\sqrt{3}k}{2}$

点 $\left(-1,\ \frac{\sqrt{3}}{2}\right)$ から直線 $x-2\sqrt{3}y+8=0$ までの距離は

$$\frac{\left|-1-2\sqrt{3}\cdot\frac{\sqrt{3}}{2}+8\right|}{\sqrt{1^2+(-2\sqrt{3})^2}}=\frac{4}{\sqrt{13}}$$

$k=-\frac{2}{\sqrt{3}}$ のとき　$x=1$

$$y=\frac{1}{2\sqrt{3}}x+k=\frac{1}{2\sqrt{3}}-\frac{2}{\sqrt{3}}=-\frac{\sqrt{3}}{2}$$

点 $\left(1,\ -\frac{\sqrt{3}}{2}\right)$ から直線 $x-2\sqrt{3}y+8=0$ までの距離は

$$\frac{\left|1-2\sqrt{3}\cdot\left(-\frac{\sqrt{3}}{2}\right)+8\right|}{\sqrt{1^2+(-2\sqrt{3})^2}}=\frac{12}{\sqrt{13}}$$

以上から　**$\mathrm{P}\left(1,\ -\frac{\sqrt{3}}{2}\right)$ のとき　最大値 $\frac{12}{\sqrt{13}}$**

$\mathrm{P}\left(-1,\ \frac{\sqrt{3}}{2}\right)$ のとき　最小値 $\frac{4}{\sqrt{13}}$

点と直線の距離

点 $\mathrm{P}(x_1,\ y_1)$ と
直線 $ax+by+c=0$ の
距離 d は

$$d=\frac{|ax_1+by_1+c|}{\sqrt{a^2+b^2}}$$

（別解）

点Pの座標を，θ を実数として $\mathrm{P}(2\cos\theta,\ \sin\theta)$ とおく。
点Pから直線 $x-2\sqrt{3}y+8=0$ に引いた垂線の長さ d は

$$d=\frac{|2\cos\theta-2\sqrt{3}\sin\theta+8|}{\sqrt{1^2+(-2\sqrt{3})^2}}$$

$$=\frac{2|-\sqrt{3}\sin\theta+\cos\theta+4|}{\sqrt{13}}$$

$$=\frac{2\left|2\sin\left(\theta+\frac{5}{6}\pi\right)+4\right|}{\sqrt{13}}=\frac{4}{\sqrt{13}}\left|\sin\left(\theta+\frac{5}{6}\pi\right)+2\right|$$

$-1\leqq\sin\left(\theta+\frac{5}{6}\pi\right)\leqq1$ より　$1\leqq\sin\left(\theta+\frac{5}{6}\pi\right)+2\leqq3$

よって　$\frac{4}{\sqrt{13}}\leqq d\leqq\frac{12}{\sqrt{13}}$

$\sin\left(\theta+\frac{5}{6}\pi\right)=-1$ のとき

⇦ $d=\frac{4}{\sqrt{13}}$ のとき

$\theta+\frac{5}{6}\pi=\frac{3}{2}\pi+2n\pi$（$n$ は整数）より　$\theta=\frac{2}{3}\pi+2n\pi$

このとき　$\mathrm{P}\left(-1,\ \frac{\sqrt{3}}{2}\right)$

$\sin\left(\theta+\frac{5}{6}\pi\right)=1$ のとき

⇦ $d=\frac{12}{\sqrt{13}}$ のとき

$\theta+\frac{5}{6}\pi=\frac{\pi}{2}+2n\pi$（$n$ は整数）より　$\theta=-\frac{\pi}{3}+2n\pi$

このとき　$\mathrm{P}\left(1,\ -\dfrac{\sqrt{3}}{2}\right)$

以上から　**$\mathrm{P}\left(1,\ -\dfrac{\sqrt{3}}{2}\right)$ のとき　最大値 $\dfrac{12}{\sqrt{13}}$**

$\mathrm{P}\left(-1,\ \dfrac{\sqrt{3}}{2}\right)$ のとき　最小値 $\dfrac{4}{\sqrt{13}}$

290 双曲線上の点 P の座標を $\mathrm{P}(a,\ b)$ とすると

$$\frac{a^2}{4}-\frac{b^2}{9}=1 \quad \cdots\cdots ①$$

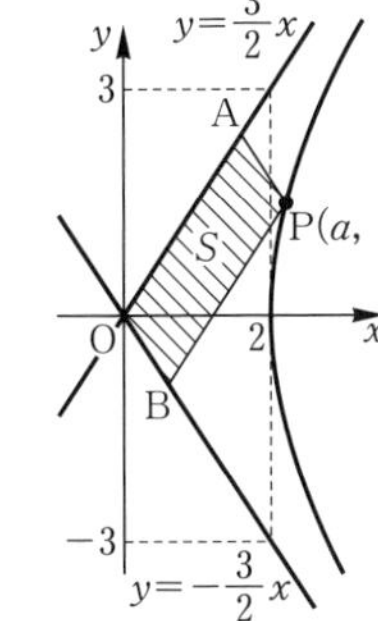

点 P を通り，漸近線 $y=-\dfrac{3}{2}x$ に平行な直線の方程式は

$$y-b=-\frac{3}{2}(x-a)$$

である。

2 直線 $y=\dfrac{3}{2}x$，$y-b=-\dfrac{3}{2}(x-a)$ の交点 A の座標を求めると

$\dfrac{3}{2}x-b=-\dfrac{3}{2}x+\dfrac{3}{2}a$ より　$x=\dfrac{a}{2}+\dfrac{b}{3}$

よって　$\mathrm{A}\left(\dfrac{a}{2}+\dfrac{b}{3},\ \dfrac{3}{4}a+\dfrac{b}{2}\right)$

また，点 P と直線 $y=\dfrac{3}{2}x$ の距離 d は

$$d=\frac{|3a-2b|}{\sqrt{3^2+(-2)^2}}=\frac{|3a-2b|}{\sqrt{13}}$$

ゆえに，平行四辺形 PAOB の面積 S は

$$S=\mathrm{OA}\times d=\sqrt{\left(\frac{a}{2}+\frac{b}{3}\right)^2+\left(\frac{3}{4}a+\frac{b}{2}\right)^2}\cdot\frac{|3a-2b|}{\sqrt{13}}$$

$$=\sqrt{\frac{1}{6^2}(3a+2b)^2+\frac{1}{4^2}(3a+2b)^2}\cdot\frac{|3a-2b|}{\sqrt{13}}$$

$$=\sqrt{\frac{1}{6^2}+\frac{1}{4^2}}\,|3a+2b|\cdot\frac{|3a-2b|}{\sqrt{13}}$$

$$=\frac{\sqrt{13}}{12}\cdot\frac{1}{\sqrt{13}}|3a+2b||3a-2b|$$

$$=\frac{1}{12}|9a^2-4b^2|$$

⇦平行四辺形の性質から $S=2\triangle\mathrm{OAP}$ と考えてもよい。

ここで①より，$9a^2-4b^2=36$ であるから

$$S=\frac{1}{12}\cdot 36=3$$

よって，平行四辺形 PAOB の面積は一定である。　終

3 章末問題

(別解)

$$\overrightarrow{\mathrm{OA}}=\left(\frac{a}{2}+\frac{b}{3},\ \frac{3}{4}a+\frac{b}{2}\right),$$

$$\overrightarrow{\mathrm{OB}}=\overrightarrow{\mathrm{AP}}=\left(\frac{a}{2}-\frac{b}{3},\ -\frac{3}{4}a+\frac{b}{2}\right)$$

であるから

$$S=\left|\left(\frac{a}{2}+\frac{b}{3}\right)\cdot\left(-\frac{3}{4}a+\frac{b}{2}\right)-\left(\frac{a}{2}-\frac{b}{3}\right)\cdot\left(\frac{3}{4}a+\frac{b}{2}\right)\right|$$

$$=\frac{1}{12}\left|-9a^2+4b^2\right|=\frac{1}{12}\left|9a^2-4b^2\right|$$

①より　$9a^2-4b^2=36$ であるから

$$S=\frac{1}{12}\cdot 36=3$$

としてもよい。

⇦ $\overrightarrow{\mathrm{OA}}=(a_1,\ a_2)$, $\overrightarrow{\mathrm{OB}}=(b_1,\ b_2)$ のとき，

$\triangle\mathrm{OAB}=\dfrac{1}{2}|a_1b_2-a_2b_1|$

(教 1章 p.27) であり，

$S=2\triangle\mathrm{OAB}=|a_1b_2-a_2b_1|$

291 (1)　円 C_1 と円 C_2 の接点を Q とし，A(1, 0) とおく。

$\overset{\frown}{\mathrm{PQ}}=\overset{\frown}{\mathrm{AQ}}$ であるから，$\angle\mathrm{PCQ}=\theta$ のとき　$\angle\mathrm{AOQ}=\theta$

また，OC=2 より，点 C の座標は

C$(2\cos\theta,\ 2\sin\theta)$

⇦半径 r，中心角 θ のおうぎ形の弧の長さ l は

$l=r\theta$

(2)　右の図のように，円 C_2 の中心 C を通り，x 軸に平行な直線を引く。その直線と y 軸との交点を R とすると

$\angle\mathrm{RCQ}=\angle\mathrm{QOA}=\theta$

であるから　$\angle\mathrm{RCP}=2\theta$

よって　$\overrightarrow{\mathbf{CP}}=(\cos(\pi+2\theta),\ \sin(\pi+2\theta))$

$=\boldsymbol{(-\cos 2\theta,\ -\sin 2\theta)}$

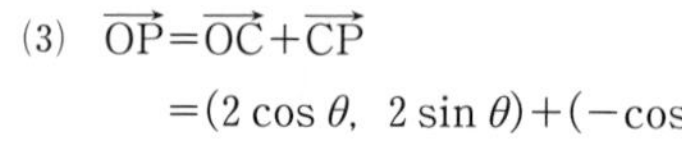

(3)　$\overrightarrow{\mathrm{OP}}=\overrightarrow{\mathrm{OC}}+\overrightarrow{\mathrm{CP}}$

$=(2\cos\theta,\ 2\sin\theta)+(-\cos 2\theta,\ -\sin 2\theta)$

$=(2\cos\theta-\cos 2\theta,\ 2\sin\theta-\sin 2\theta)$

よって　$\boldsymbol{x=2\cos\theta-\cos 2\theta}$

$\boldsymbol{y=2\sin\theta-\sin 2\theta}$

292 (1)　点 Q の極座標を $(r,\ \theta)$ とすると，△OPQ は正三角形であるから，

点 P の極座標は $\left(r,\ \theta+\dfrac{\pi}{3}\right)$

と表せる。

点 P が直線 $y=1$ 上を動くことから

$$\boldsymbol{r\sin\left(\theta+\frac{\pi}{3}\right)=1}$$

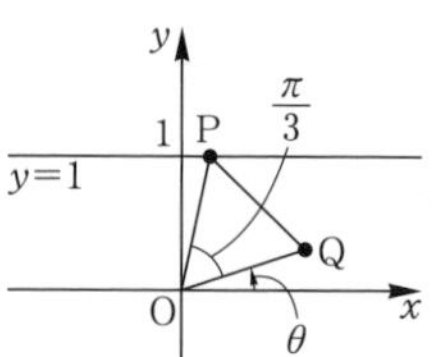

⇦点 Q の軌跡を考えるので，Q$(r,\ \theta)$ とおく。

⇦ $\mathrm{OP}=\mathrm{OQ}=r$

$\angle\mathrm{POQ}=\dfrac{\pi}{3}$

(2) $r\sin\left(\theta+\dfrac{\pi}{3}\right)=r\left(\sin\theta\cos\dfrac{\pi}{3}+\cos\theta\sin\dfrac{\pi}{3}\right)$

$$=\frac{1}{2}r\sin\theta+\frac{\sqrt{3}}{2}r\cos\theta$$

より　$r\sin\theta+\sqrt{3}r\cos\theta=2$

$r\cos\theta=x$，$r\sin\theta=y$ を代入して

$$y+\sqrt{3}x=2$$

すなわち，点 Q の軌跡は**直線 $y=-\sqrt{3}x+2$**

極座標と直交座標の関係

$x=r\cos\theta$

$y=r\sin\theta$

$r^2=x^2+y^2$

293 (1)　$a=1$，$c=8$，$d=-4$，$e=0$ のとき，

方程式 $ax^2+by^2+cx+dy+e=0$ は

$$x^2+by^2+8x-4y=0 \quad \cdots\cdots②$$

となる。

$b=0$ のとき

⇦ y^2 の係数 b が 0 かどうかで形が大きく変わる。

方程式②は

$$x^2+8x-4y=0$$

$$(x+4)^2=4y+16$$

よって，方程式②の表す図形は，放物線である。

$b>0$ のとき

方程式②を変形して

$$(x+4)^2+b\left(y-\frac{2}{b}\right)^2=16+\frac{4}{b}$$

$b>0$ のとき，これは楕円または円を表す。

⇦ $b=1$ のときに円になる。

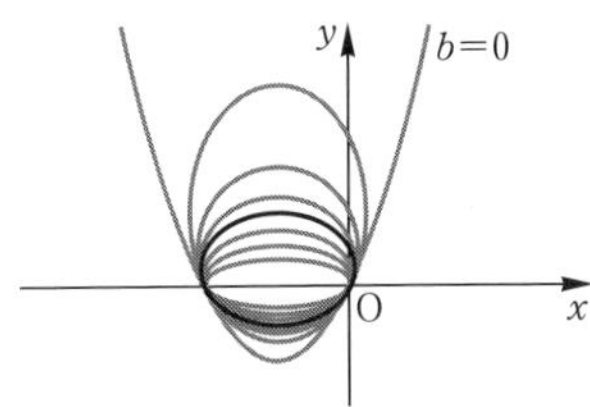

以上から，b の値だけを $b\geqq 0$ の範囲で変化させると，放物線，楕円，円のいずれかとなる。

ゆえに　Ⓐ，Ⓑ，Ⓒ

(2) $a=1$, $b=2$, $d=-4$, $e=0$ のとき，
方程式 $ax^2+by^2+cx+dy+e=0$ は

$$x^2+2y^2+cx-4y=0 \quad \cdots\cdots③$$

となる。これを変形して

$$\left(x+\frac{c}{2}\right)^2+2(y-1)^2=2+\frac{c^2}{4}$$

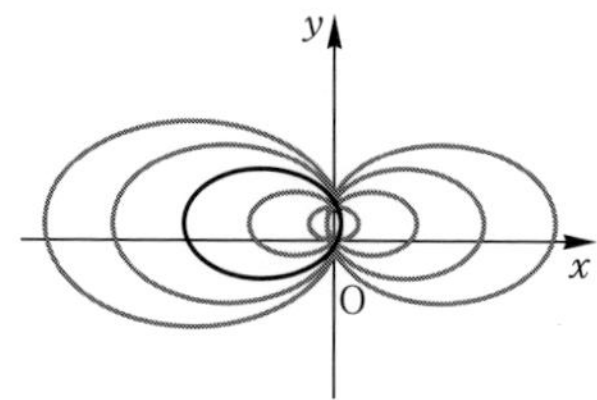

これは，c の値によらず楕円を表す。
よって Ⓑ

⇦ x^2, y^2 の係数が変わらないので，形も大きくは変わらない。

Prominence 数学C　解答編

●編　者——実教出版編修部

●発行者——小田　良次

●印刷所——共同印刷株式会社

●発行所——実教出版株式会社

〒102-8377
東京都千代田区五番町5
電話〈営業〉(03) 3238-7777
〈編修〉(03) 3238-7785
〈総務〉(03) 3238-7700
https://www.jikkyo.co.jp/

002402023②

ISBN978-4-407-35689-2